高 等 院 校 **计 算 机**
基础课程新形态系列

零基础 Java

入门教程

微课版

武瑞婵 / 主编

人 民 邮 电 出 版 社
北 京

图书在版编目（ＣＩＰ）数据

零基础Java入门教程 : 微课版 / 武瑞婵主编. --
北京 : 人民邮电出版社，2025.1
高等院校计算机基础课程新形态系列
ISBN 978-7-115-63730-7

Ⅰ. ①零… Ⅱ. ①武… Ⅲ. ①JAVA语言－程序设计－
高等学校－教材 Ⅳ. ①TP312.8

中国国家版本馆CIP数据核字(2024)第033696号

内 容 提 要

本书以培养读者的自主学习能力为目标，以项目为导向，以读者的探索过程为主线，通过大量训练，让读者快速掌握Java语言，体会Java的魅力，从而获得编程能力，养成独立思考的习惯。

本书共 10 章，其中包含 15 个项目案例及 Java 编程的相关知识，包括 Java 开发工具，类与方法，对象、继承和包，语法基础，循环控制，数组与构造方法，异常处理，多线程，图形用户界面，多媒体与输入输出流等内容。每章（除第 1 章外）均以完成项目案例为目标，结合案例讲解其所涉及的知识点，便于读者在知其然的同时探究其所以然。

本书是一本适合 Java 初学者阅读的入门级教材，既可以作为高等院校计算机相关专业程序设计课程的教材，也可以作为Java编程基础的培训教材，还可以作为广大编程爱好者的自学用书。

◆ 主　　编　武瑞婵
责任编辑　李　召
责任印制　陈　犇

◆ 人民邮电出版社出版发行　　北京市丰台区成寿寺路 11 号
邮编　100164　　电子邮件　315@ptpress.com.cn
网址　https://www.ptpress.com.cn
三河市兴达印务有限公司印刷

◆ 开本：787×1092　1/16
印张：17　　　　　　　　　　2025 年 1 月第 1 版
字数：426 千字　　　　　　　2025 年 1 月河北第 1 次印刷

定价：59.80 元

读者服务热线：(010)81055256　印装质量热线：(010)81055316
反盗版热线：(010)81055315
广告经营许可证：京东市监广登字 20170147 号

语言是一种交流工具，其中程序设计语言是人与计算机交流的工具。人们学习语言的目的是通过语言来表达自己的思想，如同学习写作的目的是通过写作来表达自己的思想。

康德认为人类理性分为思辨理性和实践理性，思辨的使用成就知识的学问，实践的使用成就行为的学问，也就是智慧的学问。两种学问的获取方式是不同的，知识的学问需要通过科学的方法来获取，比如一点一滴地讲授；而行为的学问则需要通过实践来获取，比如小孩子学走路，无论怎样讲理论都不如直接扶他起来，让他走几步。与其像学习汉语或英语一样先学汉字或单词，学主谓宾语法结构，然后学写作文，不如直接模仿，在"用"中学，即"用以致学"，让读者通过不断积累达到学习的目的，只有"读书破万卷"，才能"下笔如有神"。

程序设计类课程的特点是实践性强，在学习本书之前请先打开计算机，以便在学习的同时进行操作。遇到书中的"想一想""试一试"时，请停下来想一想、试一试，因为从"看懂"到"真懂"需要有实践的过程。纸上得来终觉浅，绝知此事要躬行。"看懂"仅代表读者认同书中的观点，这些观点始终是编者的，而且这种认同往往只是表层的，是不是真正的认同还难以确定。当我们经过实践，能够有一些感受的时候，所学的知识才能真正成为自己的，感受跟书中的观点相契合，才叫"真懂"。如果要批判和反驳这些观点，也只有这个时候才有力量。所以，要形成批判性思维，能独立思考，不人云亦云，前提就是"知行合一"。认同了观点就去实践，用实践后的感受检验最初认同的观点，慢慢地就会形成批判性思维。看书就是"学"，实践就是"习"，只有连续不断地"学"和"习"，才能获得真正的成长。

本书特色如下。

特色一：本书以读者为中心，以提升核心素养为指导思想。学习的本质是探索未知世界，本书打破以知识为主线的编著模式，将知识融入精心设计的项目案例中。每章（除第 1 章外）均以完成项目案例为目标，引导读者在项目案例实践中不断尝试、探索和反思，成为知识的探索者、发现者，而不是被动接受者。本书内容按照"项目+知识+思考"的方式编排，在完成项目案例后总结本章知识点，最后以习题的方式启发思考，拓展知识广度。

特色二：本书适合零基础的读者实现"从零到一"的突破。本书将理论性、实用性和趣味性融为一体，始终遵循"知识源于生活而又高于生活"的原则，结合生活中的实例来讲解理论知识。本书语言通俗易懂，深入浅出，内容的设计按照初学者的学习节奏，让其基本感受不到学习编程的障碍。项目案例涉及自然现象、趣味游戏、日常生活、经典故事等，贴近生活，寓教于乐。

特色三：本书强调动手实践，提升编程能力。本书按照"纵贯横开"的模式将项目案例进行分类。内容的编排以项目纵贯为主线，从易到难，由浅入深，将知识纵向串联，加大思维的深度。开放性习题的设置以项目的横向迁移为主线。知识的横向联系可以拓宽思维的广度。

特色四：本书注重编程乐趣，强调"用以致学"。本书的设计不仅是为了让读者记住知识，还是为了激发兴趣、引起疑惑、唤醒欲望。换句话说，本书的作用是抛砖引玉，带领读者充分体验编程乐趣，感受创作带来的愉悦与成就感，学会运用编程语言来表达思想，让每个程序都拥有自己的"灵魂"。在实践中创作，在创作中提升，"用以致学"与"学以致用"不断交替，在螺旋式上升中到达学有所成的彼岸。

读者不妨以试一试的心态翻开本书，看看会收获什么。

本书的编写和出版得到了领导、同事及家人的大力支持，在此表示衷心的感谢。同时，借此机会向更多默默辛苦付出的幕后工作者致以最崇高的敬意。虽然编者在编写本书的过程中倾注了大量心血，但难免有疏漏之处，欢迎广大读者、专家批评指正。

编者

2024 年 12 月

目录

1

第 **1** 章

工欲善其事，必先利其器——Java 开发工具

如同干活需要工具一样，Java 程序的正确执行也需要相应的工具，这个工具的名字是 Java 开发工具包（Java Development Kit），通常简称 JDK。在 Oracle 官方网站可以免费下载 JDK，截至本书编写完成时，可以下载的最新版本是 JDK 20。

JDK 版本更新较快，不同版本在性能、稳定性和安全性等方面有所不同。然而，对于非专业开发人员或软件管理人员而言，不需要过分追求最新版本，通常 Oracle 官方网站能下载的版本均可满足本书的学习需求。本书以 JDK 18.0.2.1（对应 Java SE 18.0.2.1）为例讲解 JDK 的下载、安装、配置与测试。

微课视频

1.1 JDK 的下载

Java 的学习从下载 JDK 开始。可以直接在浏览器的地址栏中输入 Oracle 官方网站的地址并按 Enter 键，也可以通过搜索引擎搜索 Oracle 进入 Oracle 官方网站，之后在主页的菜单中选择"Products"，在打开的"Products"菜单中找到"Java"子菜单，如图 1.1 所示。

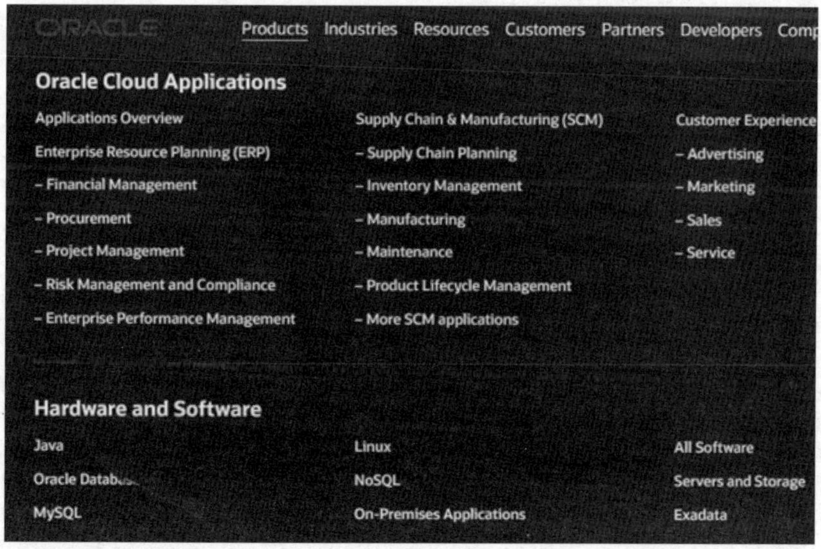

图 1.1 "Products"菜单中的"Java"子菜单

选择"Java"子菜单进入 Java 主页面，在其右上方可以看到"Download Java"按钮，如图 1.2 所示。

图 1.2　Java 主页面

单击"Download Java"按钮进入 JDK 下载页面。向下滚动页面可以看到针对 Linux、macOS 和 Windows 等不同操作系统的 JDK，如图 1.3 所示。

Linux　　macOS　　**Windows**		
Product/file description	File size	Download
x64 Compressed Archive	180.99 MB	https://〰〰〰jdk-20_windows-x64_bin.zip (sha256)
x64 Installer	160.12 MB	https://〰〰〰jdk-20_windows-x64_bin.exe (sha256)
x64 MSI Installer	158.90 MB	https://〰〰〰jdk-20_windows-x64_bin.msi (sha256)

图 1.3　针对不同操作系统的 JDK

如果想下载 JDK，直接单击图 1.3 所对应的版本即可。这里提供了压缩包（.zip）、可执行程序（.exe）和 Windows Installer 的数据包（.msi）3 种下载包，可以任选其一。

如果需要下载之前的版本，那么可以单击图 1.4 所示的 JDK 下载页面中的"Java archive"，进入 JDK 历史版本下载页面，如图 1.5 所示。

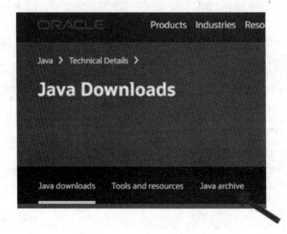

图 1.4　JDK 下载页面

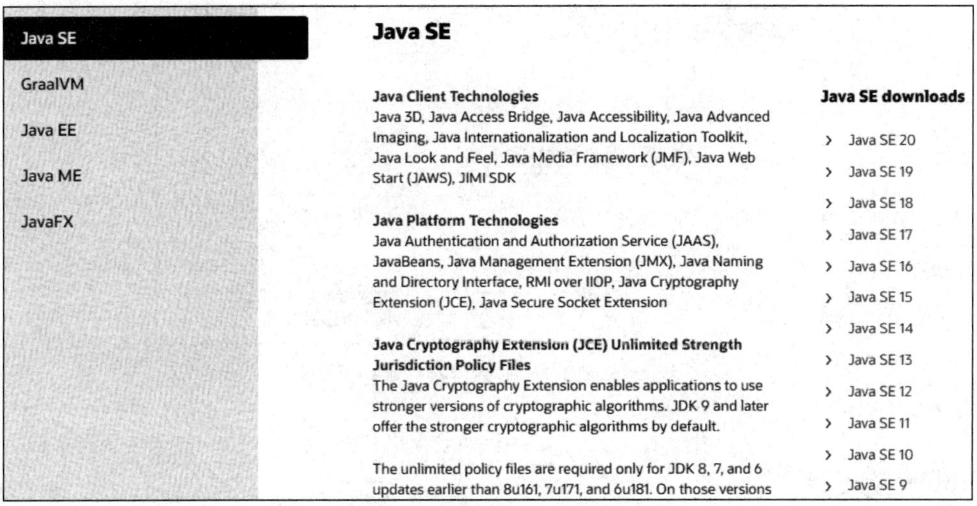

图 1.5　JDK 历史版本下载页面

不同版本的 JDK 的下载与安装过程是类似的，这里以 Java SE 18.0.2.1 为例进行讲解。单击图 1.5 右方所示的“Java SE 18”进入 Java SE 18.0.2.1 下载页面，向下滚动页面可以看到 Linux、macOS、Windows 等不同操作系统对应的 JDK，如图 1.6 所示，选择与自己的计算机的操作系统相匹配的版本进行下载即可。

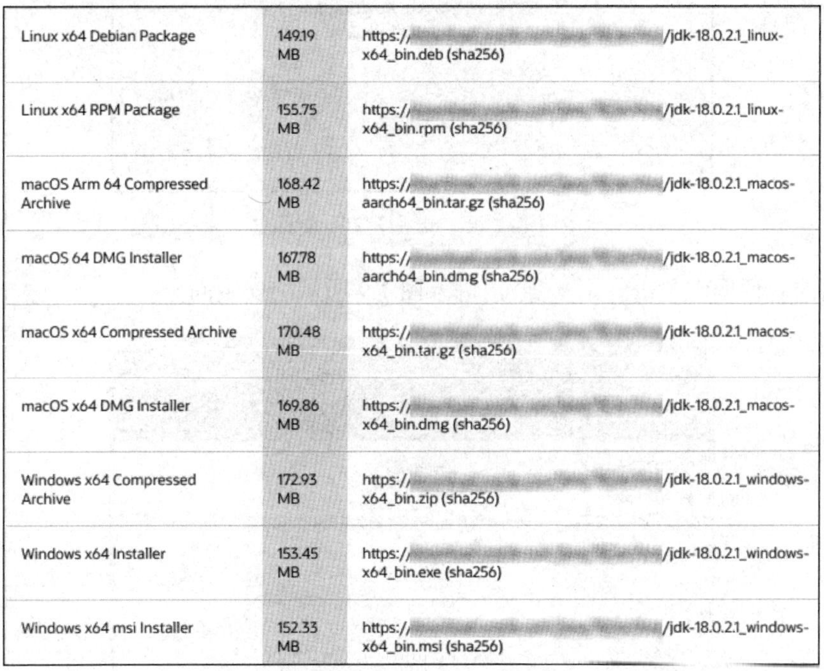

Linux x64 Debian Package	149.19 MB	https:// /jdk-18.0.2.1_linux-x64_bin.deb (sha256)
Linux x64 RPM Package	155.75 MB	https:// /jdk-18.0.2.1_linux-x64_bin.rpm (sha256)
macOS Arm 64 Compressed Archive	168.42 MB	https:// /jdk-18.0.2.1_macos-aarch64_bin.tar.gz (sha256)
macOS 64 DMG Installer	167.78 MB	https:// /jdk-18.0.2.1_macos-aarch64_bin.dmg (sha256)
macOS x64 Compressed Archive	170.48 MB	https:// /jdk-18.0.2.1_macos-x64_bin.tar.gz (sha256)
macOS x64 DMG Installer	169.86 MB	https:// /jdk-18.0.2.1_macos-x64_bin.dmg (sha256)
Windows x64 Compressed Archive	172.93 MB	https:// /jdk-18.0.2.1_windows-x64_bin.zip (sha256)
Windows x64 Installer	153.45 MB	https:// /jdk-18.0.2.1_windows-x64_bin.exe (sha256)
Windows x64 msi Installer	152.33 MB	https:// /jdk-18.0.2.1_windows-x64_bin.msi (sha256)

图 1.6　Java SE 18.0.2.1 下载页面

以 Windows 操作系统为例，单击“Windows x64 Installer”右侧的下载地址，打开“新建下载任务”对话框后可单击“浏览”更改文件存放位置，之后单击“下载”即可，如图 1.7 所示。

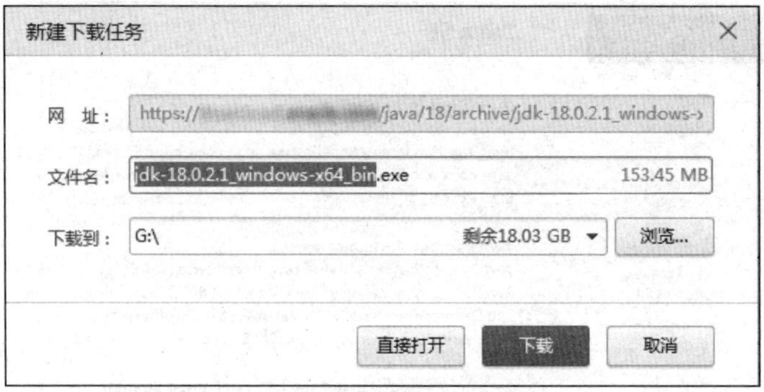

图 1.7　新建下载任务

1.2　JDK 的安装

双击下载的可执行程序，通常会弹出图 1.8 所示的对话框，单击"是"，开始安装 JDK。

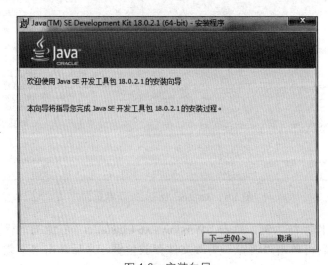

图 1.8　"用户账户控制"对话框

在弹出的对话框中单击"下一步"，进入图 1.9 所示的安装向导。

图 1.9　安装向导

　　单击"下一步"，进入图 1.10 所示的对话框，可单击"更改"重新设置 JDK 的安装路径，即目标文件夹，如图 1.11 所示。设置好后单击"下一步"，等待 JDK 安装完成。

图 1.10　目标文件夹

图 1.11　更改目标文件夹

　　JDK 安装成功后，打开所选择的目标文件夹，可以看到图 1.12 所示的内容。

　　其中部分目录及其子目录的介绍如下。

　　（1）bin 目录及其子目录实现了 Java 运行环境（Java Runtime Environment，JRE）。JRE 包括 Java 虚拟机（Java Virtual Machine，JVM）、类库，以及支持运行 Java 程序的其他文件。bin 目录包括一些实用工具（见表 1.1），用于帮助开发者开发、调试和运行 Java 程序。

图 1.12　JDK 安装根目录

表 1.1   bin 目录中的一些实用工具

文件名	功能
javac.exe	Java 编译器，用于将 Java 源程序文件（以.java 为扩展名）编译为字节码文件（以.class 为扩展名）
java.exe	Java 解释器，用于解释执行 Java 字节码文件，会弹出字符窗口
appletviewer.exe	Java Applet（小应用程序）查看器
jar.exe	用于将类文件压缩成一个以.jar 为扩展名的压缩文件
javaw.exe	Java 解释器，用于解释执行 Java 字节码文件，不会弹出字符窗口
javadoc.exe	Java 文档生成器，用于为源程序生成一份 HTML（Hypertext Markup Language，超文本标记语言）格式的文档，该文档包括类和接口的描述、类的继承层次、类中的变量和方法的索引介绍，以及 Java 文档格式的注释
jdb.exe	基于命令行的调试工具
jlink.exe	Java 新命令行工具，用于创建自定义 JRE

这里特别要说明 jlink.exe 文件。在 Java 9 之前，JRE 的安装是没有办法定制的，只能选择安装完整的 JRE。JRE 中包含的类库和工具多种多样，但对于每个具体的应用来说，大部分内容是多余的。随着 Java 版本的不断升级，JRE 所包含的内容越来越多，所占的空间也越来越大。

自 Java 9 以来，Java 使用模块化设计，不再包含专门的 JRE。jlink.exe 允许仅链接所需的相关模块以创建运行时自己的 JRE，需要哪个模块，就将哪个模块打包成 JRE，而不需要引入无关的其他模块。这样既不浪费内存，又能提高性能，可以大幅缩小 JRE 的大小。

（2）conf 目录及其子目录包含配置文件，即用户可配置选项的文件。可以编辑 conf 目录中的文件以更改 JDK 的访问权限、配置安全算法以及改变可能用于限制 JDK 加密强度的 Java 加密扩展策略文件。

（3）include 目录及其子目录包含支持本机 Java 程序的 C 语言头文件。

（4）jmods 目录及其子目录包含 jlink.exe，用来创建自定义运行时的编译模块文件。

（5）legal 目录及其子目录包含每个模块的许可证和版权文件。

（6）lib 目录及其子目录包含 JDK 所需的其他类库和支持文件。

在安装了 JDK 后，也就安装了 Java 所提供的标准类库。所谓标准类库，就是把程序设计所常用的方法和接口分类封装成的包。Java 所提供的标准类库就是 Java API。

在 Java API 中主要包括核心 Java 包、javax 扩展包和 org 扩展包。

（1）核心 Java 包中封装了程序设计所需的主要应用类，本书所用到的包如下。

java.lang 包：封装了所有应用所需的基本类。

java.awt 包：封装了提供图形用户界面功能的抽象窗口工具类。

java.io 包：封装了提供输入输出功能的类。

java.net 包：封装了提供网络通信功能的类。

java.util 包：封装了集合、日期和时间设置、国际化和其他实用程序类。

（2）javax 扩展包里封装了与图形、多媒体、事件处理相关的类，本书用到了其中的 javax.swing 包和 javax.sound.sampled 包。

(3) org 扩展包主要提供有关国际组织的标准。

另外,Java 还提供了非常完善的 Java API 文档,这是程序设计的非常好的工具。读者可以在下载 Java 的官方网站上对其进行在线查阅。

1.3 JDK 的配置

为保证 JDK 的正常运行,在 JDK 安装完成之后需要进行相应的配置。Windows 系统中的环境变量 Path 和类路径 Classpath 的配置过程如下。

(1) 右键单击(简称右击)"计算机"(Windows 10 系统中为"此计算机"),然后选择"属性"→"高级系统设置",打开"系统属性"对话框(见图 1.13)。选择"高级"选项卡,单击"环境变量"打开"环境变量"对话框(见图 1.14)。

图 1.13 "系统属性"对话框

图 1.14 "环境变量"对话框

（2）在"系统变量"列表框中找到 Path 变量并双击，打开"编辑系统变量"对话框（见图 1.15），在"变量值"后面添加计算机上 JDK 安装根目录（见图 1.12）中的 bin 路径。注意原有变量值均保留，Windows 7、Windows 8 系统中的设置如图 1.15（a）所示，新添加的变量值与原有变量值用英文分号隔开，Windows 10 系统中则在空白行直接添加变量值即可，如图 1.15（b）所示。

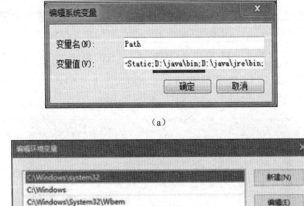

(a)

(b)

图 1.15　编辑 Path 变量

（3）在"系统变量"列表框中查找 ClassPath 变量，若没有找到则单击图 1.14 所示的"系统变量"列表框下方的"新建"，打开"编辑系统变量"对话框（见图 1.16），在"变量名"文本框中输入"ClassPath"，在"变量值"文本框中添加计算机上 JDK 安装根目录（见图 1.12）中的 lib 路径，添加方法同（2）。要特别注意的是路径后面加点号"."，表示在查找.class 文件时会搜索当前路径。单击"确定"即可完成配置。

若计算机不是 Windows 系统，可借助互联网查找相应配置方法。

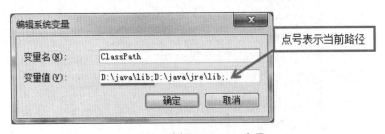

图 1.16　编辑 ClassPath 变量

1.4　JDK 的测试

打开命令行窗口进行测试。选择"开始"→"所有程序"→"附件"→"命令提示符"，或在"开始"菜单的搜索框中输入"cmd"并搜索，然后选择"命令提示符"，即可打开命令行窗口，如图 1.17 所示。

图 1.17　命令行窗口打开方式

打开命令行窗口后进入计算机上 JDK 安装根目录的 bin 路径，即图 1.15（a）所示的 "D:\java\bin"。在命令行窗口中进入 bin 路径的方式如图 1.18 所示。

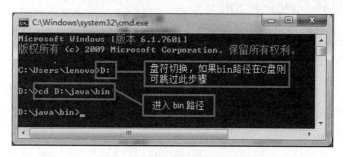

图 1.18　进入 bin 路径的方式

在当前路径下分别输入 "javac" 和 "java" 命令后按 Enter 键，若能成功显示相应的用法和参数等内容，则表明 Path 和 ClassPath 变量配置成功，如图 1.19 所示。

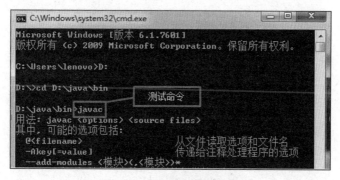

图 1.19　配置成功测试结果

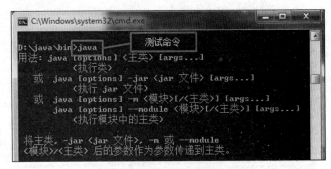

图 1.19　配置成功测试结果（续）

小结

本章介绍了 JDK 的下载、安装、配置和测试等内容，目的是为后续的 Java 程序开发工作做好准备。

习题

1．查阅资料了解 Java 的历史、现状和发展前景，在 Java 众多的应用领域中哪几个比较有发展前途？为什么？形成一份不少于 300 字的论述材料。

2．配置好自己的计算机上的 JDK 环境。

第2章 千呼万唤始出来，犹抱琵琶半遮面——类与方法

经过前面一系列比较烦琐的准备工作之后，你一定很好奇所安装的软件该怎么使用。别着急，马上正式开启 Java 的学习之旅，一步步来见证它的强大。下面进入第一个游戏——“复读机”游戏。纸上得来终觉浅，绝知此事要躬行，对于实践类的课程而言，只看书是远远不够的，一起来动手吧！

微课视频

2.1 第一个游戏——“复读机”游戏

在“复读机”游戏中，人说什么计算机就重复什么，类似于复读机。

项目目标：实现语言的复读功能。

设计思路：首先，打开一个能跟计算机交流的平台，比如计算机里自带的“记事本”应用；然后，按照计算机能听懂的表达方式跟它说话；最后，运用前面所安装的软件达到复读的效果。

2.1.1 “复读机”游戏

与计算机直接交流是不行的，所以需要一个交流平台，可以使用计算机里自带的“记事本”应用。“记事本”应用的打开方式为：选择“开始”→“附件”→“记事本”。在“记事本”应用中输入如下代码（见图 2.1）。

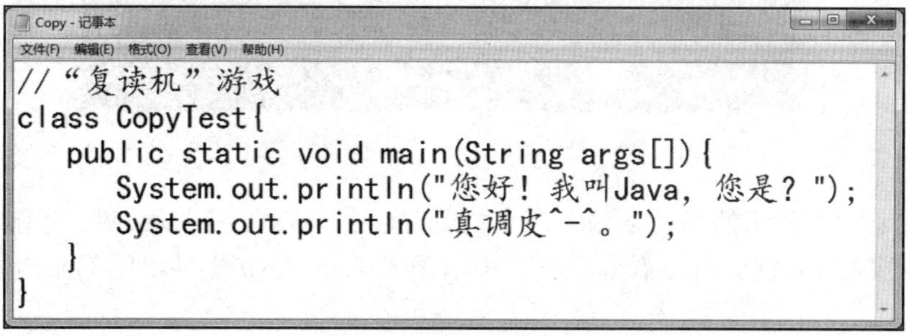

Copy - 记事本
文件(F) 编辑(E) 格式(O) 查看(V) 帮助(H)
//“复读机”游戏
class CopyTest{
public static void main(String args[]){
System.out.println("您好！我叫Java，您是？");
System.out.println("真调皮^-^。");
}
}

图 2.1　第一个程序

输入代码之后对文件进行保存，所保存的文件名的扩展名为“.java”，保存类型为“所有

文件"，如图 2.2 所示。

图 2.2　保存文件

通过以上操作就完成了"复读机"游戏的设计。那怎么测试计算机的"智商"呢？首先要明确文件的存放路径，如 Copy.java 的存放路径是"D:\JavaTest\"；其次打开命令行窗口，通过如下步骤进入相应路径。

（1）在"开始"菜单的搜索框中输入"cmd"，按 Enter 键，打开命令行窗口，其中"C:\Users\lenovo>"为当前默认路径。

（2）在">"后面输入"D:"，按 Enter 键后进入 Copy.java 文件所在的盘符"D:\>"。如果文件存放在 C 盘，则无须切换盘符，可以省去这一步；如果文件存放在 E、F 盘等，则在">"后面输入"E:"或"F:"。

（3）输入"cd D:\JavaTest"进入 Copy.java 文件所在的文件夹，按 Enter 键后出现"D:\JavaTest>"，表明已成功进入 Copy.java 文件的存放路径，如图 2.3 所示。

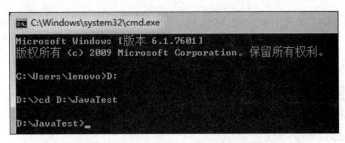

图 2.3　进入 Copy.java 文件的存放路径

最后，在图 2.3 所示的路径下输入命令"javac Copy.java"，按 Enter 键；再输入命令"java CopyTest"，按 Enter 键。可以看到在窗口中出现了 Copy.java 文件中的部分内容，如图 2.4 所示。

现在分析一下，在整个过程中人和计算机分别做了什么工作呢？其实这个问题不复杂，实际上就是人用一种新的表达方式跟计算机说了几句话，而计算机通过翻译理解了，然后给人回话。

图 2.4　程序运行结果

那么人是用什么方式表达的呢？不是汉语，也不是英语，而是 Java 语言。用这种语言的时候要先"说"class（专业名词叫：**类**。关于"类"的详细解释见 2.3 节），然后确定一个主题（专业名词叫：**类名**），也就是先确定要说的是哪个话题。有关这个话题的所有内容（专业名词叫：**类体**）放在后面的花括号{}中。

```
class Copy{…}
```

那人到底对计算机说了什么呢？人说："从现在开始，请跟我说'您好！我叫 Java，您是？'，再跟我说'真调皮^-^.'。""从现在开始"用于告诉计算机一个起始位置，它又叫程序入口，用 Java 语言表示为 public static void main(String args[])（专业名词叫：**主方法**），计算机会从这儿开始工作，以确定人让它干什么。人所说的话叫语句，也就是对计算机发出的指令，如 System.out.println(…);，它们统一放在后面的花括号中。而 println()内的双引号中放置计算机复读的内容。

2.1.2　主动试错

现在可以尝试改变说话内容，看看计算机能不能正确复读，程序及运行结果如图 2.5 所示。

（a）

（b）

图 2.5　程序及运行结果

看来计算机的"智商"并不低，能"听懂"人说的话，人机之间可以交流。尝试改变程序的其他内容，看看计算机是否还能复读。

比如删除第一句"// '复读机'游戏"，计算机似乎没有什么反应，还是能复读；如果把"//"后面的字更换或删掉，对复读也没有什么影响；如果只把"//"删掉而后面的字保留呢？这时会出现错误提示（见图 2.6），看来"//"很关键。查阅相关资料可知它在 Java 中起到"注释"的作用，也就是说，"//"后面的文字用于告诉人程序准备干什么，而不是告诉计算机。

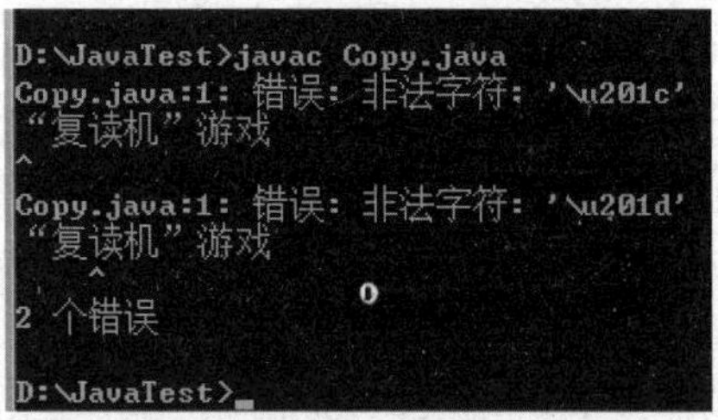

图 2.6　只把"//"删掉的错误提示

可以继续尝试改变程序，再看看计算机的反应。比如把程序中的 class 的第一个字母改为大写，会出现图 2.7 所示的错误提示，说明 Java 对大小写区分得很清楚，即 Class≠class。

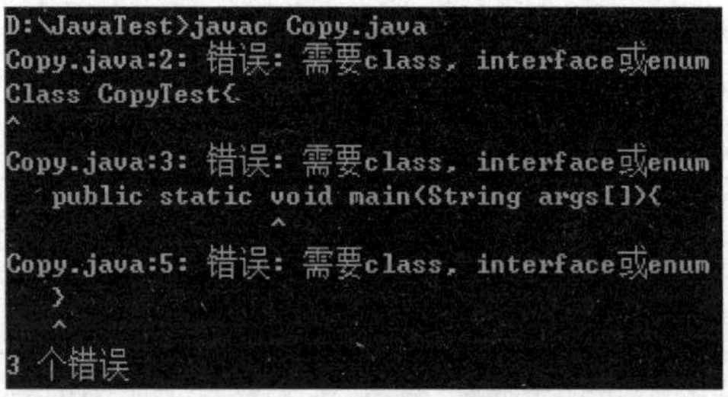

图 2.7　把 class 写成 Class 的错误提示

从图 2.7 所示的错误提示可以看出，计算机似乎喜欢"夸大其词"，明明只有一个小错误它却会报告几个错误，而且还有点不知所云。对于初学者而言，遇到错误很正常，但容易消磨学习的积极性。因此，"主动试错"是认识错误提示的一个非常好的方法。也就是说，尝试把正确的程序改错，然后看看计算机会有何反应。初学者常犯的错误有以下几种。

1．输入中文标点符号

程序命令中的标点符号（括号、引号、分号、点号等）必须是英文标点符号才能被计算机识别。图 2.8 所示的是在程序命令中使用中文圆括号造成的错误提示，仔细观察可以看出前半括号与后半括号的不同。

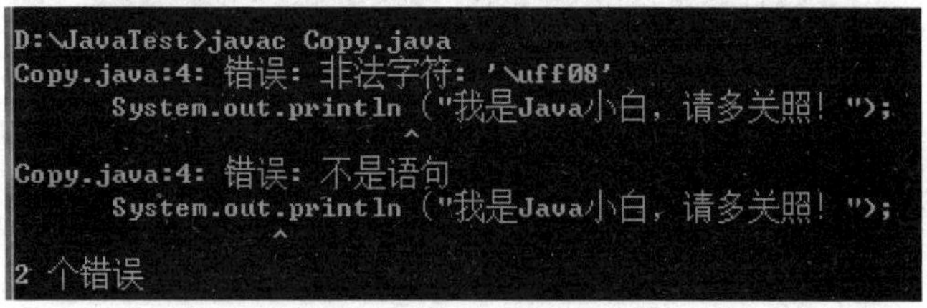

图 2.8　在程序命令中使用中文圆括号造成的错误提示

2．引号、括号等不配对

程序命令中的花括号、圆括号、单引号、双引号等均需要成对出现。图 2.9 所示的是分别去掉结束位置的花括号、圆括号和双引号造成的错误提示。

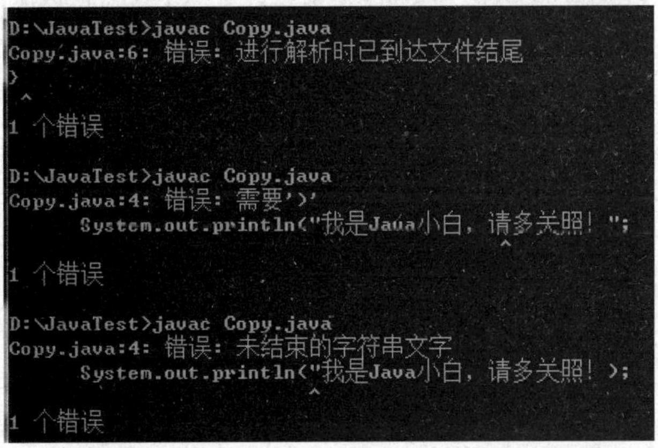

图 2.9　分别去掉结束位置的花括号、圆括号和双引号造成的错误提示

3．JDK 路径配置有误

JDK 中 Path 和 ClassPath 的配置详见 1.3 节，如果配置有误则会出现图 2.10 所示的错误提示。

图 2.10　JDK 路径配置有误的错误提示

4．文件路径有误

执行 javac Copy.java 命令时要先进入 Copy.java 的存放路径，在错误的文件路径下执行该命令则会出现图 2.11 所示的错误提示。

图 2.11　文件路径有误的错误提示

解决方式：进入相应文件存放路径后再执行 javac 和 java 命令，或者使用绝对路径"javac D:\JavaTest\Copy.java"再执行 java CopyTest 命令，如图 2.12 所示。在使用绝对路径时先要保证在配置 ClassPath 时配置过当前路径——"．"（详见 1.3 节）。"-d ．"表示将生成的类文件放到当前目录下（注意点号不可少）。

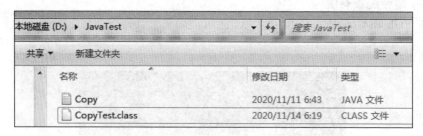

图 2.12　使用绝对路径运行程序

可以随心所欲地尝试更改程序，不要害怕把程序改错，即使把程序改得乱七八糟又有什么关系呢？大不了重新写一遍。在认识了这么多错误提示之后，读者可能有很多新的疑惑产生，比如前面输入了很多次 javac Copy.java、java CopyTest，它们是什么意思？为什么要这么做？计算机在见到这两个命令后都会干些什么？

2.1.3　关于编译和运行

输入图 2.5（a）所示的程序并正确运行后，打开存放 Copy.java 的文件夹则会看到 Copy 和 CopyTest.class 两个文件，如图 2.13 所示。可注意到两个文件的类型不同，一个是"JAVA 文件"，又称为"源文件"；另一个是"CLASS 文件"，又称为"字节码文件"。

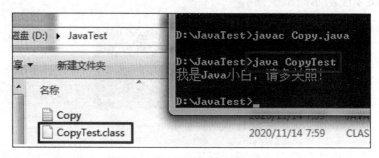

图 2.13　Copy 源文件和 CopyTest.class 字节码文件

现在再来尝试做一些改变。将 CopyTest.class 删掉，在命令行窗口中进入文件存放路径后输入"javac Copy.java"，按 Enter 键之后，打开图 2.14 左边所示的文件夹，会发现刚刚删掉的文件又出现了。看来 javac Copy.java 的作用是生成这个 CLASS 文件。

图 2.14　编译通过后生成的文件

将 CopyTest.class 再次删掉并修改源文件，将 Copy.java 中的类名换成"Talk"，经过上述相同操作后可以看到生成的 CLASS 文件变成了 Talk.class，而在命令行窗口中继续输入"java Talk"可以正确执行，而输入原来的"java CopyTest"却报告"找不到或无法加载主类 CopyTest"的错误提示，如图 2.15 所示。由此可见，源文件中的类名是相应的 CLASS 文件名，java 命令后面跟的也是这个类名。

图 2.15 将 Copy 文件类名换成 "Talk" 后生成的文件

事实上，计算机在上述过程中所做的工作分为两步。第一步是执行 javac Copy.java，javac 被称为编译命令，后面跟的是源文件名 Copy.java。其目的是将源程序翻译一遍，不直接译成计算机能读懂的 0 和 1，而是译成一种中间码，其主要作用有检查语法错误、防止别人篡改而进行安全保护等，这一过程称为编译过程。第二步是执行 java CopyTest，其中 java 被称为运行命令，CopyTest 是类名，就是前面所确定的跟计算机交流的主题。这一步的作用还是翻译，即把前面得到的中间码翻译成计算机能读懂的 0 和 1，这样计算机就能知道人说的是什么。这一过程称为解释过程。

这可能会让人觉得 Java 的执行比较烦琐，为什么要翻译两次呢？这里举个例子来简单说明。假设有个人想把自己优秀的作品与世界分享，决定把作品译成外文。世界上的语言很多，如日语、英语、德语、法语、意大利语、西班牙语、葡萄牙语、俄语……语言的选择决定了读者的数量，为了拥有尽可能多的读者，他选择了世界通用语言——英语，把作品译成了英文。英文就相当于中间码，这个翻译过程是不针对任何一个具体国家的，而是针对一个很多人都认可的公用平台（专业名词叫**虚拟机**，即 Java 虚拟机）。每个国家都可以在这个基础上使用自己的语言翻译译著，即把中间码翻译成计算机能读懂的 0、1，这就是二次翻译。

Java 有一个非常重要的特点：一次编译，处处运行（write once，run anywhere），就是指它的第一次翻译过程不针对任何具体的计算机平台，而是针对公用平台 Java 虚拟机。比起 C 语言针对每一种计算机都准备一个编译器的做法，Java 的做法要"聪明"很多，这是 Java 备受青睐的一个重要原因。因此在很多 Java 图书中往往都会强调 Java "平台无关性"的特点。

2.2 犹抱琵琶半遮面

前面谈到了不少设计程序时出现的错误提示，我们也鼓励初学者"主动试错"，但在真正见到错误提示之后往往还是感觉"不知所云"。尽管 Java 提供了非常完善的帮助文档（在 Oracle 网站上可以在线查阅），但对于初学者而言，这并不是一件容易的事。随着学习的不断深入，所涉及的代码会增加，难度也会加大，而"记事本"应用不提供任何帮助信息，这很容易对初学者造成困扰，从而失去继续尝试的勇气。看来是时候请出集成开发工具了。

随着科技的不断发展，人们所享受的服务也越来越智能化。对于 Java 开发者而言，已经有多种"套餐服务"（专业名词为**集成开发环境**，即 Integrated Development Environment，简称 **IDE**）可供选择，比如 Eclipse、MyEclipse、JCreator、JBuilder 等，它们可以有效地帮助 Java 开发者解决一些问题。下面介绍一个免费的软件 Eclipse，它是用得最多的集成开发工具之一，其功能非常强大。

2.2.1　Eclipse 的下载和安装

登录 Eclipse 的官方网站，进入下载页面，如图 2.16 所示。截至完稿时，可以下载的最新版本是"Eclipse IDE 2023-06"，在这里要说明的是，与这个版本匹配的 JDK 的版本为 JDK 17 及以上，否则它是不能正常安装使用的。

图 2.16　Eclipse 下载页面

单击图 2.16 所示的"Download x86_64"后，会弹出图 2.17 所示的服务方式提示弹窗。

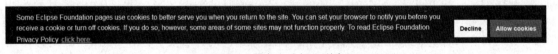

图 2.17　服务方式提示弹窗

单击图 2.17 所示的"Allow cookies"按钮，打开图 2.18 所示的"新建下载任务"对话框。

图 2.18　"新建下载任务"对话框

在"新建下载任务"对话框中可以单击"浏览"来更改文件的存放路径，也可以使用默认的存放路径，设置完成之后单击"下载"按钮进入选择安装类型的对话框。如图 2.19 所示，选择第一项。

图 2.19 选择安装类型

如图 2.20 所示，与这一版本的 Eclipse 匹配的是 Java 17 及以上。同样可以对安装路径进行选择，可以单击图 2.20 中右边的圈中的图标。

图 2.20 选择安装路径

安装过程结束后会弹出图 2.21 所示的对话框，在这里可对工作空间路径进行选择，可以单击"Browse"按钮进行选择，也可以勾选下面的"Use this as the default and do not ask again"，使用默认路径，勾选之后再启动 Eclipse 不会弹出该对话框。Eclipse 的功能很强大，能够管理非常大的项目，尽管我们现在设计的程序很小，但 Eclipse 对待大项目和小程序的要求是一样的，都需要选择一个工作空间，用来存放我们所写的程序。单击下方的"Launch"按钮启动 Eclipse。

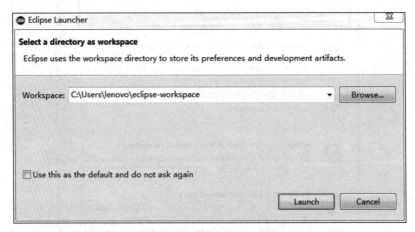

图 2.21 工作空间路径的选择

2.2.2 Eclipse 的使用

启动 Eclipse 之后出现欢迎界面（见图 2.22），可以在界面中选择需要做的工作，选择之后会打开 Eclipse 开发界面（见图 2.23），界面右侧会给出完成该工作所需要的详细步骤提示。如果不希望出现这个界面，可以取消勾选欢迎界面下方的"Always show Welcome at start up"，直接关闭欢迎界面进入 Eclipse 开发界面。

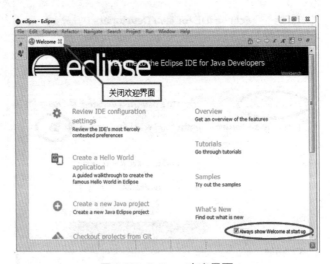

图 2.22 Eclipse 欢迎界面

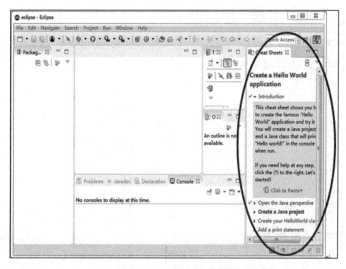

图 2.23　Eclipse 开发界面

下面以"复读机"游戏为例来说明 Eclipse 的使用。

1. 创建一个项目

在 Eclipse 中，程序是由项目来组织的，Eclipse 要求在写程序之前必须创建一个项目。项目创建方式有 3 种：选择"File"→"New"→"Java Project"，如图 2.24（a）所示；将鼠标指针指向工具栏（"File"下面的图标行）上的图标□·会出现"New"，单击三角▾→"Java Project"，如图 2.24（b）所示；右击"Package Explorer"下面的空白部分，选择"New"→"Java Project"，如图 2.24（c）所示。

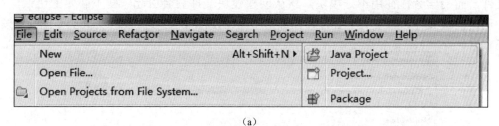

（a）

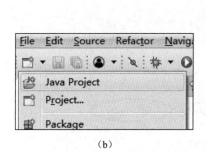

（b）

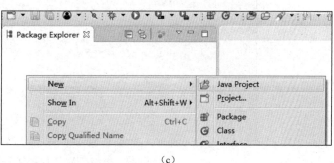

（c）

图 2.24　创建项目

无论使用哪种创建方式，都可以打开"New Java Project"窗口，如图 2.25 所示。在"Project name"文本框中输入一个名称作为项目名称。尽管项目名称没有具体要求，但尽量使用与所做的工作相关的名称，不建议使用 aaa、111 等无明确含义的名称。设置好之后单击"Next"

进入"Java Settings"界面，如图 2.26 所示。

取消勾选"Java Settings"界面中的"Create module-info.java file"（见图 2.26），而后单击"Finish"按钮完成项目的创建工作。

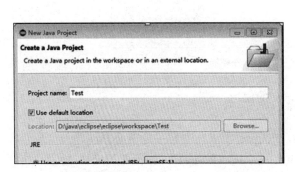

图 2.25 "New Java Project"窗口

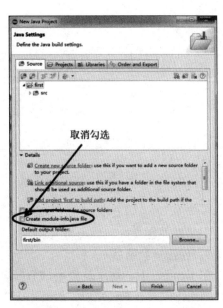

图 2.26 "Java Settings"界面

这里要注意的是，Java 9 及以上版本增加了模块化功能，在创建项目时会默认创建模块文件，而初学者往往用不好模块，默认创建模块文件后会引起一些不必要的错误，可以先不创建模块文件。如果不小心打开图 2.27 所示的窗口，则可以单击"Don't Create"按钮。

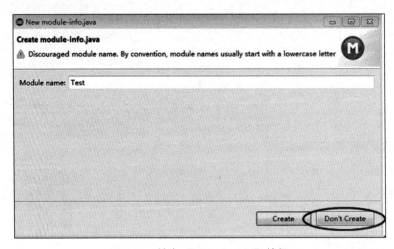

图 2.27 单击"Don't Create"按钮

假如不小心单击了"Create"按钮，那么在图 2.28 所示的编辑窗口中会看到程序报错，用鼠标指针指向错误处会出现图 2.29 所示的错误提示。这个问题的解决办法有两种。

（1）在编辑窗口左侧删除"module-info.java"文件。

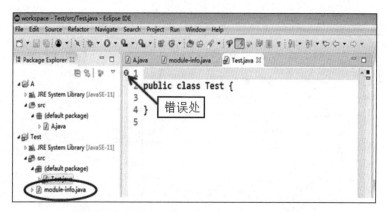

图 2.28　创建 module-info.java 后的编辑窗口

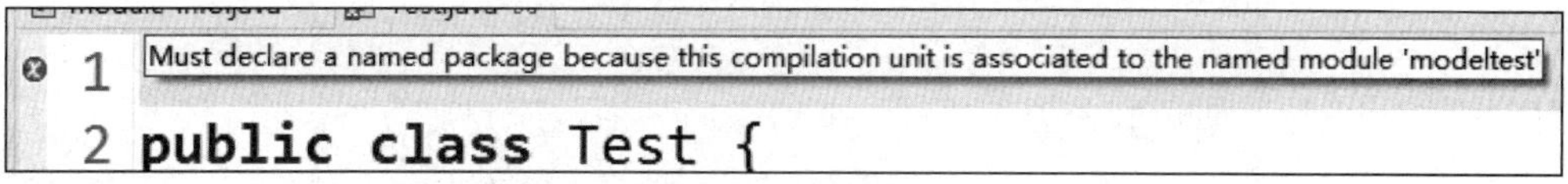

图 2.29　错误提示

（2）在"src"（或报错文件"Test.java"）上右击，选择"New"→"Package"，如图 2.30 所示。

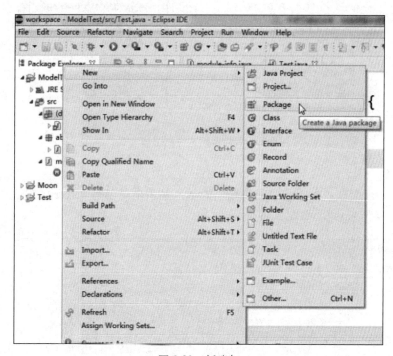

图 2.30　新建包

在弹出的窗口中输入包的名称（Name），如 test，单击"Finish"按钮，如图 2.31 所示。

可以看到在左侧的"Package Explorer"中出现了 test 包，将报错文件 Test.java 拖到 test 包中，如图 2.32 所示。

图 2.31　输入包的名称

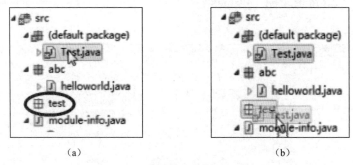

（a）　　　　　　　　　　　（b）

图 2.32　为报错文件创建一个包

2．新建类

项目创建好后会在"Package Explorer"的下方显示项目名称"Test"。右击"Test"，然后选择"New"→"Class"，如图 2.33 所示。

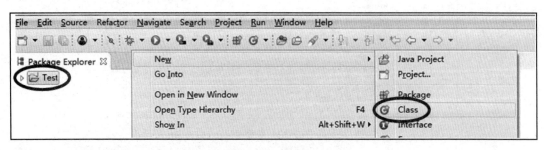

图 2.33　新建类

在弹出的窗口中输入包名和类名，其中"Package"是选填项，"Name"是必填项，类的命名方式请参看 2.3.2 节。类名输入后会自动激活下方的"Finish"按钮，如图 2.34 所示。

图 2.34 新建 Java 类

单击"Finish"按钮后进入 Eclipse 主窗口，如图 2.35 所示。"文件浏览器"及其他视图可通过"Window"→"Show View"打开。

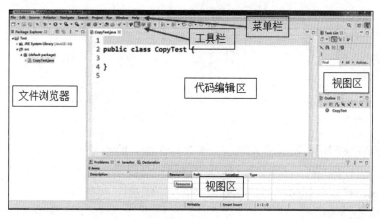

图 2.35 Eclipse 主窗口

在 Eclipse 主窗口中间的代码编辑区中输入"复读机"游戏程序，单击工具栏上的"Save"和"Run"按钮，即可在控制台（Console）中看到程序运行结果，如图 2.36 所示。

前面在命令行窗口中运行程序时经过了编译和运行两个步骤，而在这里只单击了一个按钮就输出结果了，是 Eclipse 把两步并成一步执行了吗？其实不然。打开"Project"菜单会发现"Build Automatically"是自动勾选的（见图 2.37），也就是说 Eclipse 进行了自动编译。事实上，在编写程序的过程中如果发生了错误，会在相应代码下面看到红色波浪线，这就是自动编译的结果。

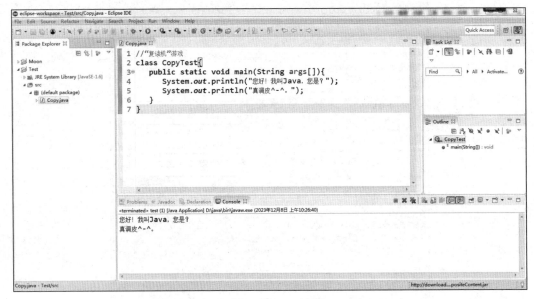

图 2.36　程序运行结果

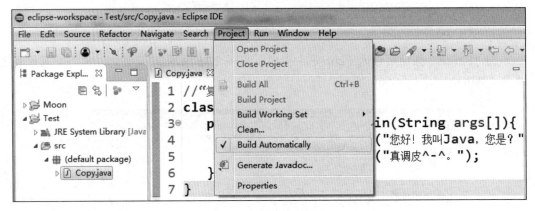

图 2.37　自动编译设置

在编写代码的过程中，如果输入无误，那么会在输入的点号"."后面看到弹出的列表框，里面包含很多内容，这是因为集成开发环境提供了信息提示功能（见图 2.38）。如果感兴趣的话可以逐项尝试，可以依据每项的字面意思猜测它的作用。用鼠标指针指向其中的一项，单击则会出现相应的详细说明，使用在线翻译帮助理解也未尝不可，这样还可以提高英文水平，一举两得。双击某一项或按 Enter 键则会看到相应的内容出现在点号后面，无须手动输入。

使用 Eclipse 集成开发环境可让源代码的编写工作减少很多，适当的提示信息不仅有助于发现代码编写中的错误，还可以辅助我们了解 Java 中准备了哪些工具。同时，在编译、运行时也不需要在命令行窗口中执行命令了，真是方便、快捷、高效。

看来 Java 还真是含蓄，这么好用的工具居然深藏不露，真可谓"千呼万唤始出来，犹抱琵琶半遮面"。为何不一开始就将它"请"出来呢？产生这个疑惑太自然不过了，但这里要强调的是，**无论多么强大的集成开发环境，其仅仅是帮助人们学习程序设计语言的工具**。开发工具的使用简化了读者的工作，但大量代码的自动生成容易让读者产生依赖，一旦失去工具或在代码生成过程中出现错误，读者便会茫然无措、无所适从。这一现象表明读者并不是真正掌握了语言本身，而是仅仅学会了使用工具。因此，请不要过于依赖集成开发环境，过度的依赖会妨碍读者自我探索，仅仅将它作为"记事本"的替代品就好。

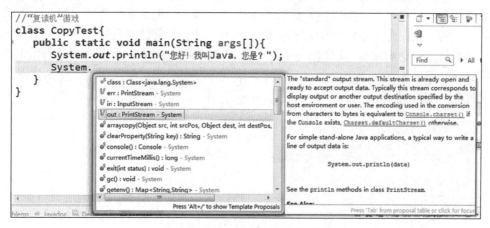

图 2.38 Eclipse 提示信息的显示

2.3 类与方法

俗话说，麻雀虽小，五脏俱全，一个非常短小的"复读机"游戏程序也蕴藏着 Java 语言的灵魂以及众多基础知识。下面对程序中所涉及的"面向对象""类""方法""方法的调用"等概念进行详细介绍。

微课视频

2.3.1 理解面向对象

思考一个问题：人从小就有抽象能力吗？答案是肯定的，而且还是自学成才的。回想一下自己是怎么认识"车"的呢？是通过妈妈先教会车的定义，然后反复讲解车的外观、构造、性能等才认识的吗？显然不是。你可能在不到一岁的时候就已经认识它了，而且这个过程很自然，并没有经过苦思冥想。当妈妈抱着小孩子走在大街上时，遇到小轿车，妈妈会指着它说"小汽车"；遇到公交车，妈妈又会指着它说"公交车"；遇到自行车，妈妈会指着它说"自行车"；回到家里，看到玩具卡车，妈妈又会说"大卡车"，看到墙上贴着火车的图片，妈妈又说"火车"……尽管它们长得千差万别，但一段时间以后，小孩子头脑里会自然而然形成"车"的概念。当碰到三轮车的时候自然会指着它说"车"。这就是抽象能力。

事实上，人们对世界的认识，都是从分析具体事物的特征开始的。比如如何描述一个人呢？首先可能描述他的外观特征，比如高矮、胖瘦、肤色深浅、头发长短、眼睛大小等，其次就是他的行为特征，比如走路、唱歌、打球、思考、学习、谈吐等的特征。无论是哪一个人，都可以从这两个方面描述，也就是说这些是人的共性特征。抽象过程就是把具体事物的个性特征抛开，找出它们的共性特征，并形成一个抽象模型。现实世界中的具体事物被称为"**对象**"，比如小轿车、三轮车，或是某一个人；所形成的抽象模型被称为"**类**"，比如"车""人"等。简单地说，对象是具体的，类是抽象的，二者是相对的概念。

举个例子，一个人说："我想建个房子。"目前，这个"房子"还是存在于脑子里的一个抽象模型，是不能住人的，所以属于"类"。而真正建了一个能住人的房子后，就产生了一个

27

具体的"对象"。当把脑子里想的抽象模型呈现在纸上，就形成了图纸，工人按照图纸可以建出来很多很多房子，所以抽象模型就是一个模板，可以产生很多对象，所以称**类是对象的模板**。依据模板盖成具体的房子，这个过程被称为**类的实例化**，所以**对象又被称为类的实例**。再如张三、李四是具体的，所以他们都是实例对象。那么他们是哪个类的实例对象呢？他们可以是人类的对象，还可以是中国人的对象，也可以是生物类的对象等。所以**一个类可以生成很多个对象，一个对象也可以属于很多个类**。而这些类之间还有层次关系，比如人类是生物类的一种，中国人又是人类中的一个群体，这就涉及类与类之间的关系，比如继承、组合等，后面会详细讲解。

2.3.2 类的定义

经过上面的学习，相信你对类和对象已经有了初步的印象。下面结合"复读机"游戏程序来探讨相关知识。

程序中的 class，即类，它记录了对象的共性特征。通常情况下，这些共性特征可以从静态属性和动态行为两个方面来描述。比如我们描述一个人时，外观特征就是静态属性，行为特征则是动态的。在 Java 中，静态属性被称为**变量**，动态行为被称为**方法**，它们作为类的成员，用于描述类的共性特征，同时通过类把它们打包在一起。一个打包好的类也可以作为成员放在另一个类中，这样的类叫内部类，将在以后的章节中介绍。

1．类的一般定义格式

类的一般定义格式如下。

[修饰符]**class 类名**[extends 父类名] ◀──── **类的声明（类头）**
{
    [成员变量;]
    [成员方法;]   **类体**
    [内部类]
}

其中方括号里的内容为可选项，class 是类的关键字，类名是区分不同类的重要标识，花括号里存放类的内容。

运用类的一般定义格式，分别用中文和 Java 语言描述"人类"，如图 2.39 所示。

（a）用中文描述"人类"　　　　　（b）用 Java 语言描述"人类"

图 2.39　运用中文和 Java 语言描述"人类"

2．关键字

每种编程语言都会规定一些具有特定意义的词，这些词被称为关键字或保留字。Java 语言也有自己的关键字，如表 2.1 所示，表里面有前面提到的 class、public、static、void 等。

表 2.1   Java 关键字

Java 关键字				
abstract	assert	boolean	break	byte
case	catch	char	class	continue
default	do	double	else	extends
false	final	finally	float	for
if	implements	import	instanceof	int
interface	length	long	native	new
null	package	private	protected	public
return	strictfp	short	static	super
switch	synchronized	this	throw	throws
transient	true	try	void	volatile
while				

3．标识符

用来标识类名、变量名、方法名、类型名、数组名、文件名的有效字符序列称为标识符。简单地说，标识符就是名字。Java 的命名相对自由，原则上名字要见名知意，类名首字母一般为大写。比如定义人类可以用 People 作为类名，定义学生类可以用 Student 作为类名，如果程序的功能是猜数字，可以用 GuessNumber 这种驼峰方式命名类，也可以使用 Test_1 这样的组合方式命名类。总之，标识符可以是字母、汉字、数字、特殊字符等或它们的组合，长度不受限制，但是有几个基本的约束。

（1）第一个字符不能是数字。

（2）不允许包含除下画线"_"、美元符号"$"之外的其他符号，如空格、加号等。

（3）标识符中的字母是区分大小写的，如 Beijing 和 beijing 是不同的标识符。

（4）不允许使用表 2.1 中的关键字。

4．访问控制修饰符

在 Eclipse 中新建类时通常会有默认访问控制修饰符 public 出现，public 的意思是公共的、公开的，也就是说用 public 修饰的类是公开的，大家都可以看到它并使用它。犹如阳光、山川河流等自然资源大家都可以欣赏，道路、公园、博物馆等公共设施大家都可以使用一样。但是将像家庭住所、私人物品等定义为公共的就不大合适。修饰符有不同的分类。

Java 中定义了 4 类访问控制修饰符，分别是 public、protected、private 和 default，它们按所修饰的内容的被访问范围由大到小排列为：public > protected > default > private。

（1）类访问控制修饰符

类有 public 和 default 两种访问控制修饰符，一个 Java 源文件可以包含多个类，它们可以全是 default 类，也可以是若干个 default 类和一个 public 类。值得注意的是，如果源文件中包含 public 类，那么文件名一定要与该类名保持一致，而 default 类则没有此限制。

现在，可以尝试在"复读机"游戏代码的 class 前面添加 public，这样，一旦类名与源文件名不一致，就会出现图 2.40 或图 2.41 所示的错误提示。

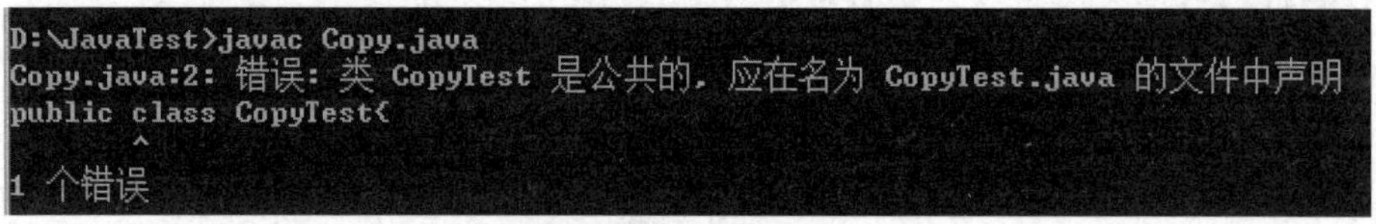

图 2.40 命令行窗口的错误提示

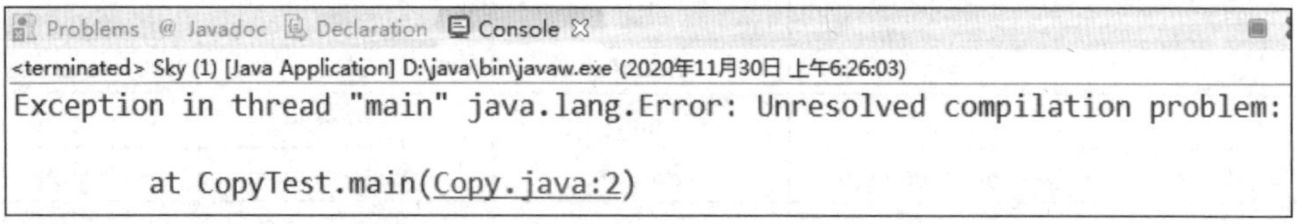

图 2.41 Eclipse 下 public 类名与源文件名不一致的错误提示

因此，用 public 修饰的类名与源文件名一定要一致。

（2）类成员访问控制修饰符

在面向对象程序设计中，往往需要控制外界对内部数据的访问。如对于电视机而言，其内部有成千上万个电子元件，而外界用户在使用时不需要知道每个元件的功能，只需要知道电视机外部接口等（如开关按钮、电源插头、转换接口等）的使用方法即可。因此制造商用电视机外壳将内部元件包装起来，减少外界对内部元件造成的不必要的损坏，降低外界用户使用的复杂度，同时也降低后期维修的难度。这种将数据模块化和隐藏内部信息的方式叫作**封装**。

Java 中的对象就是对一组变量和相关方法的封装，其中变量表明对象的状态，方法表明对象具有的行为。通过设定不同的访问控制级别可以实现对类成员（包括成员变量、成员方法和内部类）的封装，从而实现类成员的信息隐藏。

如：

```
public class People{
    public String name;
    protected String sex;
    private int age;
    void sing(){}
}
```

其中，类的访问权限为 public，在任何地方都可以访问它。成员变量 name 的访问权限也为 public，说明它是一个公有成员，可以被所有的类访问。变量 sex 的访问权限为 protected，它的公开化程度没有 public 的高，它只允许相关性比较强的类访问，如同一类中、同一文件夹中，或处于不同文件夹中但与自己有着亲子关系的类。变量 age 的访问权限为 private，它被认为是类的私有成员，不允许从类的外部访问，只有类内成员可访问。而成员方法 sing() 前面没有添加任何修饰符，那么它使用 default（默认的）访问权限，只允许本类或同一文件夹中的其他类访问。对于这 4 种访问权限，以 QQ 或微信等社交软件为例，所发布的内容有"所有人可见""仅好友可见""仅自己可见"等选项，正好与 public、protected、private 相对应，可以用来理解访问控制修饰符的作用。

2.3.3 方法的定义

回顾"复读机"游戏程序，在类 CopyTest 中只包含一个 main() 方法，这里需要强调的是，在书写 main()方法的时候一定要严格遵循 public static void main(String args[])的格式，包括大小写、括号等都要一模一样。因为在 Java 应用程序里只提供了这一个出入口，计算机也只认识这一个出入口。在找到 main()方法后会执行里面的内容，在未遇到岔路的情况下会以自上而下的顺序逐条执行语句，直到遇到"}"。

1．方法的一般定义格式

方法的一般定义格式如下。

[修饰符] 返回值类型　方法名 ([参数列表]){　←———————　**方法的声明**

　　　　[局部变量;]

　　　　[语句;] 　　　　　　　　　　　　　　 **方法体**

　　　　[局部类]

　　}

其中方括号里的内容仍为可选项，方法名和圆括号必不可少。命名规则同前面介绍的一样，但类名一般用大写字母开头，而方法名一般用小写字母开头，如 think()、getTime()等。返回值类型，只有一种被称为"构造方法"的特殊方法不需要，其余的方法都需要。无返回值的用 void 关键字。方法可以没有参数，也可以有多个参数，多个参数用逗号分隔。

有一定编程语言基础的读者会发现，方法定义不就是其他编程语言中的函数定义吗？没错，方法就是函数，只是在 Java 中更专业的叫法为方法，其定义和使用过程跟其他编程语言中的函数非常相似。"复读机"游戏程序中 main()方法的定义如图 2.42 所示。

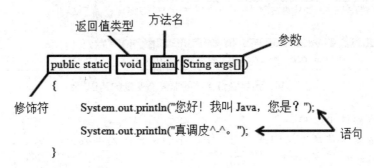

图 2.42　main()方法的定义

2．static 修饰符

main()方法使用的修饰符除了 public 外，还有 static，它被称为静态修饰符，可以用来修饰类成员，如变量、方法甚至语句，分别称为静态变量、静态方法和静态语句。

静态成员有两个特征：它属于类的成员，与类的对象是否存在无关；它被类的所有对象所共享，任何一个对象访问静态成员都是在访问同一个内存单元。比如地球就可以作为人类的一个静态成员。因为它不会随着一个人的产生而产生，同样也不会因为一个人的消失而消失，它属于类的成员，而且它被所有人所共享。

由于静态成员属于类成员，与对象无关，因而在访问静态成员时可以直接用类名米访问：**类名.静态成员名**。

【例 2-1】static 修饰符

```
class People {
    static String address = "Earth";//修饰变量
```

```
static {    //修饰语句
    System.out.println("我是静态语句");
}

public static void main(String args[]) {  //修饰方法
    System.out.println(People.address);  //用类名直接访问静态变量
}
}
```

运行结果如图 2.43 所示。

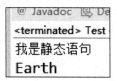

图 2.43　例 2-1 的运行结果

如果将变量 address 的修饰符 static 去掉，那么它成为非静态变量，这时它是不可以用类名直接访问的，如图 2.44 所示。

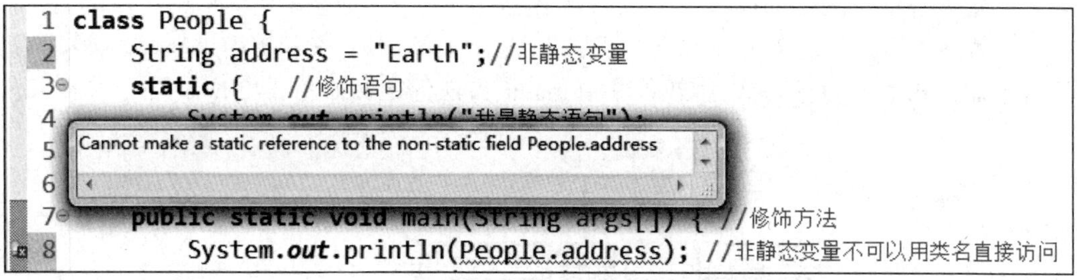

```
1  class People {
2      String address = "Earth";//非静态变量
3      static {    //修饰语句
4          System.out.println("我是静态语句");
5   Cannot make a static reference to the non-static field People.address
6
7      public static void main(String args[]) { //修饰方法
8          System.out.println(People.address); //非静态变量不可以用类名直接访问
```

图 2.44　用类名直接访问非静态变量的错误提示

另外需要注意如下几点。

（1）语句需要包含在方法内或一对{}中，不能单独作为类成员，如：

```
class Test{
    System.out.println("Hello Java! ");
}
```

会有图 2.45 所示的错误提示。

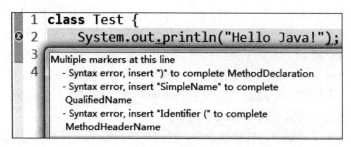

图 2.45　语句单独出现在类中的错误提示

（2）静态方法中只能访问静态变量，非静态方法中则既可以访问静态变量，也可以访问非静态变量。

【例2-2】静态方法中访问静态变量与非静态变量的区别

```
class People {
    static String address = "Earth";//静态变量
    int age=6;  //非静态变量
    void think() {   //非静态方法
        System.out.println(address); //访问静态变量
        System.out.println(age); //访问非静态变量
    }

    public static void main(String args[]) { //静态方法
        System.out.println(address);  //访问静态变量
        System.out.println(age);  //访问非静态变量
    }
}
```

运行结果如图 2.46 所示。

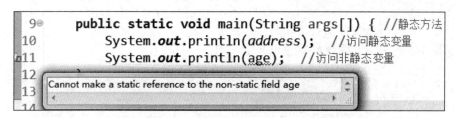

图 2.46　静态方法中访问非静态变量的错误提示

（3）其他修饰符

final：final 的本意是"最终的、最后的"，用它修饰的内容是不可再被更改的，可以用来定义**常量**。如 **public static final double PI=3.14159265358979**，这里的 PI 是一个常量。

另外，final 也可以用来修饰类、方法和变量，它所修饰的类不能被继承，所修饰的方法不能被重写，所修饰的变量不能被再次赋值。

abstract：可以用来修饰类或方法，被修饰的类或方法分别被称为抽象类或抽象方法。抽象类就是比一般的类更为抽象的类，它是公共属性和公共行为的集合，是抽象概念类。比如对于圆形、正方形、三角形 3 个类，每个类中均可以有求周长和求面积的方法，它们是这3 个类的共性方法。定义一个包含这两个共性方法的"形状类"，那么"形状类"就是一个抽象类。由于不同几何图形求周长和求面积的计算方法不相同，因此在"形状类"中无法给出两个共性方法的具体实现细节，它们被称为抽象方法，所在的类也被称为抽象类。

抽象类不能直接产生对象，需要通过继承（查看 3.2.2 节）的方式借助具体类来实现。抽象方法是只有方法声明，没有方法主体的方法，如 void getLength(); 即抽象方法，也可以用 abstract 修饰。抽象方法只能出现在抽象类中，而抽象类中不仅可以包含抽象方法，还可以包含具体方法。

synchronized：用来修饰方法或者代码块，被它修饰的方法或代码块在运行期是线程安全的，也就是说，不会出现多个线程同时执行同一个方法或代码块的情况。具体内容请参阅第 8 章。

3. 返回值

假如有一个场景，一个人对他的室友说："下楼时请帮我把垃圾带下去，回来时顺便带瓶水，谢谢"。这一场景实际包含两件事情，其中一件需要一个反馈结果——"水"，这在程序设计中叫作"返回值"，另一件则不需要反馈结果（把垃圾带下去就可以了，不需要回来告诉我），叫无返回值。无返回值时用 void 修饰，而有返回值时则需要用 return 把值反馈回来，同时反馈回来的值还要与方法的返回值类型相匹配。什么意思呢？简单地说，需要水就带水回来，不要带酱油，实在没买到水，带其他饮品也可以，总之，需要水是因为渴了，带饮品回来就可以解决这个问题。所以方法正确的写法是：

```
饮品 买(){
    return 水;
}
```

其中"饮品"是返回值类型，"买"是方法名，"return 水;"用于把结果反馈回来。而反馈结果——"水"要和返回值类型"饮品"相匹配。

注意：下面的写法都是错误的。

```
（1）电器 买(){        （2）void 买(){          （3）饮品 买(){
    return 水;            return 水;              return 水;
}                    }                      }
```

想一想：这些写法为什么是错误的？

特别要注意的是，下面这种写法也是错误的。

```
饮品 买(){
    if (有水卖)
        return 水;
}
```

if 是"如果"的意思，程序的意思是："如果有水卖就买水回来"，其他情况则没有告知。对于计算机来说，它不知道遇到其他情况该怎么办，所以只能报错，看来它的"智商"还真不怎么高。下面的形式是正确的。

```
饮品 买(){
    if (有水卖)
        return 水;
    else
        return 奶茶;
}
```

else 是指其他情况，if-else 是程序设计中经常用的语句，第 4 章将会详细说明。

2.3.4 方法的调用

"复读机"游戏程序的 main()方法里只有如下两条语句（注意 Java 中的语句是以分号结束的，而且必须使用分号）。

```
System.out.println("您好! 我叫 Java, 您是? ");
System.out.println("真调皮^-^。");
```

从程序的运行结果来看，语句的执行**顺序**是**自上而下**的。这两条语句除了双引号里的内容不同，其他内容都是相同的。有没有发现，双引号里的内容无论如何改变，程序都不会报错，而且不管输入什么，程序运行后都会原样输出。事实上，双引号定义了一个**字符串常量**，字符串就是一个字符序列，如"中国""abc&123"等。常量就是不可变的量。

语句 System.out.println();中 println 是输出的意思（注意 l 不是数字 1，而是小写的 L），这条语句称为输出语句。System.out.说明了 println()的位置在 System 下的 out 里，点号"."可以理解为汉字中的"的"，必须在英文半角状态下输入，不可省略。需要输出的内容用引号标识并放在圆括号中，println()会将其原样输出。（试一试：运用 print()方法或 println()方法输出，输出结果有什么不同？）

println()是 Java 提供的一个重要方法，经常在调试程序的时候使用它。使用已经定义的方法被称为**方法的调用**，其调用方式为：

```
方法名([参数列表]);
```

如：println();或 println("真调皮^-^。");

注意，方法调用只能针对已经存在的方法，可以是用户自定义的方法，也可以是 Java 中提供给用户的方法，调用时需要通过点号"."说明方法的归属，如 System.out.println()。此外，还要保持方法名、参数类型与定义时的一致，否则会报语法错误。有关方法调用的详细内容将在 3.2.1 节及 6.2.3 节中进一步阐述。

小结

本章讲述了运用"记事本"和集成开发环境两种工具来编辑、编译和运行 Java 程序的过程，利用简单的"复读机"游戏引出了 Java 中面向对象的程序设计思想、类和方法等内容，还涵盖了关键字、标识符、修饰符、返回值、方法调用等知识点。通过对本章内容的学习，读者可以对 Java 的一般程序结构有所了解，为以后的深入学习做好准备。

习题

1. 下列名词中的（　　）是类，（　　）是对象。
A．黄河　　　　　　B．医生　　　　　　C．Java 书　　　　　D．我的妈妈
2. 下列类名合法的是（　　）。
A．111　　　　　　B．abc-123　　　　　C．if　　　　　　　　D．计算机
3. 下列方法定义中，（　　）是 main()方法。
A．public static void main(){}　　　　　B．public static void Main(String[] a){}
C．void main(String args[]){}　　　　　D．public static void main(String args[]){}
4. 下列关于返回值的描述，正确的是（　　）。
A．void 方法不需要 return 返回值
B．所有方法都需要 return 返回值
C．所有方法都不需要 return 返回值
D．void 方法需要 return 返回值
5. 编译 Java 源程序文件产生的字节码文件的扩展名为（　　）。
A．.java　　　　　　B．.class　　　　　C．.exe　　　　　　D．.html
6. 在自己的计算机上安装 Eclipse 集成开发环境。
7. 分别用"记事本"和 Eclipse 两种工具编写程序，要求输出如下结果。

```
###################################
          这是我的第一个 Java 程序
###################################
```

8. 用本章所学的知识输出一个图形，如圆形、心形、月牙形、水滴形、花瓣等，熟悉 Java 程序结构，体会 print()和 println()的不同。

第3章 小时不识月，呼作白玉盘——对象、继承和包

有了前面的基础便可以开始进行项目实践了，本章的第一个项目为"中秋的月亮"。在这个项目中，我们将学习如何运用 Eclipse 工具来绘制一轮满月，体会李白笔下"举头望明月，低头思故乡"的意境，这将是非常有趣的，准备好实验环境，一起来完成这个项目吧！

3.1 中秋的月亮

微课视频

本节主要讲解如何运用 Eclipse 工具完成满月的绘制，同时通过代码的编写顺序来强调编程的重点是思维的培养，而不是得到正确的运行结果。

项目目标： 绘制一轮中秋的月亮。

设计思路： 想一想我们平常手工是怎样画画的，很简单，先拿出一张纸和所需要的笔，然后把纸放在一个平台（比如画架、桌子等）上，直接在上面画画就可以了。使用 Java 作画的过程与手工绘画相似，同样需要准备与画架、纸、笔等作用相同的工具，之后在"纸"上作画即可。光说不练假把式，下面开始动手实践。

3.1.1 准备画架

先准备一个"画架"，"画架"可以用来展示画作。打开 Eclipse，选择菜单栏中的"File"→"New"→"Java Project"，在弹出的"New Java Project"窗口中的"Project name"文本框里输入名字"Moon"，单击"Finish"，新建 Moon 项目（见图 3.1（a））。接着选择"File"→"New"→"Class"，在弹出的"New Java Class"窗口中的"Name"文本框中输入"Moon"，新建 Moon 类，其他设置可以不更改（见图 3.1（b）），单击"Finish"后进入 Eclipse 主窗口。

代码编辑区里已经自动创建好了一个类 Moon。先不用着急写花括号里的内容，我们先来对 Moon 类进行说明，通常是说明一些信息，便于人们能够更轻松地了解程序。

```
/*
 * 中秋的月亮
 * 完成人：守中；时间：2022-12
 */
public class Moon {
```

上面"/*"和"*/"中的信息称为**注释**，是给读程序的人看的，计算机在编译和运行时会忽略这些信息。对于程序执行过程来说，这些信息不是必需的，写不写都不会影响程序的

正常运行，这些信息仅仅是让读程序的人能更清楚地认识程序的功能、了解文件相关的信息、明确类与方法的作用等。

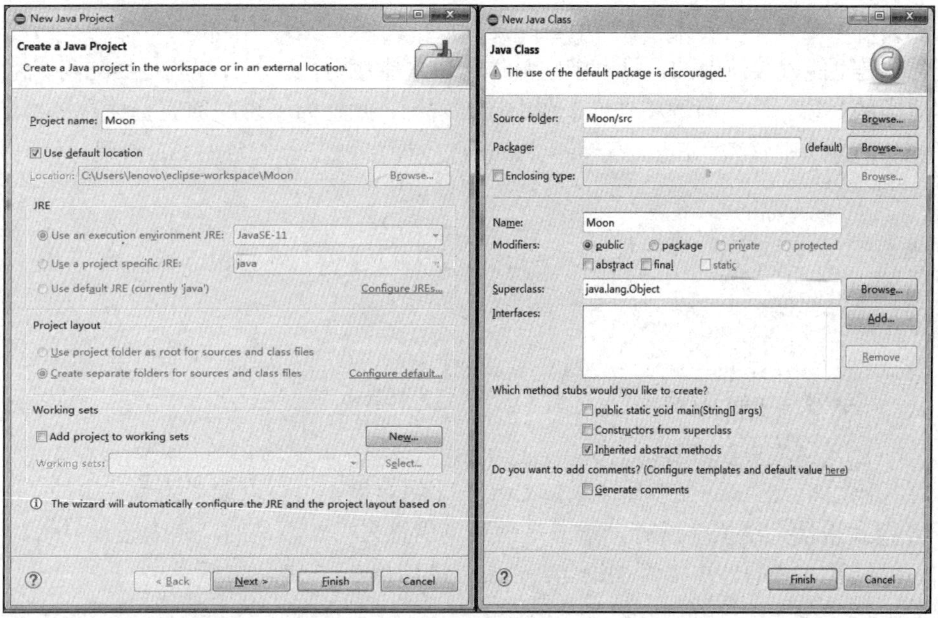

(a)   (b)

图 3.1 新建 Moon 项目和 Moon 类

下面给出程序的入口——main()方法。

```
/*
 * 中秋的月亮
 * 完成人：守中；时间：2022-12
 */
public class Moon {
    public static void main(String args[]) {

    }
}
```

目前 main()里什么都没有。前面提到过，使用 Java 作画需要准备与画架、纸、笔等作用相同的工具，幸运的是所需要的这些工具 Java 已经都为我们准备好了，直接用就可以。

Java 中充当画架的是 Frame，它又称为窗体，放在 Java 的 AWT 仓库中，具体借用方式为：import java.awt.Frame;。其中 import 的专业名词叫**导入**，这里可以理解其作用为借用，java.awt.Frame 是所借的东西，通过点号"."来描述所借工具的存放位置。用通俗的语言来解释就是"借用 Java 中 AWT 仓库里的 Frame 工具"。按照习惯，做事之前要先把工具准备好，因此，借用工作通常要在前面进行。

```
/*
 * 中秋的月亮
 * 完成人：守中；时间：2022-12
 */
import java.awt.Frame; //借用 Frame 类
public class Moon {
    public static void main(String args[]) {
```

```
    }
}
```

工具借好了，画架是不是可以直接用了呢？这里不得不说"很遗憾"。因为所借到的只是一个画架类，不是具体的画架。2.3 节曾经提到过，类代表一类具有相同特征的事物，是一个抽象概念，是不能直接使用的，只有把它具体化后才能使用。这个过程就是**类的实例化**，也被称作**创建类的对象**。这个问题将在 3.2 节中详细解释，此处为了思路的完整性直接给出结果。

在 main()方法中输入"Frame f=new Frame();"即可制作一个名为 f 的画架，代码如下。

```
/*
 * 中秋的月亮
 * 完成人：守中；时间：2022-12
 */
import java.awt.Frame; //借用 Frame 类
public class Moon {
    public static void main(String args[]) {
        Frame f=new Frame(); //制作一个具体的 Frame
    }
}
```

保存代码后单击"Run"按钮（或按 Ctrl+F11 组合键，也可以选择菜单栏中的"Run"→"Run"），会发现什么结果都没有，难道是画架没借过来吗？不是的，因为它没显示，所以看不见它。继续在 main()方法中添加语句：f.setVisible(true);。代码如下。

```
/*
 * 中秋的月亮
 * 完成人：守中；时间：2022-12
 */
import java.awt.Frame; //借用 Frame 类
public class Moon {
    public static void main(String args[]) {
        Frame f=new Frame(); //制作一个具体的 Frame
        f.setVisible(true); //将窗体显示出来
    }
}
```

其中 f 就是前面制作的窗体，setVisible 用于设置其可见性，true 表示显示，那么自然可以想到 false 表示不显示，按照自己的想法试试看（注意单词的正确拼写，单词区分大小写）。

再次运行程序，看到窗体了吗？如果还没看到且程序没有报错信息，请仔细看看屏幕的左上角，是不是出现了图 3.2 所示的小窗体。用鼠标拖动可以调整其位置，单击"最大化""最小化"或拖动边框都可以改变其大小，但单击"关闭"却关闭不了它。这个"关闭"按钮是"假"的。怎么关闭它呢？可以打开控制台，单击右侧图标■终止程序运行（见图 3.3），后面我们还会提供一个方法。如果控制台没有打开，可以通过选择"Window"→"Show View"→"Console"打开它。

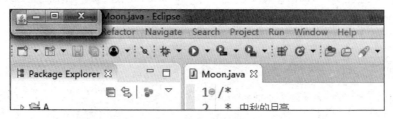

图 3.2　准备好的窗体

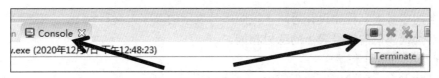

图 3.3　关闭窗体

现在我们可能更关注的是另外一个问题，在这么小的窗体中画什么都看不见，能不能调整窗体的大小呢？答案是肯定的，运用 setSize()即可设置窗体大小，做法如下。

```
/*
 * 中秋的月亮
 * 完成人：守中；时间：2022-12
 */
import java.awt.Frame; //借用 Frame 类
public class Moon {
    public static void main(String args[]) {
        Frame f=new Frame(); //制作一个具体的 Frame
        f.setSize(500,400); //设置窗体大小
        f.setVisible(true); //将窗体显示出来
    }
}
```

这时候编译和运行以上代码，会发现窗体变大了，500、400 两个值分别表示窗体的宽度和高度。**Java 的屏幕坐标以像素为单位，以屏幕的左上角为坐标原点。**自坐标原点出发，横向表示宽度，纵向表示高度。试着改变这两个值，看看窗体大小会不会有相应变化。

3.1.2　几点重要的说明

微课视频

1．循"序"渐进

通过上面的实践会发现，我们**写代码的顺序不是从第一行写到最后一行，而是跳着写，需要什么就添加什么**。这一过程实际上类似人的思维过程。与生活中的语言、文字、绘画、音乐等相似，编程语言是人类传递思想的一种工具，**学习编程语言的目的不仅是掌握编程技术，更重要的是学会利用这个工具来帮助人类更好地生活**。通过人机之间的交流，让计算机明白人的想法，进而帮助人实现自己的想法。**按照从前到后的顺序写代码，当然可以得到正确的程序，但是这样会很难形成编程思维，更难以体会到编程的乐趣。**

另外，注意设置窗体大小的代码不要写在 main()的最后，而要写在显示窗体的代码之前，包括以后的在窗体中添加画板、改变背景色等代码全都要写在语句 f.setVisible(true);的前面。因为计算机读程序的顺序是自上而下的，所以先把窗体设计好，再将其呈现出来是合理的。

代码的书写顺序见下面的序号，特别要注意的是，**这里的序号不是程序的一部分，仅仅表示程序书写的先后顺序**！也就是说，**写程序时不需要写序号**。写代码时先写序号为（1）的语句"public class Moon {"，再写序号为（2）的语句"}"，而第一行"import java.awt.Frame;"序号为（5），需要在第 5 步编写它，只不过需要把它写到第一行的位置。

```
(5)    import java.awt.Frame; //借用 Frame 类
(1)    public class Moon {
(3)      public static void main(String args[]) {
(6)          Frame f=new Frame(); //制作一个具体的 Frame
(8)          f.setSize(500,400); //设置窗体大小
(7)          f.setVisible(true); //将窗体显示出来
(4)      }
(2)    }
```

代码前的序号表示程序设计思路，按照序号表示的顺序来编写程序，慢慢地即会形成编程思维。后续代码前的序号表示的意思相同。

2．代码的高亮显示

可以注意到在代码编辑区的程序中，字体的颜色有绿色、紫色、黑色等，这称为代码的高亮显示。其中绿色的部分是注释，"/*…*/"用于添加多行注释，"//"用于添加单行注释，注释语句可以对程序进行相应的说明。紫色部分是 Java 的关键字（见表 2.1），是一些被赋予了特定意义的英文单词，注意在为包、类等命名时避开它们，免得让计算机产生误会。黑色部分一般都是名字，比如类名、变量名、方法名等，其中有 Java 自己起的，也有 Java 开发者起的。

代码的高亮显示不仅可以增加程序的美观度，还可以起到适当的提示作用，如可以直观地通过颜色来判定是否有拼写错误。不同的代码编辑工具高亮显示代码的方式有差别，这里仅仅是针对 Eclipse IDE 2022-09 版本而言。

3．学习方法

现在，请不要急于学习后面的内容，把刚才所写的代码全部删掉。闭上眼睛回顾刚才准备整个画架的过程，然后按照先后顺序尝试自己写一遍。是不是还很生疏？如果是，那就**按照上面代码前的序号反复练习**，越熟练越好。这是一个磨炼意志的过程，有句话说得好：复杂的事情简单做，你是专家。简单的事情重复做，你是行家。重复的事情用心做，你是赢家。序号代表了设计思路，在你还没有形成自己的编程思维的时候请先按序号来写代码。不要认为自己会了就急于学习后面的内容，夯实基础才是关键。**"天下难事，必作于易；天下大事，必作于细"，踏踏实实地做好力所能及的一点一滴，久而久之，成功则是自然而然的结果。**

3.1.3　准备画纸

下面来准备画纸。Java 提供了可以作画的画板 Panel 类，我们仍然通过导入的方法借用它，即"import java.awt.Panel;"。这里需要说明的是，所有借用的语句均需要放在程序前面。

```
import java.awt.Frame; //借用 Frame 类
import java.awt.Panel; //借用 Panel 类
public class Moon {
```

这里的 Panel 也是类，不能直接使用。想一想，前面 Frame 类不能直接使用的问题是如何解决的？没错，就是用借来的类制作了一个具体的画架。因此，将 Panel 类具体化，即"Panel p=new Panel();"。到这一步会发现，虽然程序没有报错，但是看不到运行结果有什么变化：既看不到画纸，也看不到月亮。难道也需要用"setVisible(true);"设置可见性吗？不是的。为窗体设置可见性就足够了，画纸只要放在画架上就可以显示出来，即"f.add(p);"。

```
Frame f=new Frame(); //制作一个具体的 Frame
Panel p=new Panel();//制作一个具体的 Panel
f.add(p); //将画板添加在窗体中
```

运行程序，看一下窗体有什么变化，还是什么变化都没有？事实上窗体是有变化的，现在看到的还有画板而不只是原来的画架，只不过画板是空的，所以感觉窗体没什么变化，我们只需要在画板上画上东西就可以看到变化了。

Panel 类中提供了一个画画的方法 paint()，但这个方法的方法体是空的，什么都没有。事实上确实不需要有。前面提过，学习编程的目的之一是学会用计算机语言来表达人的思想，程序设计过程就是创作的过程。如果想要什么 Java 就给什么，那就失去了创作的乐趣，实际上 Java 也不可能提供满足所有人需要的所有东西。因此，就画月亮而言，Java 不需要提供各种各样的成品画，只需提供作画的工具和方法即可，每个人可以根据自己的需求来进行创作。

　　然而，JDK 中的类和方法是提供给所有人使用的，如果允许每个人更改，那么 Java 早就"支离破碎"了。所以 Java 的底层架构就是根基，是不可以直接更改的。那么问题来了，不能直接更改 Panel 类中的 paint()，它提供的画板上又没有月亮，怎么办呢？很简单，"原件"不能动，可以更改"复印件"。在 Panel 类的基础上定义新类就可以了，具体代码是：class Pane extends Panel{ }。

　　其中 Pane 是自定义的类，extends 的本意是扩展，所以上述代码的意思是对原画板 Panel 进行扩展，也就是在原有画板的基础上设计一个新的画板。这种在原有类的基础上扩展新类的方式叫作**类的继承**。原有类是基础、根本，所以叫**基类、父类或超类**，扩展的新类叫**派生类或子类**。详情可查阅 3.2.2 节。

　　详细代码如下，请注意代码添加顺序。

```
（5）    import java.awt.Frame; //借用 Frame 类
（9）    import java.awt.Panel; //借用 Panel 类
（1）    public class Moon {
（3）        public static void main(String args[]) {
（6）            Frame f=new Frame(); //制作一个具体的 Frame
（12）           Pane p=new Pane();//制作一个具体的 Pane
（13）           f.add(p);//将画板添加在窗体中
（8）            f.setSize(500,400); //设置窗体大小
（7）            f.setVisible(true); //将窗体显示出来
（4）        }
（2）    }
（10）   class Pane extends Panel{//在原画板类的基础上定义一个新的画板类
（11）   }
```

　　注意：序号为（12）的代码用于对新类 Pane 进行实例化，也就是生成一个可以自由作画的画板。

3.1.4　作画

　　本节讲解如何运用 Java 工具来画满月，同时对其他基础图形的绘制及涂色方法进行介绍。读者学习完本节之后即可进行大胆创新，对项目进行横向延伸，绘制一些具有个性的作品。本节的后一部分展示了许多读者的创意作品。

1．画满月

　　完成了前面的准备工作，作画就变得简单多了。在新类中重新写 paint()方法，如下所示，在里面添加画满月的代码就可以了。

```
public void paint(Graphics g){}
```

　　其中 Graphics 是图形类，也是 Java 提供给我们的，需要借用：import java.awt.Graphics;。Graphics 类中有什么图形呢？可以用如下方法查看。在 paint()方法中输入"g."，输入点号"."后则会弹出一个列表框，如图 3.4 所示。

　　列表框里面的方法有很多，图 3.4 仅仅是截取了其中的一小部分。可以通过方法名猜出一些方法的功能，比如 drawLine()用于绘制线段，drawRect()用于绘制矩形，drawOval()用于绘制椭圆形，drawPolygon()用于绘制多边形，drawRoundRect()用于绘制圆角矩形，fillArc()用于填充圆弧，fillOval()用于填充椭圆形，等等。

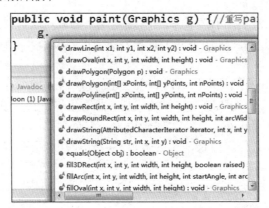

图 3.4　Graphics 类中的方法

现在来想一想，画月亮需要选择哪个方法呢？在图 3.4 列表框的众多方法中没有直接画圆形的，但是椭圆形和圆形的关系非常密切。绘制椭圆形的方法有 4 个参数，分别是 x、y、width 和 height。其中 x、y 是位置坐标，即从哪个地方开始画，width 指宽度，height 指高度。如果宽度和高度一样那么绘制的不就是圆形了吗？指定几个数字试试看。完整的代码如下（注意代码添加顺序）。

```
（5）   import java.awt.Frame; //借用 Frame 类
（9）   import java.awt.Panel; //借用 Panel 类
（14）  import java.awt.Graphics; //借用 Graphics 类
（1）   public class Moon {
（3）       public static void main(String args[]) {
（6）           Frame f=new Frame(); //制作一个具体的 Frame
（12）          Pane p=new Pane();//制作一个具体的 Pane
（13）          f.add(p);//将画板添加在窗体中
（8）           f.setSize(500,400); //设置窗体大小
（7）           f.setVisible(true); //将窗体显示出来
（4）       }
（2）   }
（10）  class Pane extends Panel{//在原画板类的基础上定义一个新的画板类
（15）      public void paint(Graphics g) {//重写 paint()方法
（17）          g.drawOval(100,30,50,50); //绘制圆形
（16）      }
（11）  }
```

运行程序后可以看到图 3.5 所示的运行结果。

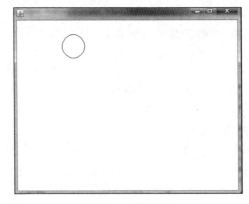

图 3.5　运行结果

　　终于画出月亮了，虽然它不是很完美，但已经算是基本绘制成功了。下面来做进一步的美化。

　　月亮出现在晚上，所以天空可以是黑色的，月亮一般是黄色或白色的。Java 提供了颜色类 Color，它可以直接导入：import java.awt.Color;。把画板背景色设置为黑色：setBackground (Color.*black*);，将绘制图形的颜色设置成黄色：g.setColor(Color.yellow);。这里需要注意的是，设置画板背景色的时候没有添加"g."，而设置绘制图形的颜色时添加了"g."。可以这样理解，设置画板背景色就相当于选择不同颜色的画板，所以直接选择一个画板来用就可以。而作画时画笔的颜色需要不断切换，所以要说明用的是什么颜色的画笔，如用"g.setColor (Color.yellow)""g. setColor(Color.red)"等方式说明。g 可以理解为画笔。完整代码如下（注意代码添加顺序）。

```
(5)   import java.awt.Frame; //借用 Frame 类
(9)   import java.awt.Panel; //借用 Panel 类
(14)  import java.awt.Graphics; //借用 Graphics 类
(18)  import java.awt.Color; //借用 Color 类
(1)   public class Moon {
(3)       public static void main(String args[]) {
(6)           Frame f=new Frame(); //制作一个具体的 Frame
(12)          Pane p=new Pane();//制作一个具体的 Pane
(13)          f.add(p);//将画板添加在窗体中
(8)           f.setSize(500,400); //设置窗体大小
(7)           f.setVisible(true); //将窗体显示出来
(4)       }
(2)   }
(10)  class Pane extends Panel{//在原画板类的基础上定义一个新的画板类
(15)      public void paint(Graphics g) {//重写 paint()方法
(19)          setBackground(Color.black); //设置画板的背景色
(20)          g.setColor(Color.yellow); //设置画笔的颜色
(17)          g.drawOval(100,30,50,50); //绘制圆形
(16)      }
(11)  }
```

　　运行结果像月食，如图 3.6 所示，这是因为 drawOval()只画边框，不会填充圆形的内部。将序号为（17）的 g.drawOval(100,30,50,50);改为 g.fillOval(100,30,50,50);将会看到图 3.7 所示的月亮。

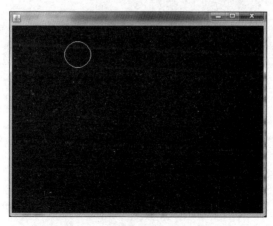

图 3.6　设置颜色后的运行结果

图 3.7　运行结果

经过了几番周折，画作终于完成了，是不是很有成就感呢？肯定一下自己的成果吧！万事开头难，迈出第一步是很难得的。经历了从无到有的过程，一定有不少收获，这时候需要好好消化一下。按照序号顺序把代码练习几遍，在头脑中形成相对清晰的设计思路后就可以休息。千万不要着急学习后面的内容，要给头脑自动构建、自我酝酿的机会。休息时不要有意去想它，更不要害怕忘记它。第二天在学新内容之前先按序号复习，不需要强求复习的次数，也不需要刻意记什么，平心静气地做就好了，不想复习了就停下来学习新内容。第三天仍然这么做，坚持一段时间后就会发现学习新知识越来越轻松高效、游刃有余。

2．个性创作

现在已经掌握了运用 Java 作画的基本技能，可以进行个性创作了。不用怀疑，个性创作就这么简单。比如前面学会了绘制满月，那可否绘制一轮弯月（见图 3.8）？稍微琢磨一下前面的代码就可以实现，试试看吧！

图 3.8　弯月

再如能绘制一个圆形，那能绘制多个吗？能绘制其他图形吗？能否将所绘制的图形组合成一个整体？例如用一只小动物、一朵花、一个 Logo，模拟"太阳当空照，花儿对我笑"的场景等。这些都是可以做到的，所需要的仅仅是动手实践而已。试一试吧！图 3.9 展示了部分创意作品，一起来欣赏一下吧！

（a）表情系列

（b）动物系列

图 3.9　创意作品

(c) 人物系列

(d) Logo 系列

图 3.9　创意作品（续）

看完上图后是不是惊叹于人的创造力？其实每个人都有创造力，只要去行动，当作品完成的那一刻相信你会为自己鼓掌。下面对项目中涉及的知识点进行详细讲解，便于进一步深入学习。

3.2　对象、继承和包

做某事之所以能够达到游刃有余的境界，是因为掌握了事物的原理，若仅仅机械地练习是很难达到这样的境界的。因此，要在反复练习的过程中揣摩事物的原理。《庖丁解牛》中有"臣之所好者道也，进乎技矣"，所以学习 Java 不要仅仅停留在"技"的层面，还要探寻其"道"。要做到不仅知其然，还要知其所以然。接下来对"中秋的月亮"项目中所涉及的对象、继承、多态、包等内容深入剖析。

3.2.1　对象的创建、使用与清除

微课视频

1．对象的创建

前面提过，类是一个抽象概念，类的属性和行为不能由自己体现，必须要借助具体的对象才能体现。这就类似于去买水果，最后拎回来的却是苹果、香蕉、橘子或葡萄……而不是水果这个概念。事实上，在现实生活中我们所见到的都是具体的实例对象。在计算机中，创建类的具体对象需要开辟一块空间给它。Java 中开辟专用内存空间用 new，如 new Frame();、new Pane();等。可以从字面意思上来理解它们，即一个新的窗体、一个新的画板，它们都是类的对象。

前面讲过，一个类可以生成很多个对象，那么用两条 new Frame();语句是不是就可以创建两个新窗体对象？那是自然的，因为 Java 为它们分配了不同的内存空间。那这两个新窗体形式一模一样，该如何区分呢？我们怎么知道它们保存在内存空间中的哪个位置呢？这涉及

内存的管理问题。事实上，内存被划分成两个区域——栈和堆，如图 3.10 所示，对象被存放在堆里。

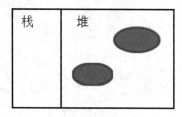

图 3.10　内存划分

然而，令人遗憾的是，对象在堆中的存放是无序的，哪儿有空对象就存放在哪儿，并没有规律。这个过程就类似于将快递存入快递柜，这时候哪个位置有空将快递存放在哪个位置，快递柜就相当于内存中的堆。想一想，我们取快递的时候是如何找到它的呢？对，就是凭借取件码，取件码与快递对应，成为快递的代号，可以用它来快速准确地找到快递。两件一模一样的快递，也可以通过不同的取件码来区分，如图 3.11 所示。

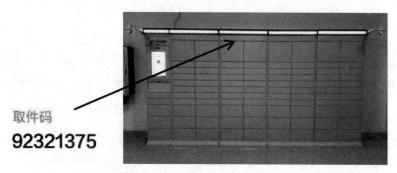

取件码

92321375

图 3.11　取件码与快递对应

所以，为了更好地管理内存和区分对象，在创建对象的时候一般要给对象指定一个代号，以便于引用相应的对象。如 Frame f = new Frame();、Pane p=new Pane();，这里的 f、p 就是对象的代号，称为**对象名**或者对象的**引用**，它们被存放在栈中，如图 3.12 所示。

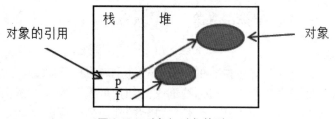

图 3.12　对象与对象的引用

创建对象的一般形式为：

```
类名 对象名 = new 类名([参数列表]);
```

其中，"="左边为**对象的声明**，包含对象的类型和名字；"="右边为**对象的实体**，是真正的对象。"="用于将名字和实体对应，相当于将货号贴到货品上。方括号里的内容为可选项。这里需要提及的是，绝大多数情况下前后两个类名是一致的。如果参考其他书，会看到多数书将后面的类名写为"**构造方法**"。构造方法是一个比较重要的概念，这里不涉及它的用法，所以暂不介绍，后面用到的时候再详细讲解，包括前后类名不一致的情况。

例如，定义一个 People 类，如下所示。

```
class People{
}
```

创建一个 People 对象：People zhangsan = new People();。其中：

（1）People zhangsan 声明 zhangsan 代表 People 类的一个对象，但不知道代表哪一个对象；

（2）new People()创建一个实实在在的 People 对象，但这个对象没有名字；

（3）People zhangsan = new People();将对象和名字对应。

2．对象的使用

通常情况下，要访问类的属性或行为都需要借助类的对象。比如人类的属性有性别、年龄、身高等，行为有唱歌、思考、运动等，如果问人类是男的还是女的，答案是不确定的，但是如果问某个人的性别则可以明确回答。每一个具体的人都是人类的对象实体，对于每个具体的对象实体，可以很容易地描述他的年龄，身高，是否喜欢唱歌、思考、运动等特征，所以往往对于抽象概念的把握需要通过对象实体来完成。就如同每个几何图形都有周长和面积，但如果不针对一个具体的几何图形，周长和面积就没办法计算。

对象的使用方法如下。

（1）可以借助对象名来完成："**对象名.属性**"或"**对象名.行为**"。

（2）可以直接使用对象实体："**new 类名([参数列表]).属性**"或"**new 类名([参数列表]).行为**"。

（3）可以使用 this 来完成："**this.属性**"或"**this.行为**"。

其中"**.**"是一种运算符，可以理解为汉语中的"的"。如 zhangsan.sex;（张三的性别）、f.setSize(500,400);（窗体的大小设置为 500px×400px）。

这里要说明的是，对象名又称为对象引用，它指向某个对象实体，可以代表对象实体来完成对类属性和行为的调用。虽然使用对象实体的方法比较直接，但由于使用该方法创建的对象没有名字，所以下次再想用该对象实体是不可能的，要知道每次使用 new 创建的都是一个新的对象实体，会为它开辟新的内存空间。this 也可以作为对象的引用，指向当前类的某个对象实体。比如在餐馆中请求服务时会喊："服务员"，这所指的就是所在餐馆服务员群体中的某一位，如果是张三来，那 this 就指张三；如果是李四来，那 this 就指李四。但要注意的是 this 不能在静态方法中使用。

【例 3-1】对象的使用

```
class Bird {
    String power="食物"; //成员变量
    void fly() { //无参成员方法
        //this 的使用
        System.out.println("鸟的动力来源于: "+this.power);
    }
}
class Plane {
    String power="燃料";
    void fly(String name) { //带参成员方法
        //this 的使用
        System.out.println(name+"的动力来源于: "+this.power);
    }
}
```

```
    }
class Test {
    public static void main(String args[]) {
        Bird bird=new Bird();
        bird.fly(); //通过对象名调用成员方法
        new Plane().fly("飞机"); //用对象实体直接调用成员方法
    }
}
```

运行结果如图 3.13 所示。

图 3.13　程序运行结果

当然，静态变量或方法可以不借助于对象来访问，如前面项目中设置颜色时出现的 Color.black、Color.yellow，其中 Color 为类名，black、yellow 等都是静态变量。

思考：将"中秋的月亮"项目中的 f.setSize(500,400);改为 new Frame().setSize(500,400); 可以设置窗体大小为 500px×400px 吗，为什么？

3．对象的清除

对于以上思考，将对象名 f 换成对象实体 new Frame()之后，窗体又变回以前的大小，无论把宽、高设置为多少都会如此。回顾创建对象的过程，new Frame()表示创建的一个新的窗体，跟原来的 Frame f = new Frame();是不同的窗体。二者的区别是一个有代号，即对象名 f，另一个没有名字，它们占有不同的内存空间。那么问题出现了，Java 为每一个创建的对象都分配一块内存，那内存不够了怎么办？事实上，如果一直这样下去，系统资源很快就会告罄。对于这个问题，Java 提供了垃圾回收机制。

所谓垃圾回收机制就是指系统对无用对象进行自动清除和内存回收的操作。程序运行时创建的每一个对象都有一个引用计数，Java 的垃圾收集器会自动扫描对象的动态内存区，如果扫描到某个对象的引用计数为 0，就认为这个对象是无用的，系统会在其后某个时刻自动回收无用对象。

需要明确的是，Java 的垃圾回收是自动进行的，回收时机不完全受控。一般情况下，这几种情况可能会触发垃圾回收机制。

（1）运用 System.gc()方法。该方法建议系统执行垃圾回收。注意只是建议，不是强制立刻执行。

（2）在可用内存耗尽时。

（3）在程序空闲的时候。

（4）同步垃圾回收。Java 包含多个不同工作方式的垃圾回收器，一个垃圾回收器工作时可能会触发其他垃圾回收器工作。

另外，要注意一个名为 finalize 的方法，一般称它为终结方法，它的功能是释放对象所占的内存。如果需要主动释放对象，或者在释放对象时需要执行特定操作，那么可以按下面格式来定义这个方法。

```
public void finalize(){
    //需要执行的操作
}
```

特别要注意的是，finalize()方法调用的时机是不确定的，不同对象的 finalize()方法被调用的顺序也是不确定的，所以关键的清除操作不应该由 finalize()方法完成。那么 finalize()还有什么作用呢？一般它可以扮演安全防护者的角色，迟一些释放资源总比永远不释放要好。

3.2.2　类的继承与多态

前面提过，类和类之间是有层次关系的，比如人类是生物类的一种，学生类又是人类的一种。如果再细分，学生类还可以分成小学生类、中学生类、大学生类等。如果我们分别定义这些类，那么必然有很多相同的属性或方法，比如学号、姓名、班级等在每个学生类中都有，如果能让这些相同的属性或方法自动传递，就方便多了。Java 所提供的具有这一功能的机制叫**继承**。它是 **Java 面向对象的特征之一**。

1. 继承

继承的一般格式为：

```
class 子类名 extends 父类名{
    //类体
}
例如: class Pane extends Panel{
    …
}
```

被继承的类一般称为**父类**（基类、超类），继承得到的类称为**子类**（派生类）。一个父类可以拥有多个子类，如小学生类、中学生类等都是由学生类派生而来的。一个子类也可以拥有多个父类，如学生类是小学生类的父类，人类也是小学生类的父类。但是 **Java 不允许多重继承**的情况出现，只支持单继承，即一个类只能拥有一个直接父类。也就是说，小学生类已经继承了学生类，它就不能再继承人类了。那为什么说人类也是小学生类的父类呢？因为除了直接父类之外，还可以有间接父类，构成"多层"继承的关系。

如：

```
class Biology{}
class People extends Biology{}
class Students extends People{}
class Schoolchildren extends Students{}
```

这里的 Biology 没有继承任何类，它是不是顶层的父类？也就是类的祖先？事实上不是的，Java 中顶层的类是 Object，每个自定义的类都是 Object 类的直接或间接子类，即使一个类在定义时没有 extends 声明，这个类仍然是 Object 类的子类。所以 Biology 类也是 Object 类的子类。

使用继承可以很好地实现代码的重用。只要不是父类私有的属性和方法，子类都可以直接继承，并且可以根据自身需求自行修改，亦可以自行添加新的属性或方法。

例：

```
class People {
    int age = 0;//人类的年龄属性
    void sport() {//人类的运动方法
        System.out.println("走路");
    }
}
```

```
class Students extends People {
    String id = "2021001";//学生类的学号属性，新增的变量
    void study() {//学生类的学习方法，新增的方法
    }
    void sport() {//学生类的运动方法，方法重写
        System.out.println("广播体操");
    }
}
```

上例中 id 和 study()是子类自行添加的属性和方法，age 属性在父类和子类中都存在。想一想，在子类 Students 中共有几个属性变量、几个方法呢？

事实上，子类 Students 中一共有两个属性变量，分别是 age 和 id；共有两个方法，分别是 sport()和 study()。其中 age 是从父类中继承的变量，id 是子类自行添加的变量，study()方法也是子类自行添加的。sport()则比较复杂，既有从父类中继承的，又有子类中重新定义的，子类中重新写了和父类相同的方法，叫作**方法重写**，针对方法重写，Java 的处理规则叫**方法覆盖**。方法覆盖是指继承的方法被子类自定义的方法所替换，在子类中继承的方法已经不存在了。比如画月亮时用到的 paint()方法，在子类 Pane 中只有一个自定义的 paint()，继承自 Panel 类的那个 paint()会消失。

【例 3-2】方法覆盖

```
class People {
    int age = 0;// 人类的年龄属性
    void sport() {// 人类的运动方法
        System.out.println("走路");
    }
}
class Students extends People {
    String id = "2021001";// 学生类的学号属性，新增的变量
    void study() {// 学生类的学习方法，新增的方法
    }
    void sport() {// 学生类的运动方法，方法重写
        System.out.println("广播体操");
    }
    public static void main(String args[]) {//主方法，程序的入口
        Students zhangsan = new Students();//创建子类对象
        zhangsan.sport();//对象的使用，运用对象名来访问 sport()方法
        System.out.println(zhangsan.age);//输出继承自父类的变量 age 的值
    }
}
```

程序的运行结果如图 3.14 所示。

图 3.14　例 3-2 的运行结果

从图 3.14 可见，所访问的 sport()方法是子类中重写的方法而不是从父类继承的，事实上继承的方法已经被覆盖了。而变量 age 在子类中未定义，是从父类继承的，因此在子类中也可以访问它。那如果在子类中也定义了名为 age 的变量会怎么样呢？继承自父类的 age 变量是否会消失呢？

事实上，当子类变量与继承的变量同名时，Java 的处理方法是**隐藏**而不是覆盖。值得注意的是，**变量隐藏和方法覆盖有着本质的区别。**

（1）变量隐藏是指父类的同名变量在子类中不可见，但它仍然在子类对象中占有自己独立的内存空间。

微课视频

（2）方法覆盖是指清除父类同名方法在子类中所占的内存，从而使父类方法在子类对象中不复存在。

值得注意的是，变量隐藏虽说是合法的，但是会造成程序对变量使用的混乱。如子类执行自己定义的方法时，操作的是自己定义的变量，继承自父类的变量会被隐藏起来；而当子类执行继承自父类的方法时，操作的是继承自父类的变量。因此在实际开发中应慎用。

【例 3-3】变量隐藏与方法覆盖

```
class People {
    int age = 1;// 成员变量age
    void sport() {// 成员方法sport()
        System.out.println("人类从"+age+"岁会走路");
    }
    void study() {// 成员方法study()
        System.out.println("人类从"+age+"岁开始学说话");
    }
}
class Students extends People {
    int age=6;  //同名变量，隐藏继承自父类的age
    void study() {  //同名方法，覆盖继承自父类的study()
        System.out.println("学生从"+age+"岁开始上学");
    }
    public static void main(String args[]) {//主方法，程序的入口
        Students zhangsan = new Students();//创建子类对象
        zhangsan.sport();//访问继承自父类的sport()方法
        zhangsan.study();//访问子类自定义study()方法
    }
}
```

运行结果如图 3.15 所示。

```
<terminated> Test (13)
人类从1岁会走路
学生从6岁开始上学
```

图 3.15 例 3-3 的运行结果

从运行结果中可以看出，访问继承的 sport()方法，操作的是父类中的变量 age 的值；访问自定义的 study()方法，操作的是子类中的 age 变量。此时子类 Students 中包含两个 age 变量、一个 sport()方法和 个 study()方法。需要指出的是，无论是变量隐藏还是方法覆盖，均是针对子类中变量或方法的冲突而进行处理的，在没有冲突的父类中无须做这样的处理。

【例 3-4】this 和 super

```
class People {
    int age = 1;// 成员变量age
    void study() {// 成员方法study()
```

```
        System.out.println("人类从"+age+"岁开始学说话");
    }
}
class Students extends People {
    int age=6;  //同名变量，隐藏继承自父类的 age
    void study() {  //同名方法，覆盖继承自父类的 study()
        System.out.println("本类中的 age="+this.age); //访问当前类的变量
        System.out.println("父类中的 age="+super.age); //访问父类的变量
        super.study(); //访问父类的方法
    }
    public static void main(String args[]) {//主方法，程序的入口
        Students zhangsan = new Students();//创建子类对象
        zhangsan.study();//访问子类自定义 study()方法
    }
}
```

运行结果如图 3.16 所示。

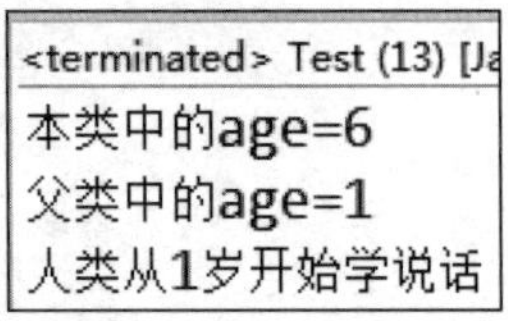

```
<terminated> Test (13) [Ja
本类中的age=6
父类中的age=1
人类从1岁开始学说话
```

图 3.16 例 3-4 的运行结果

同前面 this 的用法类似，例 3-4 中 super 指当前类的直接父类对象。程序从主方法开始执行，首先创建子类对象 zhangsan，进而利用该对象来访问子类中的 study()方法，study()方法中的 3 条语句依次被执行。这里 this.age、super.age 分别指类 Students 和类 People 中的 age值，super.study()指父类的 study()方法。

2．多态

方法覆盖使得同一个方法名可以表示不同的含义，这种方式称为"多态"。**它也是 Java 面向对象特征之一**。Java 面向对象的特征有**继承、多态和封装**。前面介绍了"继承"和"封装"，此处着重讲解什么是"多态"。

通俗来讲，多态就是多种形态，即当不同的对象完成某个行为时做出的不同的响应，如例 3-5 所示。

【例 3-5】多态的实现

```
class People {
    void work() {// 成员方法 work()
        System.out.println("不同的人有不同的工作方式");
    }
}
class Students extends People {
    void work() {// 成员方法 work()
        System.out.println("我是学生，我在读书写字。");
    }
}
class Doctor extends People {
    void work() {// 成员方法 work()
        System.out.println("我是医生，我在做手术。");
    }
}
```

```
class Test{
    public static void main(String args[]) {//主方法，程序的入口
        People zhangsan; //定义父类变量

        zhangsan = new Students();//将父类引用指向 Students 类对象
        zhangsan.work();//访问 work()方法

        zhangsan = new Doctor();//将父类引用指向 Doctor 类对象
        zhangsan.work();//访问 work()方法
    }
}
```

例 3-5 中，Students 类和 Doctor 类均为 People 类的子类，两个子类中的成员方法 work()
均覆盖了父类方法 work()。但例 3-5 的特别之处不在于此，而在于父类变量 zhangsan 没有指
向父类对象实体 new People()，而是一会儿指向子类 Students 的实体 new Students()，一会儿
指向子类 Doctor 的实体 new Doctor()。

按照对象创建的一般形式，谁的引用就指向谁的实体，归属很明确，但这里却不一致，
这是什么情况？其实这理解起来并没有那么困难，就是 zhangsan 作为 People 类的变量可以
有多种角色，在执行 work()这个方法时，是学生就按学生的方式工作，是医生就按医生的方
式工作。例 3-5 的运行结果如图 3.17 所示。

```
<terminated> test [Java Applicati
我是学生，我在读书写字。
我是医生，我在做手术。
```

图 3.17　例 3-5 的运行结果

事实上，People zhangsan= new Students();隐含了两步操作：（1）创建一个子类对象 new
Students();，（2）用父类引用 People zhangsan 指向该对象。这个过程比较自然，简言之就是子
类对象本身也是父类对象，比如一个学生本身也是一个人，这种转换方式称为**向上转型或上溯
造型**。而**向下转型或下溯造型**的情况就不那么自然了，父类对象不一定就是子类对象。也就是
说一个人不一定是学生，要想表现学生的行为需要强制措施，这里称为**强制类型转换**，即：

People zhangsan = new People(); //创建父类对象 zhangsan
Doctor wang = (Doctor) zhangsan; //将 zhangsan 强制转换为 Doctor 类

通常向下转型用得比较少，因为向下转型并不安全。比如：

```
People zhangsan= new Students(); // 将父类引用指向子类对象
Doctor wang = (Doctor) zhangsan; // 对父类对象进行强制类型转换
wang.work(); //调用 Doctor 类的 work()方法
```

这里相当于让一个学生强行成为医生去做手术，这样的风险是很大的。而且有些时候这
种转换是没办法实现的。比如猫类和狗类都可以作为动物类的子类，但如果用类似的转换方
式想让一只狗强制成为猫类是不可能完成的，在这种情况下会转换失败。所以为了提高向下
转型的安全性，Java 引入了 instanceof 关键字，如果用 instanceof 判断的结果为 true，则可以
安全转换，否则不能转换。instanceof 的使用方法如下：

```
if(zhangsan instanceof Students){
    Students lisi = (Students) zhangsan; //进行强制类型转换
}
```

尽管多态可以简化代码，但会降低代码的运行效率。所以使用多态要明确它的**绑定规则**。
（1）非静态方法与对象实体（即"="的右边）绑定，属于动态绑定，运行期执行。

（2）静态方法和成员变量与对象的引用（即"="的左边）绑定，属于静态绑定，编译期执行。

事实上绑定规则并不需要去记，与前面所涉及的变量隐藏、方法覆盖、静态方法隐藏的规则是一样的，如例 3-6 所示。

【例 3-6】多态的动态绑定

```
class People {
    int age = 1;// 成员变量 age
    void study() {// 成员方法 study()
        System.out.println("人类从"+age+"岁开始学说话");
    }
    static void breathe() {// 静态方法 breathe()，是类方法
        System.out.println("呼吸是本能");
    }
}
class Students extends People {
    int age=6;   //同名变量，隐藏继承自父类的 age
    void study() {   //同名方法，覆盖继承自父类的 study()
        System.out.println("学生从"+age+"岁开始上学");
    }
    static void breathe() {   //同名方法，隐藏继承自父类的静态方法 breathe()
        System.out.println("学生都拥有呼吸的本能");
    }
    public static void main(String args[]) {//主方法，程序的入口
        People zhangsan = new Students();//创建子类对象
        System.out.println(zhangsan.age);//输出 age 的值
        zhangsan.study();//访问 study()方法
        zhangsan.breathe();//访问 breathe()方法
    }
}
```

运行结果如图 3.18 所示。

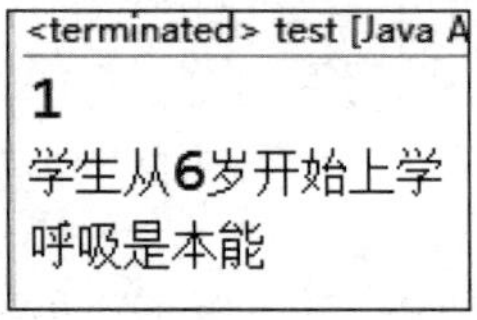

```
<terminated> test [Java A
1
学生从6岁开始上学
呼吸是本能
```

图 3.18　例 3-6 的运行结果

从图 3.18 可以看出，输出的 age 的值是父类中的，静态方法 breathe()调用的也是父类中的，而一般方法 study()调用的是子类中的。因为变量和静态方法在编译期静态绑定，而一般方法在运行期动态绑定。同样，由于变量 age、静态方法 breathe()在子类中被隐藏，通过父类的引用依然可以访问它们，而一般方法 study()在子类中被覆盖，继承自父类中的 study()已经不存在了，故而无论谁来调用都只能访问到子类中的。从这个角度理解例 3-6 的运行结果也是可以的。

3.2.3　包

在"中秋的月亮"项目中，共有 4 条 import 语句。

```
import java.awt.Frame; //借用 Frame 类
import java.awt.Panel; //借用 Panel 类
```

```
import java.awt.Graphics; //借用 Graphics 类
import java.awt.Color; //借用 Color 类
```

注意到这 4 条语句中只有最后一项不同，前面的部分都是相同的。前面相同的部分称为**包名**，Frame、Panel、Graphics、Color 都是类名。

1. 包

包就是若干类的集合，在实际代码的存放形式中，包表现为一个具体的文件夹或者类似 JAR 文件的压缩文件。在文件夹中还可以有子文件夹，它们称为**子包**。比如 Java 是一个包，AWT 是 Java 包中的子包，JAR 文件称为 JAR 包。

Java 中的常用包如下。

（1）java.lang：包含基本类与核心类，如 String、Math、Integer、System、Object 等，不需要显式地用 import 导入，程序运行时会自动加载该包。

（2）java.applet：创建小应用程序的包。

（3）java.awt：构建图形用户界面的包。

（4）java.io：标准输入输出包。

（5）java.net：包含建立网络连接的类。

（6）java.util：提供一些常用的工具类，如 Date 类。

（7）java.awt.event：处理不同类型的事件的包。

除了这些常用包，Java 还提供数量庞大的对应不同应用的包，读者可以通过查看 Javadoc 和具体的编程实践逐渐熟悉和掌握。

2. 包的创建

Java 不仅可以使用 JDK 定义的包，还可以使用自定义包，自定义包的方式如下。

```
package 包名;
```

包名也需要遵循 Java 的命名规则，不过一般用小写字母。**一个源文件中只能有一条 package 语句，并且必须放在第一行（除空行和注释行外）**。包和子包之间用"."隔开，如 package mypack.test;

在 Eclipse 中新建类的时候，如果"Package"文本框未填写，那么新建的类放在默认包下，显示 default；如果填写了"Package"文本框，那么新建的类放在相应包下，如图 3.19 所示。

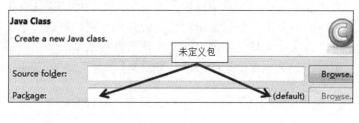

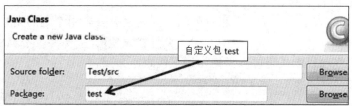

图 3.19 未定义包和自定义包

特别注意：缺省包（Default Package）时，源文件的前面不能添加 package 语句；而定义了包名后，源文件中要声明相应包，如图 3.20 所示。包相当于存放类的文件夹，图 3.20 左边所示是包目录，表示类的存放位置；图 3.20 右边所示是对应的源文件，表示类的存放地址。如果左右两边地址不一致会导致编译错误。

同时，图 3.20 左边所示的包目录中有两个 Test.java 文件，这两个同名文件之所以不会产生冲突，是因为它们存放的位置不同。当项目增大、多人合作时出现同名类的可能性很大，运用包则可以很好地解决这个问题，所以包的作用是更好地管理类。

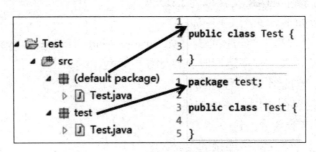

图 3.20　包目录与源文件的对应

3. 包的导入

当一个类中需要使用另外一个包中定义的类时，需要显式说明。假设 People 类定义在 mypack.test 包中，Test 类定义在 yourpack 包中，要在 Test 类中使用 People 类则需要使用 mypack.test.People，也就是说要交代清楚到哪儿找所需要的类。如创建一个 People 类对象的形式为：

```
mypack.test.People  zhangsan = new  mypack.test.People();
```

这个用法是很烦琐的。为了降低代码的烦琐程度，Java 提供了包的导入功能，用 import 语句提前将所需要的类导入当前程序中，这样使用起来就不用每次都写得那么烦琐了。导入类的一般形式为：

```
import 包名.类名;
```

注意，**import** 语句必须出现在所有类定义之前。如"中秋的月亮"项目中的所有 import 语句。在"中秋的月亮"项目中有一个问题，那就是隔一会儿就需要借一个类，借的次数多了，计算机没烦，人可能都烦了。而且项目如果再复杂一点借用的类还会更多。想一想，当需要用到某个工具包中的多个工具会怎么做？是一会儿跑一趟，每次只拿一件吗？这应该不是一个好的办法，可以直接把工具包拿过来，需要什么直接从里面取。

Java 中提供了把整个工具包都借来的方法，那就是**通配符"*"**。其用法为：

```
import 包名.*;
```

通配符"*"代表包中的所有类。所以"中秋的月亮"项目的前面 4 条导入语句可用一条语句来代替：import java.awt.*;。

这样的用法确实省了不少事，但也有弊端，因为会有很多用不到的类导入，对程序的运行效率还是有影响的。当使用同一包中的多个类时建议使用"*"号，不提倡滥用。

"中秋的月亮"项目的代码可以简化为如下代码。

```
(5)  import java.awt. *; //借用 awt 包下的所有类

(1)  public class Moon {
(3)     public static void main(String args[]) {
```

```
（6）        Frame f=new Frame(); //制作一个具体的Frame
（11）       Pane p=new Pane();//制作一个具体的Pane
（12）       f.add(p);//将画板添加在窗体中
（8）        f.setSize(500,400); //设置窗体大小
（7）        f.setVisible(true); //将窗体显示出来
（4）    }
（2） }
（9） class Pane extends Panel{//在原画板类的基础上定义一个新的画板类
（13）    public void paint(Graphics g) {//重写paint()方法
（16）       setBackground(Color.black); //设置画板的背景色
（17）       g.setColor(Color.yellow); //设置图形的颜色
（15）       g.fillOval(100,30,50,50); //绘制填充后的圆形
（14）    }
（10） }
```

小结

　　程序设计语言是人类传递思想的一种工具，学习编程的目的不仅是掌握编程技术，更重要的是学会利用这个工具来帮助人类更好地生活实践。程序是可以有灵魂的，它的灵魂就是人的思维过程。本章借助"中秋的月亮"项目描述了使用 Java 作画的详细过程，在掌握基本作画方法的基础上读者可以自主创新，用作画的方式表达自己的想法。在本章最后，对于项目中所涉及的对象、继承、多态、包等内容进行了详细的阐述，以便于达到让读者"知其然并知其所以然"的目的。

习题

1. 在 Java 语言中，下列关于类的继承的描述，正确的是（　　）。

A. 一个类可以继承多个父类　　　　　B. 一个类可以具有多个子类

C. 子类可以使用父类的所有方法　　　D. 子类一定比父类有更多的成员方法

2. Java 中，如果类 C 是类 B 的子类，类 B 是类 A 的子类，下面的描述正确的是（　　）。

A. C 不仅继承了 B 中的成员，还继承了 A 的成员

B. C 只继承了 B 中的成员

C. C 只继承了 A 中的成员

D. C 不能继承 A 或 B 中的成员

3. Java 中，下列关于方法重写的说法中错误的是（　　）。

A. 方法重写要求方法名称必须相同　　B. 重写方法的参数列表必须不一致

C. 重写方法的返回类型必须一致　　　D. 一个方法在所属的类中只能被重写一次

4. 下列选项中，哪个可以用来创建对象？（　　）

A. new　　　　　　　　　　　　　　B. this

C. super　　　　　　　　　　　　　D. abstract

5. 定义包时使用关键字＿＿＿＿＿，导入包时使用关键字＿＿＿＿＿。

6. 请为你所在的班级、团队或小组设计一个 Logo。

7. 请绘制图形表达你现在的心情。

第**4**章 望外青山断复连，望中明月缺 还圆——语法基础

制作前面的创意作品时玩得开心吗？尝试实现一个个有趣的想法，会发现编程越来越有趣（事实上，不是编程有趣，是设计程序的人本身有着有趣的灵魂，拥有美丽的思想、强烈的好奇心、独特的经历、不服输的勇气、坚持不懈的精神等，简直可以说是光芒四射！）。随着项目的不断深入，编程思路会越来越开阔，能感觉到 Java 的魅力越来越大，可以做的事情也越来越多。

本章来尝试做一件新的事情，那就是同计算机进行实时交互，也就是与计算机面对面交流，和聊天一样。

微课视频

4.1 月相变化

月有阴晴圆缺，除皎洁的中秋望月外，还有"月黑雁飞高"中的新月、"燕山月似钩"中的蛾眉月、"晓月当帘挂玉弓"中的上弦月、"杨柳岸，晓风残月"中的残月等。

项目目标：根据用户要求分别显示蛾眉月、满月或残月图案。如当按键盘中的 1 键时，屏幕中出现蛾眉月；按 2 键时出现满月；按 3 键时出现残月。

设计思路：首先，3 个图案不同时出现在一幅画上，所以需要画 3 幅画，需要显示哪幅画，哪幅画就放在最上面；其次，计算机要知道人是否按了键，进而识别按的是哪个键；最后，将所按的键同需要显示的画建立联系。

4.1.1 3 幅画

需要的 3 幅画中，满月的画已经完成，剩余的两幅画中的蛾眉月与残月其实都是弯月，只是弯曲的方向不同。下面我们一起来画蛾眉月。

由前面的内容可以知道，绘画的主要代码在 paint() 方法中，绘制满月的代码如下。

```
public void paint(Graphics g) {//重写paint()方法
    setBackground(Color.black); //设置画板的背景色
    g.setColor(Color.yellow); //设置图形的颜色
    g.fillOval(100,30,50,50); //绘制填充后的圆形
}
```

其中 fillOval() 方法的 4 个参数分别表示月亮起始位置的横、纵坐标，外接矩形的宽度和高度。之所以出现满月是因为反射太阳光没有被遮挡，可以很自然地想到用遮挡的方式来实

现弯月。

由于画板的背景色是黑色，所以我们画一个黑色圆形来代表被地球挡住的部分。想一想，黑色圆形的起始位置需要改变吗？外接矩形的宽度和高度需要改变吗？如果需要，那改成多少合适呢？请自己尝试一下，不要急于看后面的内容。

相信弯月的实现没有太大问题，画完后检验一下它是不是蛾眉月。（如果不知如何区分蛾眉月和残月，建议通过浏览器查阅相关资料。）注意，设置的起始坐标和大小要合适，否则会出现要么遮不住月亮、要么全遮住月亮的情况，不能呈现想要的效果。修改后的参考代码如下。

```
public void paint(Graphics g) {//重写 paint()方法
    setBackground(Color.black); //设置画板的背景色
    g.setColor(Color.yellow); //设置图形的颜色
    g.fillOval(100,30,50,50); //绘制填充后的圆形
    g.setColor(Color.black); //设置遮挡图形的颜色
    g.fillOval(80,25,50,50); //绘制遮挡圆形
}
```

从上面的尝试中可以看出，仅仅设置画板的背景色，不画任何东西的时候，窗体内完全显示背景；当在其中画了满月的时候，窗体内其他地方还是显示背景，只有对应的地方显示月亮；当画另一个月亮时，依然会把对应的地方的背景遮住，剩余的地方或是第一个月亮，或是背景。这个现象是不是说明屏幕有很多层，最上面的黑色圆形盖住了月亮，月亮下面有一个完整的画板，甚至在窗体下面还有一个完整的计算机桌面？事实上不是，这是视觉错觉，真正的计算机屏幕只能显示一层。其实所谓的上面的东西把下面的东西盖住了是假的，因为此时下面的东西没有了。而当上面的东西消失的时候，计算机会立刻将对应区域重新画好。由于画的速度很快，所以给人的感觉像是下面的东西从来都没有消失过一样。在 Windows 里，计算机一直在扫描屏幕，根据所收到的指令不断地在计算机屏幕上重画，重画的方法就是 paint()。

如果想继续探究，可以调整上面代码的顺序，先画黑色圆形再画黄色圆形，得到的还是弯月吗？看来代码顺序对程序运行结果的影响很大，计算机会显示最后绘制的内容。那么，现在问题来了，蛾眉月出现了，满月却没有了，看来想要显示 3 种月相需要画 3 幅画。尝试一下吧！

情形一：在同一个 paint()方法里画 3 种不同的月相。

在这种情形下，可以在不同位置分别画蛾眉月、满月和残月（当然不能在同一坐标下绘制，这样后面绘制的画会将前面绘制的画"盖"住）。

```
public void paint(Graphics g) {
    setBackground(Color.black); //设置画板的背景色
    //绘制蛾眉月
    g.setColor(Color.yellow); //设置图形的颜色
    g.fillOval(100,30,50,50); //绘制填充后的圆形
    g.setColor(Color.black); //设置遮挡图形的颜色
    g.fillOval(80,25,50,50); //绘制遮挡圆形
    //绘制满月
    g.setColor(Color.yellow); //设置图形的颜色
    g.fillOval(250,30,50,50); //绘制填充后的圆形
    //绘制残月
    g.setColor(Color.yellow); //设置图形的颜色
    g.fillOval(400,30,50,50); //绘制填充后的圆形
    g.setColor(Color.black); //设置遮挡图形的颜色
    g.fillOval(420,25,50,50); //绘制遮挡圆形
}
```

通过以上代码，可以成功画出 3 种月相，运行结果如图 4.1 所示。

图 4.1　不同月相

但是，以上代码无论执行多少次，这 3 种月相都同时出现，不能满足项目目标。

情形二：使用 3 个 paint()方法分别画 3 种月相。

既然使用一个 paint()方法画行不通，那用 3 个应该没问题吧，下面再试试。

尝试时是不是会出现图 4.2 所示的错误呢？这一错误是方法重复定义所致。Java 语言不允许同一个类中有一模一样的方法，这样会误导计算机。所以重复定义 3 个 paint()方法的做法也行不通。

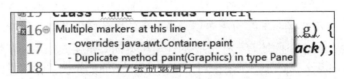

图 4.2　paint()方法重复引起的错误

情形三：用 3 张纸画 3 幅画。

用来充当画纸的是 Panel，前面用继承的方法得到了画板类 Pane。现在需要 3 个画板类，当然可以用相同的方法获得它们。做法很简单，直接复制粘贴画板类 Pane 的代码就可以了。3 幅画的详细代码如下。

```
//蛾眉月
class Pane1 extends Panel{//在原画板类的基础上定义一个新的画板类
    public void paint(Graphics g) {//重写 paint()方法
        setBackground(Color.black); //设置画板的背景色
        g.setColor(Color.yellow); //设置图形的颜色
        g.fillOval(100,30,50,50); //绘制填充后的圆形
        g.setColor(Color.black); //设置遮挡图形的颜色
        g.fillOval(80,25,50,50); //绘制遮挡圆形
    }
}
//满月
class Pane2 extends Panel{//在原画板类的基础上定义一个新的画板类
    public void paint(Graphics g) {//重写 paint()方法
        setBackground(Color.black); //设置画板的背景色
        g.setColor(Color.yellow);//设置图形的颜色
        g.fillOval(100, 30, 50, 50);//绘制圆形
    }
}
//残月
class Pane3 extends Panel{//在原画板类的基础上定义一个新的画板类
    public void paint(Graphics g) {//重写 paint()方法
        setBackground(Color.black); //设置画板的背景色
        g.setColor(Color.yellow);//设置图形的颜色
```

```
    g.fillOval(100, 30, 50, 50);//绘制圆形
    g.setColor(Color.black);//设置图形的颜色
    g.fillOval(120, 25, 50, 50);//绘制圆形
  }
}
```

从代码中可知，3 个画板类分别是 Pane1、Pane2、Pane3，并在不同画板上分别绘制 3 种月相。

但代码 Pane p=new Pane();下面出现了红色波浪线，说明这里出现了错误。错误提示如图 4.3 所示。

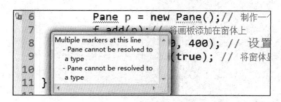

图 4.3 错误提示

错误提示表明该行有多个标记，Pane 不能被解析成一种类型。这是什么意思呢？因为现在所定义的画板类为 Pane1、Pane2、Pane3，原来的 Pane 已经没有了，所以计算机不"认识"它了。可以将它改为上面所定义的任何一个画板类试试看。如改为 Pane1 p=new Pane1();，当然也可以将 Pane 改成其他两个画板类。

4.1.2 键盘输入

按照项目的设计思路，3 幅画已完成，接下来应解决如何跟计算机交流的问题。如果是两个人交流，那么通常直接说话对方就能听懂，但人与计算机进行交流，直接说话通常是不行的。我们常用的人机交流工具是键盘和鼠标，所以可以通过键盘输入或鼠标单击来让计算机明白人的意图。

在 Windows 中，计算机不仅时刻扫描屏幕，而且时刻扫描键盘，Java 中扫描键盘的类为 Scanner，它存放于 java.util 包下。前面已经通过借用的方式向 JDK "借"了很多东西，已然成为"老熟人"了，现在需要继续借：import java.util.Scanner;。注意前面提到的 import 导入语句在所有类定义语句之前。

这里借到的 Scanner 仍是类，想要使用它也需要创建一个对象。用 Scanner 实现从键盘输入数据的方法为下面粗体显示的部分。

```
public static void main(String args[]) {
   Frame f=new Frame(); //制作一个具体的窗体

   Scanner input = new Scanner(System.in); //扫描键盘输入
   int num = input.nextInt();//接收一个整数

   Pane1 p1=new Pane1();//制作一个具体的 Pane
   f.add(p1);//将画板添加在窗体中
   f.setBackground(Color.black);
   f.setSize(500,400); //设置窗体大小
   f.setVisible(true); //将窗体显示出来
}
```

单击"Run"运行程序，这时看不到月亮了，屏幕上没有任何结果反馈。为什么呢？现

在来跟踪程序的执行过程。计算机以自上而下的顺序来逐条执行 main()方法中的语句，第一句用于完成一个窗体的制作；第二句用于扫描键盘输入，可以接收从键盘输入的数据；第三句用于接收一个整数并把它用 num 保存起来。当程序执行到这一条语句时，计算机会等待用户从键盘输入一个整数，如果用户一直不输入，那么计算机将会一直等待，这也就是运行程序后屏幕上没有反馈结果的原因。

在控制台中输入一个整数，按 Enter 键后会有图 4.4 所示的输出结果。

图 4.4　接收到用户输入的整数后的输出结果

4.1.3　彼此联系

通过前面的尝试可以发现，只要输入的是一个数字，不管它是多少都会有蛾眉月出现。项目目标是当用户按 1 键时，屏幕中出现蛾眉月；按 2 键时出现满月；按 3 键时出现残月。也就是说，数字与图形要对应，输入的数字不同，出现的图形也应不同。

接下来假设一个场景。比如甲、乙两个人在做游戏，甲手里拿着这 3 幅画，乙来说数字，它们的对应关系为：1→蛾眉月，2→满月，3→残月。如果乙说 1，甲就把蛾眉月的画展示出来，如果乙说 2，甲就把满月的画展示出来，以此类推。这个过程跟人与计算机之间的交流是相似的，只不过需要将数字、画等翻译成计算机能"听懂"的语言罢了。

从前面的学习中可以知道，表示"如果"的是 if，下面用伪代码来描述上述游戏的过程。

```
if(说的是1) {
    展示画有蛾眉月的 Pane1
}
if(说的是2) {
    展示画有满月的 Pane2
}
if(说的是3) {
    展示画有残月的 Pane3
}
```

这样的代码不能正常执行，因为它仅仅是用来表示思路的，不是真正的代码。类似这样的半代码、半自然语言的表述方式被称为伪代码，使用它主要是为了更好地展示代码的编写思路。下面继续翻译这些伪代码中计算机"听不懂"的部分。

首先，"说的是 1"如何翻译？实际上就是"输入的值等于 1"。特别要注意的是，"等于"

在 Java 中表示为双等号"=="。那一个等号"="表示什么呢？它的专业的叫法是"赋值运算符"。也就是说它是一种运算符，与加、减、乘、除运算符一样，只不过它的运算规则是把其右边的值赋给左边。比如 a=1，就是把 1 赋给 a，也可以说用 a 代表 1。那能不能用 b 来代表 1，用 a 来代表 2 呢？当然没问题。其中 1、2 是不变的量，被称为常量，a、b 则不同，其名称可以变化，所代表的值也可以变化，所以它们称为变量。

"输入的值"用 input.nextInt() 来表示，因此"输入的值等于 1"表示为 input.nextInt()==1。但是在这里的代码中不能直接写 if(input.nextInt()==1)。为什么呢？因为这里有 3 个 if 语句块，需要写 3 个 input.nextInt()，每次使用它时，计算机就等待用户从键盘中输入一个整数，使用它 3 次当然就需要输入 3 个整数。计算机表现得很"绅士"，它会一直等到把 3 个数输完才给出反馈结果。这样一来游戏没办法进行了，不是"一问一答"，而是"三问一答"了。这该怎么办？可回过头来整理思路。

项目所需要的是输入 1 个整数，然后判断这个整数是不是 1、2、3。也就是说接收一次从键盘输入的整数就够了，后面直接判断就好了，不需要再输入。这样一来，前面输入的整数就需要保存下来，以便于后面对它进行判断。存放数据的工作交给变量来完成，但这里要强调的是，Java 中规定在使用变量的时候一定要说明变量可保存什么类型的值，比如整数、浮点数、单个字母、一串字符等，所以还要在变量前面加上数据类型。比如整数类型是 int，浮点类型是 double 或 float 等。因此 Java 中变量要这样写：

```
int a;
double x=3.4;
```

关于数据类型及运算符等的详细内容请参看 4.3 节，现在继续完成项目。

把从键盘输入的值用变量 num 保存下来：int num = input.nextInt();，接下来直接判断 num 的值是不是 1、2、3 即可。

其次，翻译"展示画有蛾眉月的 Pane1"，其他展示情况类似。这个问题不难，第 3 章画满月时学习过相关知识。因为画只有在窗体中才能显示，所以只需要把具体的画放到窗体中就可以了。抽象的 Pane1 类具体化的过程就是创建对象，即 Pane1 p=new Pane1();，把对象添加到窗体中的方法为 f.add(p);，如此画便可以展示出来了。主类详细代码如下，结合 3 幅画的代码可以得到图 4.5 所示的结果。

```java
import java.awt.*;
import java.util.Scanner;
public class Moon{
    public static void main(String args[]) {
        Frame f=new Frame();
        Scanner input = new Scanner(System.in);     //扫描键盘输入
        int num=input.nextInt();
        if(num==1) {//识别输入的整数是否为1
            Pane1 p=new Pane1();//一个画有蛾眉月的Pane1
            f.add(p);
        }
        if(num==2) {
            Pane2 p=new Pane2();//一个画有满月的Pane2
            f.add(p);//将画板放在窗体中展示
        }
        if(num==3) {
            Pane3 p=new Pane3();//一个画有残月的Pane3
            f.add(p);//将画板放在窗体中展示
        }
```

```
        f.setSize(500,450);
        f.setVisible(true);
    }
}
```

Test (10) [Java Applicatio
1
Test (10) [Java Application]
2
Test (10) [Java Application] D:
3

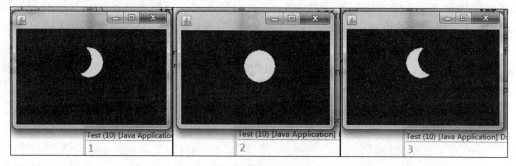

图 4.5　运行结果

从运行结果来看，项目目标基本得以实现，人可以通过键盘跟计算机实时对话。尽管程序并没有优化，但总的来说可以满足项目需求。项目实现思路也很明确，就是分别画 3 幅画，需要哪一幅就把它放在画架上。编写了这么长的代码，是不是有点佩服自己？事实上，上面很多代码是重复的，只要复制粘贴并稍做改动就可以完成。所以代码长短与项目难度没有太大的关联，写代码时要养成适当添加注释的习惯，这样有利于提高程序的可读性。

4.1.4　Scanner 类

“月相变化”项目中涉及接收键盘输入这一环节，Scanner 便是用来获取用户从键盘输入的内容的一个类，在 java.util 包下。通过前面的学习可以知道，类是抽象的，只有创建类的实例对象后才能使用类。因此，要使用 Scanner 类，需在主方法中添加对象创建语句：Scanner input = new Scanner(System.in);。其中，等号右边是对象实体，System.in 是它的参数；等号的左边 input 是指向实体的一个引用，也就是对象实体的代号，前面的 Scanner 是它的类型。

不知你是否注意到，前面的“复读机”游戏中曾使用过一个输出语句：System.out，其目的是把程序中的有些内容输出到屏幕上，那这里的 System.in 有什么作用呢？想必你可以猜得到，就是把数据等从键盘输入程序中。下面试着输入一个整数（方法为 nextInt()），并把它用 System.out 输出到控制台，具体代码如图 4.6 所示。

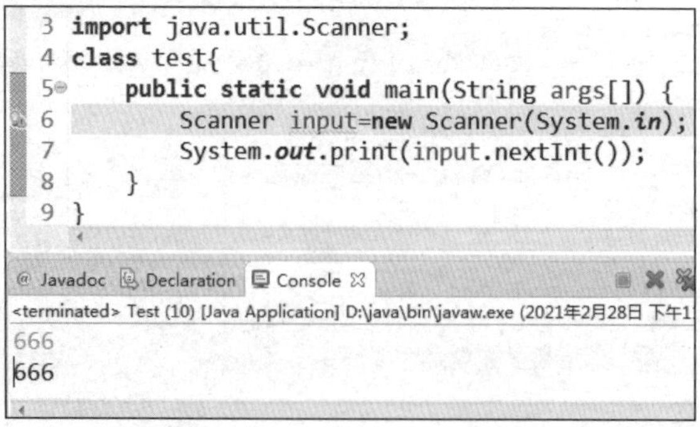

3 import java.util.Scanner;
4 class test{
5 public static void main(String args[]) {
6 Scanner input=new Scanner(System.in);
7 System.out.print(input.nextInt());
8 }
9 }
Javadoc
Declaration
Console
<terminated> Test (10) [Java Application] D:\java\bin\javaw.exe (2021年2月28日 下午1
666
666

图 4.6　输入和输出一个整数

注意到控制台内的绿色数字了吗？它就是用户从键盘输入的内容。为了区分明显，Java

使用了代码高亮显示功能，将输入的内容用绿色显示，输出的内容则用黑色显示。

　　如果从键盘输入的不是数字，程序会怎么样呢？程序会报错吗？下面带着这些问题进一步了解有关键盘输入的内容。

　　在图 4.6 中标号为 6 的一行前有一个图标🖼，这是一个警告标志，不代表有语法错误，用鼠标指针指向它会出现"Resource leak: 'input' is never closed"的提示。警告不会影响程序的正常运行，它是计算机对用户善意的提醒，有的可能会影响计算机内存和程序的运行效率。比如这里的提示的汉语意思为"资源泄漏：'input'没有关闭"，怎么样才能将它关闭呢？我们先输入"input."来试试看。输入"input."后弹出了图 4.7 所示的列表框，其中哪个方法用于关闭呢？通过方法名称可以知道第一个方法就是。在程序中添加 input.close();后警告图标消失了。这就是消除此警告的方法。当然，如果当下无暇顾及它，可以将它先忽略。

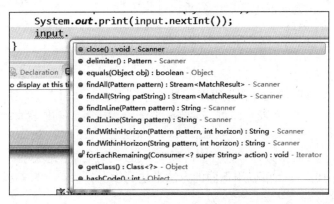

图 4.7　Scanner 中的方法

　　另外，如果从键盘输入的不是整数，程序就会产生错误，如图 4.8 所示。

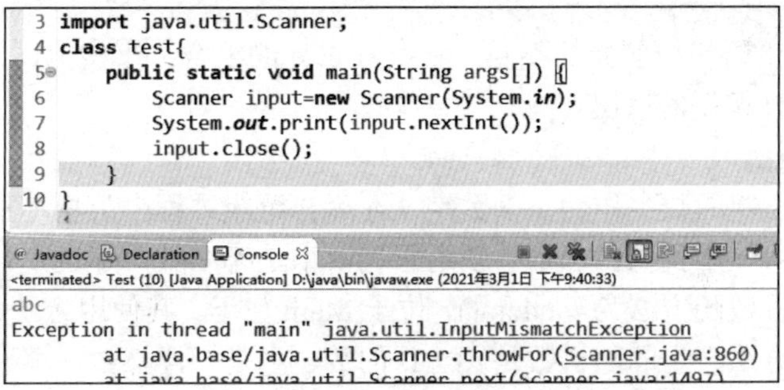

图 4.8　输入不匹配

　　难道只允许输入整数吗？其实不是的，图 4.8 中的错误提示"InputMismatchException"，表示输入不匹配造成的错误，还有可以输入字母、符号、浮点数、汉字等的方法，仍然输入"input."，在弹出的列表框中会看到 next()、nextByte()、nextDouble()等很多方法，逐一试一试吧！

4.2　猜数字游戏

　　至此，与计算机进行简单的交流已经没问题了，下面尝试与计算机一起玩个小游戏。

项目目标：随机产生一个 100 以内的整数，通过键盘输入来猜该数字为多少，如果输入的数字小于随机数则提示"小了！"，如果输入的数字大于随机数则提示"大了！"，如果二者正好相等则提示"恭喜您猜对了！"。

设计思路：依据项目目标，设计过程可以分为 3 部分，一是随机产生一个整数；二是由用户输入一个整数；三是进行数字大小的比较。到目前为止，用户输入可以实现，比较数字大小也相对容易，只有产生随机数的实现方法还不清楚，那就先来实现目前可以做到的部分。

4.2.1 游戏实现

1. 用户从键盘输入一个整数

导入 Scanner 包：

```
import java.util.Scanner;
```

从键盘输入一个整数：

```
Scanner s=new Scanner(System.in);
int num=s.nextInt();
```

2. 比较数字大小

从前面的学习中可以知道，相等用双等号"=="来表示，而大于、小于则与人们日常的习惯相同，直接用">""<"表示即可。如果需要表示大于等于，那就直接用">="，表示小于等于用"<="，表示不等于则用"! ="。

按照项目目标，要对猜数过程进行即时反馈，提示猜测的数是大了、小了还是相等。假设产生的随机数是 10，那么可以用下面的方法来达到以上目标。

```
if(num==10)
    System.out.println("恭喜您猜对了! ");
else if(num>10)
    System.out.println("大了! ");
else
    System.out.println("小了! ");
```

注意，这里的 if 语句与前面的不同，它有 if-else 的组合。事实上，if 表示如果，else 表示否则，是与 if 正好相反的情况。

3. 产生一个随机数

如果是以预先设定的数字作为正确数字，而后在游戏过程中故意不猜对，那游戏玩起来就没什么意思了。而如果我们自己都不知道正确数字是哪个数，那这个游戏就变得有趣了。

Java 中产生随机数的方法为 random()，位于 Math 包下，其使用方法为：Math.random();。遗憾的是，使用该方法产生的随机数是 0～1 的数，且是个浮点数，而现在所需要的是 100 以内的整数，怎么办呢？停下来想一想，不要急于看下面的处理方法。

首先，将数字范围确定为 0～100：Math.random()*100。这里*是乘法运算符，不是前面讲的通配符。将一个 0～1 的数乘 100 当然就可以得到 0～100 的数了。其次，将浮点数转为整数：(int)(Math.random()*100)。为什么要这么写呢？答案在 4.3 节数据类型部分的强制转换中。

4.2.2 完整代码

微课视频

猜数字游戏的完整代码如下。

```
import java.util.Scanner;
class Guess{
    public static void main(String args[]) {
        //产生一个100以内的随机数
```

```
        int number=(int)(Math.random()*100);
        //从键盘输入一个整数
        Scanner s=new Scanner(System.in);
        int num=s.nextInt();
        //比较大小
        if(num==number)
            System.out.println("恭喜您猜对了！");
        else if(num>number)
            System.out.println("大了！");
        else
            System.out.println("小了！");
    }
}
```

运行以上代码，游戏可以玩了吧？体验如何？是不是还是觉得玩得不尽兴？因为只猜一次程序就退出了，不管猜没猜对都不能再猜了。想要达到重复游戏的目的很简单，只要将主方法中除前两行之外的代码放在 while(true){}内即可。

```
import java.util.Scanner;

class Guess {
    public static void main(String args[]) {
        int number = (int) (Math.random() * 100);// 产生 100 以内的随机数
        Scanner s = new Scanner(System.in);
        while (true) {//实现重复执行
            // 从键盘输入一个整数
            int num = s.nextInt();
            // 比较大小
            if (num == number)
                System.out.println("恭喜您猜对了！");
            else if (num>number)
                System.out.println("大了！");
            else
                System.out.println("小了！");
        }
    }
}
```

运行结果如图 4.9 所示。

```
66
小了！
70
小了！
73
大了！
72
大了！
71
恭喜您猜对了！
80
大了！
70
小了！
```

图 4.9　游戏运行结果

从上述运行结果中可以看出，确实可以重复猜数字，但是在猜对的情况下程序并没有停止。至于为什么添加 while(true){} 后程序就会重复执行，以及怎么样才能控制程序停止，读者可以先自己寻找答案，也可以在学习第 5 章的内容后知道答案。现在请停下来，练习输入前面的代码。请注意代码的书写顺序代表人的思维过程，遵循"需要什么添加什么"的原则，保持思路的清晰。

4.2.3 程序结构

现实生活中存在各种各样的现象，比如：历史的车轮滚滚向前，永不停歇；自然法则是优胜劣汰，适者生存；四季交替周而复始，循环往复……这些现象对应程序设计中的 3 种程序结构。

- 顺序结构：程序从前到后依次执行每条语句，如一去不复返的时间。
- 分支结构：程序依据不同的情况进行不同的操作，如每次或大或小的选择。
- 循环结构：程序在满足条件的前提下，重复执行某些操作，如昼夜交替。

这 3 种程序结构有一个共同点，就是只有一个入口，也只有一个出口。单一入口/出口可以让程序容易读、好维护，也可以减少调试的时间。

在本章中主要用到顺序结构和分支结构，下面对这两种结构进行详细说明，有关循环结构的内容将在第 5 章详细讲解。

1. 顺序结构

顺序结构是程序设计中常用的结构，因为大部分程序都是依照由上而下的流程来设计的。之前的"复读机"游戏、"中秋的月亮"等项目的代码都采用顺序结构。

2. 分支结构

分支结构是在有两种或多种选择的情况下所使用的结构，所以也称为选择结构。分支结构语句分为 if 语句和 switch 语句两种。

（1）if 语句

if 语句基本结构及流程图如图 4.10 所示。

当然，以上结构还可以进行变形，如去掉"语句体 2"则构成最简结构，如图 4.11 所示，在"语句体 2"中嵌套基本结构则构成嵌套结构，如图 4.12 所示。

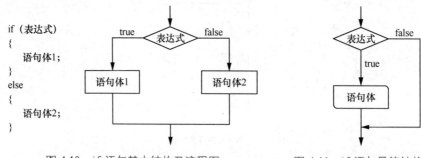

图 4.10　if 语句基本结构及流程图　　　　图 4.11　if 语句最简结构流程图

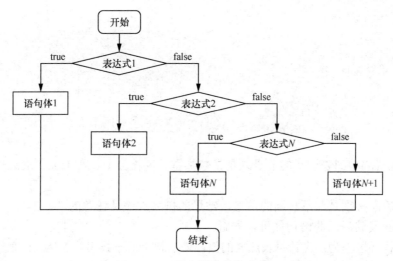

图 4.12　if 语句嵌套结构流程图

if 语句嵌套结构如下。

```
if (表达式 1){
    语句体 1;
}else if (表达式 2){
    语句体 2;
}
…
else if (表达式 N){
    语句体 N;
} else{
    语句体 N+1;
}
```

【例 4-1】if 语句

```
//判断一个数是正数、负数还是 0
class ifTest {
    public static void main(String args[]) {
        int x=5;
        if (x>0) {
            System.out.println(x+"是正数");
        }else if(x<0){
            System.out.println(x+"是负数");
        }else {
            System.out.println (x+"等于 0");
        }
    }
}
```

程序运行结果：5 是正数。需要指出的是，嵌套时需注意 if-else 的配对情况，以免导致运行错误。

（2）switch 语句

对于有多个分支的情况，比如根据月份判断季节：若是 3~5 月输出"春天"，若是 6~8 月输出"夏天"，若是 9~11 月输出"秋天"，若是 12 月~次年 2 月输出"冬天"。可以用 if-else 的嵌套形式完成，也可以用另一种分支结构语句——switch 语句完成，它能够让程序更简洁明了。

switch 语句的形式为：

```
switch(表达式){
    case 常量1:语句体1;
    case 常量2:语句体2;
    …
    case 常量n:语句体n;
    [default:语句体n+1;]
}
```

说明如下。

① switch 后()中的表达式的值必须是整数类型、字符类型。在 Java 7 之后也支持字符串类型。

② case 后面必须是互不相同的常量，常量的排列次序是任意的。

③ default 及其后面的语句体可以省略。

④ 程序执行过程为：先计算表达式的值，而后自上而下找出与表达式的值匹配的常量，以此作为入口执行相应的语句体。如果语句体中没有 break 语句，那么接着执行下面的语句体，此时不再判断常量是否与表达式的值匹配，直到遇到 break 语句或所有语句体均执行完为止。

【例 4-2】switch 语句

```
//根据月份判断季节
class switchTest {
    public static void main(String args[]) {
        int month=5;
        switch(month) {
        case 3:
        case 4:
        case 5: System.out.print("春天");
        case 6:
        case 7:
        case 8: System.out.print("夏天");break;
        case 9:
        case 10:
        case 11: System.out.print("秋天");break;
        default: System.out.print("冬天");
        }
    }
}
```

程序运行结果：春天夏天。

想一想为什么"夏天"也输出了？而"秋天"和"冬天"为什么没有输出？注意，只要在 System.out.print("春天");后面也添加 break;语句程序就可以正常运行了。有关 break 的用法将在第 5 章讲解，敬请期待。

4.3 语法基础

没有规矩，不成圆，任何语言都有其语法规则，Java 语言也不例外。本章的两个项目中涉及数据类型、表达式、运算符等语法基础，下面进行详细阐释。

4.3.1 数据类型

在计算机里，自然界中的各种事物都可用数据来表达。比如一个人的姓名、性别、年龄、身高、长相、职业、生活习惯等。年龄、身高等用数据表达可能很正常，因为日常生活中它们就是数字。但姓名、长相、生活习惯等用数据怎么表达呢？事实上，所有能输入计算机中并被计算机程序处理的符号都是数据，比如文字、语音、图像、视频等。只不过不同数据的表达形式不同，比如年龄一般为整数，商品价格一般为实数，而姓名一般类似"张三""Li_Xiaohua"，判断正误用 True 或 False 等形式来表达，这种数据的不同的表达形式被称为数据类型。数据类型不同，数据能进行的运算就不同，取值范围也不同，在计算机语言中还反映为数据的存储形式不同。

　　Java 语言是一种强类型编程语言，也就是说，任何变量都必须有明确的类型声明，如 int num;、String name;等。Java 中支持的数据类型分为两大类：基本数据类型和引用数据类型。

　　其中，基本数据类型也称作简单数据类型。Java 语言有 8 种简单数据类型，分别是 boolean、byte、short、int、long、float、double、char。这 8 种数据类型通常可分为四大类型。

　　逻辑类型（布尔类型）：boolean。

　　字符类型：char。

　　整数类型：byte、short、int、long。

　　浮点类型：float、double。

微课视频

　　引用数据类型又称为复合数据类型，Java 语言包括数组、类和接口等引用数据类型。本章主要介绍基本数据类型，引用数据类型中的数组、接口等在后续内容中分别介绍。有关数据类型的分类如图 4.13 所示。

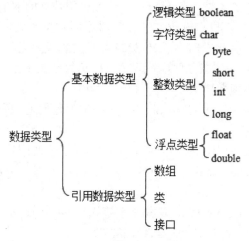

图 4.13　数据类型分类

1. 逻辑类型

逻辑类型用关键字 boolean 标识，所以也称布尔类型（以下称为 boolean 型）。逻辑类型只有真和假两个值，true 表示真，false 表示假，以下是逻辑变量定义的例子。

```
boolean b; boolean bool;//仅声明变量，不赋初值
boolean b1 = true,b2= false,开关=false;//定义变量的同时赋初值
```

逻辑变量用于记录某种条件成立与否，也用在语句中，作为条件判断的依据。

2. 字符类型

字符类型用关键字 char 标识。字符类型（以下称为 char 型）数据是字符，char 型使用 Unicode 编码，占用 2 个字节。Unicode 字符集中最多允许定义 65536 个不同的字符。在 Java

程序中，字符常量有普通字符和转义字符两种。

普通字符是指用单引号标识的字符，表示普通字符常量，例如，'a'、'B'、'$'、'国'。字符变量的定义方式如下。

```
char ch; char ch1,符号;//仅定义变量，不赋初值
char ch3 = 'A',ch4 = '家',开关='假';//定义变量的同时赋初值
```

对于语言中用作特定意义的字符，或者不能显示的字符，需用转义字符标记它们。Java 中使用"\"来声明转义字符，常用转义字符及其含义如表 4.1 所示。

表 4.1   常用转义字符及其含义

转义字符	含义
\b	退格（Backspace 键）
\n	换行符，光标移到下一行行首
\r	回车符，光标移到本行行首
\t	横向跳格，水平制表符
\\	反斜线符\
\'	单引号符'
\"	双引号符"

3．整数类型

在 Java 中，整数是不带小数点和指数的数值数据。Java 中提供的整数类型都是有符号整数类型，不存在无符号整数类型。在 Java 中，整数类型数据的取值范围和占用字节数是和目标机器环境无关的。而在 C 和 C++中，往往针对不同类型的处理器使用不同长度的整数类型，以达到最高的效率。因此专门为 32 位处理器开发的程序运行在 16 位处理器上就有可能出现数据溢出的问题，而 Java 在任何运行环境下的运算结果都是一致的。不同的整数类型处理不同范围的整数，按数值范围大小不同可分成 4 种。

（1）基本型：用 int 标识，占 4 个字节（32 位），取值范围是 $-2^{31}\sim2^{31}-1$，即 $-2147483648\sim2147483647$。

（2）字节型：用 byte 标识，占 1 个字节（8 位），取值范围是 $-2^7\sim2^7-1$，即 $-128\sim127$。

（3）短整数类型：用 short 标识，占 2 个字节（16 位），取值范围是 $-2^{15}\sim2^{15}-1$，即 $-32768\sim32767$。

（4）长整数类型：用 long 标识，占 8 个字节（64 位），取值范围是 $-2^{63}\sim2^{63}-1$，即 $-9223372036854775808L\sim9223372036854775807L$。

整数类型常量有十进制、八进制和十六进制 3 种写法，如下面的示例所示。

1234（十进制）、0777（八进制，以数字 0 开头，每个数位必须是 0~7）、0x3ABC（十六进制，以 0x 开头，每个数位必须是 0~9、a~f 或 A~F）。

整数类型变量的定义方式如下。

```
int I;
int x, 面积;
byte number;
```

以上方式仅仅是定义变量，不赋初值。

```
short w =12; long big = 9876L;//定义变量的同时赋初值
```

4．浮点类型

浮点类型也称实型，浮点数是带小数点或指数的数值数据。Java 语言的浮点类型有单精

度型和双精度型两种。

单精度型用 float 标识，占 4 个字节（32 位），取值范围是–3.403E+38～3.403E+38。float 数据类型的声明需要使用后缀：F 或 f。例如：23.54f、12389.987F。

双精度型用 double 标识，占 8 个字节（64 位），取值范围是–1.798E+308～1.798E+308。double 型常见的书写的方法有两种。一种是直接写一个实数，或在实数后面加上字母 D 或 d。例如：123.4567、123.4567D、123.4567d。另一种是使用指数形式，也称为科学记数法，例如：123.45e15、123.4E-7、0E0 等。这里的 E 或 e 表示以 10 为底的指数，如 0.00123 可表示为 1.23E-3。默认的浮点数是双精度度型的。

浮点类型变量的定义方式如下。

```
float x,y; double num; //仅声明变量，不赋初值
double v=12.86,u=2431098.987D; float u=12.36f;//定义变量的同时赋初值
```

Java 中还存在如下 3 个特殊的浮点数：正无穷（Infinity）、负无穷（–Infinity）和 NaN。这 3 个数用来表示数据溢出和运算错误，如一个正数除以 0 会得到正无穷，计算 0 除 0 或负数的开方会得到 NaN。

5．基本数据类型间的转换

除 boolean 型外，基本数据类型之间可以互相转换，转换规则分为自动转换与强制转换两种。

（1）自动转换

自动转换的转换顺序（由低到高）如图 4.14 所示。

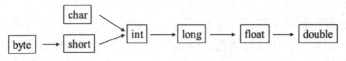

图 4.14　自动转换的转换顺序

如 double d=50;通过 System.out.println(d);输出的结果为 50.0，也就是说 Java 自动把整数类型的 50 转换成了双精度型 50.0。再如 int d= 'A';输出的结果为 65（字符 A 的 ASCII 值），字符类型'A'自动转换成了整数类型。

想一想，自动转换的规律是什么？

如果把一个小物件放在合适的包装盒里或大包装盒里都没问题，但如果物件大，包装盒小呢？这时就需要强制转换了。

（2）强制转换

强制转换就是按由高到低的顺序进行转换，分为显式转换与隐式转换。

显式转换的格式为：(类型名)数据;

例如：

```
int number = (int) (Math.random() * 100); //将 double 型数据赋给 int 型变量
char c=(char)65555; //将 int 型数据赋给 char 型变量
byte a=(byte)5.999; //将 double 型数据赋给 byte 型变量
```

如果需要转换的值未超出数据类型的取值范围，则无须使用显式转换的格式，可使用隐式转换。例如：

```
char c=100;
```

等号右边的 100 在字符类型的取值范围内，所以不需要显式添加(char)也可以转换类型。而 65555 则不同，超出了字符类型的取值范围，直接写 char c=65555;则会报错。

这里特别要强调的是，强制转换≠四舍五入，强制转换采用的是内存空间截取的方法。

【例 4-3】强制转换

```
class Conversion {
    public static void main(String args[]) {
        byte b = (byte) 5.999;//强制转换，不等于四舍五入
        char c = 100; // 100 未超出 char 型的取值范围 0～65535
        System.out.println(b);
    }
}
```

运行结果：5。

例 4-3 的运行结果表明，强制转换并不等于四舍五入，而是强制截取。

4.3.2　表达式与运算符

表达式与运算符是程序中常见的基本单元，下面对 Java 中的表达式与运算符进行详细说明。

1. 表达式

最简单的表达式被称为初等表达式，如 0.5（一个浮点数）、sum（一个变量）、false（一个 boolean 型的值）等都是表达式。复杂的表达式中由运算符来连接初等表达式，如用前面提到的赋值运算符来连接：b1=true；再如用等号"=="来连接：num==1。当然，除了连接初等表达式，运算符还可以用来连接任意复杂的表达式，如：total=1+3-5*6/4.8。

2. 运算符

数据的运算通过运算符实现，Java 语言提供了丰富的运算符，下面将讨论赋值运算符、算术运算符、关系运算符、逻辑运算符、位运算符、条件运算符以及它们的优先级等内容。

（1）赋值运算符

将数据保存到变量中，这个过程叫作"赋值"，赋值是基本的运算。赋值运算符一般分为基本赋值运算符与复合赋值运算符两种，如表 4.2 所示。

表 4.2　　　　　　　　　　　　　　　　赋值运算符

赋值运算符	基本赋值运算符	=	示例：count=1，将 1 赋给 count
	复合赋值运算符	+=、-=、*=、/=、%=、>>=、<<=、>>>=、&=、^=、|=	示例：a+=1 等价于 a=a+1，意思是将 a 的值加 1 后再赋给 a。注意"="不表示相等

（2）算术运算符

算术运算由算术运算符实现，是最基本的数值运算。算术运算符可以分为双目运算符和单目运算符两类（如表 4.3 所示），双目运算符需要两个操作数参与运算，如 a+b；单目运算符指只对一个操作数进行运算，如-a（负 a）、++a（a 自加 1）等。

表 4.3　　　　　　　　　　　　　　　　算术运算符

算术运算符	双目运算符	+（加）、-（减）、*（乘）、/（除）、%（取余）
	单目运算符	+（正）、-（负）、++（自增）、--（自减）

关于算术运算符的说明如下。

（1）"/"为除法运算符，当除数和被除数均为整数类型数据时，则其结果也是整数类型

数据。例如 7/4 的结果为 1。

（2）"%" 为求余数运算符，也叫模运算符。求余数运算所得结果的符号与被除数的符号相同。例如：5%3 的结果为 2，-5%3 的结果为-2，5%-3 的结果为 2，-5%-3 的结果为-2。"%" 也可用于浮点数的计算，如：-64.5%10 的结果为-4.5。

（3）自增和自减运算符的作用是使变量的值加 1 或减 1。"++" 和 "--" 可以放在操作数之前，也可以放在操作数之后，如++i 和 i++，其作用都是给 i 加 1，但效果有所不同。++i（前缀形式）是先对 i 进行加 1 操作，然后使用 i 的值；i++（后缀形式）则是先使用 i 的值，再对 i 进行加 1 操作。

【例 4-4】自增自减运算

```java
class Numeric {
    public static void main(String args[]) {
        int i=3;
        int j=++i;
        int k=i--;
        System.out.println(j);
        System.out.println(k);
        System.out.println(i);
    }
}
```

运行结果如图 4.15 所示。

图 4.15　例 4-4 的运行结果

分析：首先将 i 赋为 3，然后 i 进行先自加运算，结果为 4，并将 4 赋给 j；接下来 i 进行后自减运算，即先将现有的值 4 赋给 k 然后 i 自减 1，结果为 3。故而 j、k、i 的值分别为 4、4、3。

自增自减运算能使程序更为简洁和高效，但在使用时需注意 "++" 和 "--" 运算的运算对象只能是变量，不能是常量或表达式。例如，4++或（i+j）++都是不合法的。

（3）关系运算符

关系运算符用来比较两个值，运算结果是一个 boolean 型的值。关系运算符包括 ">" "<" ">=" "<=" "==" "!="，它们分别表示大于、小于、大于等于、小于等于、等于和不等于，所比较的操作数类型可以不同。如 4==5 的结果为 false，'a'>30 的结果为 true，3==2.99999999999999999999999999 的结果为 true。最后一个表达式为 true 是计算机精度限制造成的。

（4）逻辑运算符

逻辑运算符只对 boolean 型数据进行计算，得到的结果还是 boolean 型的值。由于关系运算符的运算结果也是 boolean 型的值，因此，逻辑运算与关系运算的关系十分密切，经常一起出现。逻辑运算符包括 "!"（非）、"&&"（与）、"||"（或）、"^"（异或），其中 "!" 是单目运算符。

"!" 逻辑表达式的结果为非真即假，非假即真，"&&" 逻辑表达式的表达式均为真时结

75

果才为真，"||" 逻辑表达式中的任何一个表达式为真结果就为真，"^" 是指相异为真，相同为假。另外，在真实运算的过程中，对于 "&&" 与 "||"，先计算左边表达式的值。对于 "||"，如果左边表达式的值为 true，则整个逻辑表达式的结果就为 true，右边表达式则不再进行计算；同理，对于 "&&"，如果左边表达式的值为 false 则结果也为 false，右边表达式的计算也不再进行。

【例 4-5】关系运算符与逻辑运算符

```
class Logic {
    public static void main(String args[]) {
        int i=3;
        int j=5;
        int k=0;
        System.out.println(i>j);
        System.out.println((i<=j)&&(k!=0));
        System.out.println(true||(j==k));
        System.out.println(!false);
        System.out.println((i>k)^true);
    }
}
```

运行结果如图 4.16 所示。

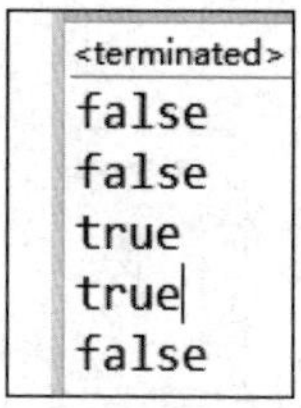

图 4.16 例 4-5 的运行结果

（5）位运算符

计算机中采用二进制的数据表示方式，位运算符就是用来操作二进制位的（如果不了解进制转换，请参考计算机基础等相关知识）。位运算符包括 "~"（按位取反）、"&"（位与）、"|"（位或）、"^"（位异或）、">>"（右移位）、"<<"（左移位）、">>>"（无符号右移位）。其中除 "~" 为单目运算符外，其余的都是双目运算符，其操作数只能是整数或字符类型数据。位运算符的运算规则如表 4.4 所示。

表 4.4　　　　　　　　　　　　　　位运算符的运算规则

a	b	~a	a&b	a|b	a^b
0	0	1	0	0	0
0	1	1	0	1	1
1	0	0	0	1	1
1	1	0	1	1	0

关于位运算的说明如下。

（1）以 int 型为例，Java 中的 int 型占 4 个字节，一个字节（byte）为 8 位（bit），因此共占用 32 位的内存空间。其中左边为高位，右边为低位，最高位为符号位，0 表示正数，1 表示负数，如图 4.17 所示。

图 4.17 内存空间示意

在计算机的数据表示中，正数的原码、反码、补码都相同，负数一般都用补码的形式表示。所谓原码就是正数（若是负数则取绝对值）对应的二进制码，除符号位外，将其他位按位取反，可得到反码，补码是"反码+1"。

例如，−3 的补码计算过程如下。

−3 的原码：10000000 00000000 00000000 00000011

−3 的反码：11111111 11111111 11111111 11111100

−3 的补码：11111111 11111111 11111111 11111101

（2）左移一位相当于将原码乘 2，右移一位相当于将原码除以 2。用移位运算实现乘除比用算术运算实现乘除的速度快。">>" 为带符号的右移，右移时如果最高位为 0，则左边补 0，最高位为 1，则左边补 1，即符号位不变。">>>" 为无符号右移，移位时左端出现的空位用 0 补。

【例 4-6】位运算符

```
class Bit {
    public static void main(String args[]) {
        int x=3; //3 的二进制码: 00000000 00000000 00000000 00000011
        int y=-3; //-3 的二进制码: 11111111 11111111 11111111 11111101

        System.out.println(x&y);
        System.out.println(x|y);
        System.out.println(x^y);
        System.out.println(~x);
        System.out.println(x<<2);
        System.out.println(y>>2);
        System.out.println(y>>>2);
    }
}
```

运行结果如图 4.18 所示。

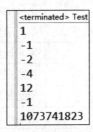

图 4.18 例 4-6 运行结果

以上程序分别进行了位与、位或、位异或、按位取反、左移位、右移位和无符号右移位运算，其中位与运算结果为：00000000 00000000 00000000 00000001，对应的十进制数为 1；位或运算结果为：11111111 11111111 11111111 11111111，由最高位为 1 可知其为负数，此处是补码表示。可通过反运算来求得其绝对值对应的原码。即除符号位外，其他位减 1 后取反，得到：10000000 00000000 00000000 00000001，因此其对应的十进制数为−1。同理，位异或运算结果为：11111111 11111111 11111111 11111110，所对应的十进制数为-2。x 按位取反运算结果为：11111111 11111111 11111111 11111100，对应十进制数-4。x 左移 2 位运算结果为：00000000 00000000 00000000 00001100，对应十进制数为：$0×2^0+0×2^1+1×2^2+1×2^3=12$。y 右移 2 位运算结果为：11111111 11111111 11111111 11111111，对应十进制数-1。y 无符号右移 2 位运算结果为：00111111 11111111 11111111 11111111，对应十进制数 $2^{30}-1=1073741823$。

（6）条件运算符

条件运算符是唯一一个三目运算符，运算符号为 "?:"，一般使用格式如下：

```
条件表达式?表达式 1：表达式 2；
```

其中条件表达式的值为 boolean 型，表达式 1 与表达式 2 可以是任意类型，但必须相同。当条件表达式的值为 true 时运算结果为表达式 1 的值，否则为表达式 2 的值。如：

```
int x=5, y=8;
int max = (x>y) ? x : y;
```

运算结果中 max 的值为 8。如果 y 的值为 3，则 max 的值为 5。

（7）其他运算符

除上述常见的运算符外，Java 还提供了圆括号 "( )"、数组下标 "[ ]"、对象成员 "."、对象类型比较 "instanceof"、对象创建 "new" 和字符串连接符 "+" 等其他运算符。其中字符连接符 "+" 经常出现在 print()方法中，如：

```
System.out.print("我正在努力学习"+'\n'+"每天进步一点点");
System.out.print("我每天要运动"+x+"小时。");
```

当 "+" 前后的数据类型不一致时，先将非字符串类型的数据转换为字符串类型，接着进行连接操作。

3．运算符的优先级与结合性

表达式在进行运算时，按运算符的优先级由高至低依次执行，如先乘除后加减。而在一个运算符两侧的运算符优先级相同时，则按运算符的结合性所规定的结合方向处理。例如：算术运算符的结合性是自左向右，赋值运算符的结合性是自右向左。运算符的优先级与结合性如表 4.5 所示。

表 4.5　　　　　　　　　　运算符的优先级与结合性

优先级	运算符	类别	结合性
1	( )	括号运算符	自左至右
2	!、+（正）、-（负）、~、++、--	单目运算符	自右至左
3	*、/、%	算术运算符	自左至右
4	+、-	算术运算符	自左至右
5	<<、>>、>>>	位运算符	自左至右
6	<、<=、>、>=	关系运算符	自左至右
7	==、! =	关系运算符	自左至右
8	&	位运算符	自左至右
9	^	位运算符	自左至右
10	|	位运算符	自左至右
11	&&	逻辑运算符	自左至右
12	||	逻辑运算符	自左至右

优先级	运算符	类别	结合性
13	?:	三目运算符	自右至左
14	=、+=、-=、*=、/=、%=等	赋值运算符	自右至左

小结

　　本章分别完成了"月相变化"和"猜数字"两个项目，同时讲解了项目中涉及的 Scanner 类、程序结构、数据类型、表达式、运算符等基础知识。由于知识点多而繁杂，因此不建议读者在学习时记忆它们。要知道学习的目的不仅是记住知识，还是更好地完成心中的目标。知识作为一种强有力的工具，可以帮助我们更快速高效地达成目标，但它不是学习的最终目的。因此，在一次次进行项目实践的时候，要始终清楚最终的目标是想方设法完成项目。只有这样才能分清事情的主次，不至于为了学会知识而丢掉了学习、思考和探索的乐趣。

习题

1. 设 x=2，则表达式(x++)*3 的值是_____。
2. 根据所给条件，列出逻辑表达式。
（1）满足下列条件之一为闰年：年份能被 400 整除；年份能被 4 整除但不能被 100 整除。
（2）一元二次方程 $ax^2+bx+c=0$ 有实根的条件是：$a\neq0$ 且 $b^2-4ac\geq0$。
3. 表达式 4!=3&&5>2+2 的值为_____。
4. 下列数据各是什么类型的？
　　NoN　　false　　Math.PI　　123f　　0120　　100L　　E　　200d
5. 下列程序的运行结果是_____。

```
class Test {
    public static void main(String args[]) {
        int a = 30;
        int b = 1;
        if(a >= 10)
            a = 20;
        else if( a >= 20)
            a = 30;
        else if( a >= 30)
            b = a;
        else
            b = 0;
        System.out.println("a="+a+",b="+b);
    }
}
```

6. 请用图形绘制一只小动物，并用所学的知识实现与小动物的简单交流互动。

第5章 星月皎洁，明河在天——循环控制

灿烂的星空使人心旷神怡，它的浩瀚、深邃、神奇与静谧，深深地震撼每个人的心灵。仰望星空，使人沉静，也使人产生遐想，同时为人指明方向。从古至今，多少人为之着迷。观星，是观世界，更是观自己。让我们仰望星空，脚踏实地，以梦为马，不负韶华，用我们手中的笔来绘制心中的那片天。

5.1 繁星点点

夜空之所以迷人不仅在于月的皎洁，还在于无数颗钻石般的星星。缺少了星星的点缀，月亮会显得清冷、孤寂。月亮的静谧搭配星星的灵动、月亮的清冷凸显星星的"热闹"，一幅自然和谐的画卷浑然天成。

项目目标：绘制夜空中的满天繁星，体会仰望星空时的心境，如图 5.1 所示。

图 5.1　绚丽星空

设计思路：首先，完成一颗星星的绘制；其次，绘制满天星星。

5.1.1　绘制一颗星星

如同绘制月亮，星星的绘制同样需要画架、画纸和画笔等工具。

1．准备画架

重复前面的工作，先准备画架。这里依然强调代码的书写顺序反映程序的设计思路，因此一定要注意循"**序**"渐进。

```
    /*
     * 繁星点点
     * 完成人：守中；时间：2021-01
     */
（5）  import java.awt.*;//借用绘画工具类
（1）  public class Sky {
（3）      public static void main(String args[]) {
（6）          Frame f=new Frame(); //制作一个具体的Frame
（7）          f.setVisible(true); //将窗体显示出来
（4）      }
（2）  }
```

接下来设置窗体的大小，使用的方法依然是 f.setSize()。大小设置为多少合适呢？按习惯设置为 500px×400px 当然没问题，不会影响程序的正常执行。但是这种习惯性思维却容易让人迷失方向，会让人习惯于只关注知识层面，而忘记任务本身。前面提过，学习的目的不仅是记住知识，还是更好地达成目标。如果没有任务意识，满脑子装的都是知识，那么如何运用所学的知识就会成为问题。而如果始终把如何才能更好地解决问题作为目标和方向，那么知识就会成为助力的工具，在提升能力的同时会更加高效地吸收知识。

按照前面的项目目标，要模拟的是满天繁星，用计算机来模拟，它的全部屏幕就是"天空"，那么窗体的大小设置为计算机屏幕的大小应该是比较合适的。目前本书案例所使用的计算机屏幕分辨率是 1440px×900px，因此可以设置为 f.setSize(1440,900);，读者可以按照自己的计算机屏幕分辨率进行设置。设置成功后运行程序，看看是否满足要求，如果没有问题则可以进行下一步。

2．绘制一颗星星

依然需要准备画纸和画笔，并尝试如何画星星。

```
class Pane extends Panel{//在原画板类的基础上定义一个新的画板类
    public void paint(Graphics g) {//重写paint()方法


    }
}
```

在 paint()方法中输入 "g."，在弹出的列表框中看看有没有与画星星相关的方法，比如 drawStar()、drawPentagram()等。结果很遗憾，除了常见的圆形、线段、多边形、圆角矩形等基本图形的绘制方法外，其他图形没有直接的绘制方法，需要自己想办法。当然，在完成了前面那么多创意作品的前提下，画出一颗星星也不是不可能。但是，我们的项目目标是画满天星星，而不是只画一两颗。

注意有一个 drawString()方法，它用于在屏幕上画字符串，比如可以在屏幕上写一句话、画个符号等。试试看吧！

在 paint()方法中添加：g.drawString("*",100,100);，其中第一个参数是输出到屏幕上的字符串，后面两个数字是坐标。输出后将这个带有*号的画纸放在画架上：Pane p=new Pane(); f.add(p);，看看能否实现画一颗星星的愿望。

```
（5）  import java.awt.*;//借用绘画工具类

（1）  public class Sky {
（3）      public static void main(String args[]) {
```

```
（6）        Frame f = new Frame(); // 制作一个具体的 Frame
（8）        f.setSize(1440,900);//设置窗体大小为整个计算机屏幕的大小

（14）         Pane p=new Pane();//创建一个新画板类的对象
（15）         f.add(p);//将画有星星的画板放在窗体中

（7）         f.setVisible(true); // 将窗体显示出来
（4）       }
（2） }
（9） class Pane extends Panel{//在原画板类的基础上定义一个新的画板类
（11）     public void paint(Graphics g) {//重写 paint()方法
（13）        g.drawString("*", 100,100);//在(100,100)的位置画一颗星星
（12）      }
（10）}
```

再次提醒读者注意代码的编写顺序。不出意外的话，应该已经看到一颗星星稳稳当当地挂在"天"上了，如图 5.2 所示。

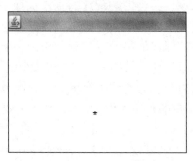

图 5.2　运行结果

从运行结果可以看出，颜色搭配应该需要调整，白色天空中出现了一颗黑星星，与实际不吻合。不过这一结果也正好让我们了解到，如果不人为设置颜色的话，Frame 和 Panel 的默认背景色是白色，而画笔 g 则默认是黑色。自己尝试动手调整好天空和星星的颜色吧。

5.1.2　绘制满天星星

画一颗星星已经实现了，那画满天星星怎么办？当然是继续画。如果是在纸上作画，那没有任何捷径可走，只有一笔一笔地画。但现在是让计算机作画，可以通过复制粘贴完成。

```
class Pane extends Panel{//在原画板类的基础上定义一个新的画板类
    public void paint(Graphics g) {//重写 paint()方法
        g.drawString("*", 100,100);//在(100,100)的位置画一颗星星
        g.drawString("*", 100,100);//在(100,100)的位置画一颗星星
        g.drawString("*", 100,100);//在(100,100)的位置画一颗星星
                  .
                  .
                  .
        g.drawString("*", 100,100);//在(100,100)的位置画一颗星星
    }
}
```

不一会儿就一定需要停下来并开始思考：星星至少得画几百颗，难道就这样一直粘贴吗？而且，更令人头疼的是，所有星星的位置没变，不管画多少颗，都会重叠在同一个位置而呈现只有一颗星星的效果。想要不重叠还需要一颗一颗地更改其位置，这是一件多么令人崩溃的事情！所以，必须重新找方法。

　　显而易见，画星星是一项重复性的工作。第 4 章提到过，Java 中专门有一种控制结构是用来实现重复性工作的，名字叫**循环**，所以可以借助循环来完成星星的绘制。假设要画 500 颗星星，可以用 for(int i=0;i<500;i++){}。详细内容可参照 5.3 节，具体代码如下。

```
class Pane extends Panel{//在原画板类的基础上定义一个新的画板类
    public void paint(Graphics g) {//重写 paint()方法
        for(int i=0;i<500;i++) {
            g.drawString("*", 100,100);//在(100,100)的位置画一颗星星
        }
    }
}
```

　　关于星星的位置，需要体现杂乱无章，没有规律可循的特点，使用随机数就是最好的选择。

```
for(int i=0;i<500;i++) {
    g.drawString("*", (int)(Math.random()*1440),(int)(Math.random()*900));
}
```

　　关于随机数的内容我们在第 4 章学习过，这里乘 1440、900 是为了适配计算机屏幕分辨率，读者可以按照自己的计算机屏幕分辨率来更改它们。

　　按照上述说明过程来组织代码，相信你可以自行完成。如果顺利的话，现在已经可以看到图 5.3 所示的运行结果了。

图 5.3　繁星点点

　　感觉星星小了点？可以来设置一下星的大小：

```
g.setFont(new Font(null,0,20));
```

　　其中，setFont()是设置字体的方法，它的参数是一个字体类对象 new Font()，生成字体类对象所需要的 3 个参数，分别是字体、样式和字号。字体为字符串常量，如宋体、黑体、Times New Roman、Arial 等，null 指默认字体；样式为整数类型常量，如 Font.PLAIN、Font.BOLD、Font.ITALIC 等，分别指普通、粗体、斜体，0 指普通样式；字号也是整数类型常量，用于设置字的大小。如：g.setFont(new Font("Times New Roman",Font.*BOLD*,20));。

　　试着将星星调整为合适的大小，再把前面所做的月亮融入其中，星空就更逼真了！完整代码如下。

```
（5）import java.awt.*;//借用绘画工具类

（1）public class Sky {
```

```
(3)      public static void main(String args[]) {
(6)          Frame f = new Frame(); // 制作一个具体的Frame
(8)          f.setSize(1440,900);//设置窗体大小为整个计算机屏幕的大小

(23)         Pane p=new Pane();//创建一个新画板类的对象
(24)         f.add(p);//将画有星星的画板放在窗体中

(7)          f.setVisible(true); // 将窗体显示出来
(4)      }
(2) }
(9) class Pane extends Panel{//在原画板类的基础上定义一个新的画板类
(11)     public void paint(Graphics g)  {//重写paint()方法
(13)         setBackground(Color.BLACK);//设置背景色
(14)         g.setColor(Color.WHITE);//设置星星的颜色
(18)         g.setFont(new Font("Times New Roman",Font.BOLD,20));
(15)         for(int i=0;i<500;i++) {
(17)             g.drawString("*", (int)(Math.random()*1440),
                     (int)(Math.random()*900));//在随机的位置画一颗星星
(16)         }
(19)         g.setColor(Color.YELLOW);//设置月亮的颜色
(20)         g.fillOval(800, 150, 150, 150);
(21)         g.setColor(Color.BLACK);
(22)         g.fillOval(750, 150, 150, 150);
(12)     }
(10) }
```

运行结果如图 5.4 所示。

图 5.4　星月相伴运行结果

美丽的星空完成了，再进一步想一想，如果想把星星做成五颜六色的该怎么做？如果要求在星空中显示出常见的北极星和北斗七星呢？想到什么办法就试一试吧！

5.2　改进猜数字游戏

猜数字游戏的用户体验不太好，原因是游戏过程停不下来了，猜对了还得继续猜，不能重新开局。下面我们来对猜数字游戏进行改进。

项目目标：（1）限定猜数字的次数，比如无论对错最多只有 5 次机会；

（2）在猜错的情况下可以一直继续，直到猜对为止。

设计思路：在游戏过程中，每猜一次需要从键盘上输入一个数字，这是一个不断重复的过程，因此可以将代码放在 while(true){}中。同样，前面画星星也是一个不断重复的过程，可以把画星星的代码放在 for(int i=0; i<500; i++){}中。看来，while 和 for 都可以实现循环过程，但不同的是，i<500 是指不超过 500，星星最多只画 500 颗（这么多没法数，可以把 500 改成 10。有时候星不够 10 颗是因为画到屏幕边界被遮住，实际上星星已经画在屏幕上了），超过 500 就停止画了；而 true 是指条件始终为真，没有次数限制，可以一直猜下去。

项目目标（1）：从以上的分析可知，循环条件对是否重复执行起着至关重要的作用。因此，要完成项目目标（1），只需要像限定星星数量一样，限定猜数字的次数即可。即：

```java
public static void main(String args[]) {
    int number = (int) (Math.random() * 100);// 产生 100 以内的随机数
    Scanner s = new Scanner(System.in);
    for(int count=0; count<5; count++){//for 循环
        // 从键盘输入一个整数
        int num = s.nextInt();
        // 比较大小
        if (num == number)
            System.out.println("恭喜您猜对了！");
        else if (num>number)
            System.out.println("大了！");
        else
            System.out.println("小了！");
    }
}
```

注意，for 循环中第一条语句定义记录猜数字的次数的变量 count，初始次数为 0；第二条语句是最多有 5 次机会的限定条件，即 count<5（想一想，为什么不用 cont<=5 呢？）；每猜一次，count 的值要增加 1，故而第三条语句是次数的累加：count++。当然这里也可以使用 while 来代替 for 循环完成项目目标（1）。

```java
int count=0;
while(count<5){
    // 从键盘输入一个整数
    …
    else
        System.out.println("小了！");
    count++;
}
```

由上可见，替换过程就是把 for 括号中的 3 条语句分别写出来就可以了。有关循环语句的执行方式在 5.3 节详细讲解。

项目目标（2）：游戏的结束不再由外在限制条件决定，而是通过游戏本身来决定，猜错就继续，猜对就结束。所谓"猜对"就是指从键盘输入的数与所产生的随机数相等，"猜错"就是不相等。也就是说，当两数相等时退出循环，否则继续。此时代码如下。

```java
public static void main(String args[]) {
    int number = (int) (Math.random() * 100);// 产生 100 以内的随机数
    Scanner s= new Scanner(System.in);
    int num=s.nextInt();// 从键盘输入一个整数
    while (num!=number) {//两数不相等，进入循环
        // 比较大小
```

```
        if (num>number)
            System.out.println("大了！");
        else
            System.out.println("小了！");
        num=s.nextInt();//重新输入一个整数
    }
    System.out.println("恭喜您猜对了！");//循环之外，说明两数相等
}
```

注意，int num=s.nextInt();放到了循环之外，这是因为在循环条件 num!=number 中需要用到 num 的值，所以需要提前定义它并赋值。事实上，在循环外定义变量有一个很大的好处，就是节省内存空间。因为循环内部的语句会不断重复执行，如果在内部定义则会出现大量重复定义变量的现象，每定义一个变量，计算机就需要开辟一定的空间来存放，会造成大量的空间浪费。因此，比较好的做法是在循环外部定义变量，在循环内部赋值。

另外，还有一种更简单的方法，就是借助 break、continue 等关键字来完成流程的跳转（详细说明请见 5.3 节）。break 的意思是暂停，即如果两数相等就停止循环，可以强行退出当前循环；而 continue 的意思就是继续。代码的修改过程很简单，在 while(true)内相应位置添加 break;即可，代码如下。

```
while (true) {//实现重复执行
    …
    if (num == number) {
        System.out.println("恭喜您猜对了！");
        break;//停止当前循环
    }
    …
}
```

正常情况下，改进的猜数字游戏的用户体验还是可以的，不着急学习后面的知识，将上面游戏的不同实现方式都试一试，还可以按照自己的想法去改一改。千万不要怕把程序改错了，要知道，程序的每一次报错都是非常珍贵的学习机会，如同在某条路上被绊倒过，每次再走这条路都会让人格外留意和警觉，还会吸取之前的经验，这就是成长。因此，学习程序设计最快、最好的方式之一就是大胆犯错，通过调试错误获得勇气、磨炼心性、提高能力。

5.3　循环控制

程序经常需要重复一些操作,比如满天星星需要一颗一颗不断重复地画、重复从键盘输入数字、生成一个有规律的数列、数字累加等，这些重复性的操作被称为循环控制。在实践中有基本循环结构，也有嵌套循环结构，还有带有跳转的循环结构等。

5.3.1　基本循环结构

在 Java 中，基本循环结构有 while、do-while 和 for 3 种类型。

1. while 循环结构

while 循环结构流程图如图 5.5 所示。

其中条件表达式是一个 boolean 型的值，while 语句的执行过程为：首先计算条件表达式的值，当结果是 true 时执行语句块，然后计算条件表达式的值，结果为 true 时执行语句块……重复上述过程，直到条件表达式的值为 false 时退出循环。

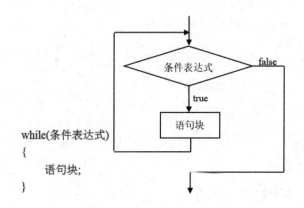

图 5.5　while 循环结构流程图

注意以下几点。

（1）如果一开始条件表达式的值就为 false，那么语句块一次也不执行。

（2）语句块可以是单条语句，也可以是复合语句。

（3）为避免产生无限循环（俗称死循环），保证循环趋向于结束的语句必不可少，如 count++;。

【例 5-1】改变猜数字游戏的循环条件

```
while (count<5) {//条件表达式，若为 true 则执行下面的语句块，否则退出循环
    …
    count++;//保证循环趋向于结束的语句
}
```

或

```
while (num!=number) {//条件表达式，若为 true 则执行下面的语句块，否则退出循环
    …
    num=s.nextInt();//保证循环趋向于结束的语句
}
```

同理，当条件表达式始终为 true 时，为避免死循环，可以用 break 语句停止循环。

2．do-while 循环结构

do-while 循环结构流程图如图 5.6 所示。

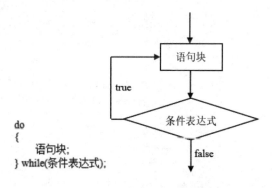

图 5.6　do-while 循环结构流程图

与 while 循环不同的是，do-while 循环先执行一次语句块，而后判断条件表达式是否为

true，如果条件表达式为 true 则继续执行语句块，否则退出循环。

【例 5-2】while 循环与 do-while 循环的区别

```java
public class Worker {
    public static void main(String[] args){
        //while 循环测试
        int count = 0;
        boolean x = false;
        while(x) {
            count++;
        }
        System.out.println("while 循环执行了"+count+"次。");

        //do-while 循环测试
        count = 0;
        do {
            count++;
        }while(x);
        System.out.println("do-while 循环执行了"+count+"次。");
    }
}
```

运行结果为：

while 循环执行了 0 次。

do-while 循环执行了 1 次。

从上述运行结果可见，while 循环在条件表达式不成立时不进入循环，而 do-while 先进入循环，当判断条件表达式不成立时再跳出循环。

3．for 循环结构

for 循环结构如下。

```java
for(初始化表达式；条件表达式；变量更新表达式){
    循环语句块；
}
```

for 循环结构流程图如图 5.7 所示。

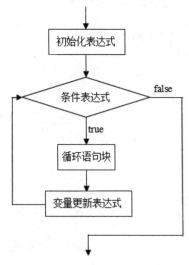

图 5.7　for 循环结构流程图

for 循环的执行过程为：首先执行初始化表达式；然后判断条件表达式的值，如果值为 true，则执行循环语句块，接着进行循环变量更新；当变量更新后再次判断条件表达式的值是否为 true，重复上述过程，直到条件表达式的值为 false 时退出循环，如图 5.8 所示。

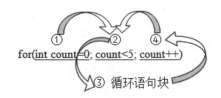

图 5.8　for 循环执行过程

注意以下几点。

（1）初始化表达式最先执行，且只执行一次。

（2）循环语句块的执行次数取决于条件表达式，若条件表达式的值始终为 true，程序将陷入无限循环中，因此循环体中要有使循环趋向于结束的语句。如果首次执行条件表达式的值为 false，循环语句块一次都不会执行。

（3）变量每更新一次，条件表达式就需要重新执行一次。

（4）for 循环中的 3 个表达式均可省略，但分号一定要保留，即 for(;;)是允许的。同样，初始化表达式和变量更新表达式还可以是多条语句，语句间用逗号隔开，如 for(int i=0,j=0; ;i++,j++)。

【例 5-3】寻找"水仙花数"（所谓"水仙花数"是指一个三位数，其各位数的立方和等于该数本身。例如：153 是一个"水仙花数"，因为 $153=1^3+5^3+3^3$。）

```java
class Flower{
    public static void main(String args[])    {
        int a,b,c;
        for(int i=100;i<1000;i++) {
            a=i/100;   //取出百位数字
            b=i%100/10;   //取出十位数字
            c=i%10;   //取出个位数字
            if(i==(a*a*a+b*b*b+c*c*c)) {//判断各位立方和与该数是否相等
                System.out.println(i+"是水仙花数");
            }
        }
    }
}
```

程序运行结果如图 5.9 所示。

图 5.9　运行结果

5.3.2 嵌套循环结构

循环体内的语句块可以是顺序执行的语句，也可以是分支结构语句，还可以是循环语句。在解决某些复杂问题时，往往需要在循环体内包含循环，这就是嵌套循环。其中外层的称为外循环，内层的称为内循环。比如输出矩阵的问题，用嵌套循环就很容易解决。

【例 5-4】输出九九乘法表

```java
class multi9_9 {
    public static void main(String args[]) {
        // 输出九九乘法表
        for (int i = 1; i <= 9; i++) {// 控制行输出
            for (int j = 1; j <= i; j++) {// 控制每行中各列的输出
                System.out.print(j + "*" + i + "=" + i * j + "\t");
            }
            System.out.println();// 控制换行
        }
    }
}
```

运行结果如图 5.10 所示。

```
1*1=1
1*2=2    2*2=4
1*3=3    2*3=6    3*3=9
1*4=4    2*4=8    3*4=12   4*4=16
1*5=5    2*5=10   3*5=15   4*5=20   5*5=25
1*6=6    2*6=12   3*6=18   4*6=24   5*6=30   6*6=36
1*7=7    2*7=14   3*7=21   4*7=28   5*7=35   6*7=42   7*7=49
1*8=8    2*8=16   3*8=24   4*8=32   5*8=40   6*8=48   7*8=56   8*8=64
1*9=9    2*9=18   3*9=27   4*9=36   5*9=45   6*9=54   7*9=63   8*9=72   9*9=81
```

图 5.10　九九乘法表

程序说明：程序中嵌套了两个 for 循环，外循环中 i 的值为 1～9，表明输出结果共 9 行；内循环中 j 的值为 1～i，表明输出结果会随着 i 值的变化而变化。事实上，从输出结果可以看出，第一行只有一个表达式 1*1=1，第二行有两个表达式……每行中的表达式个数正好等于它所在的行数。

内循环的循环体只有一条语句：System.out.print(j + "*" + i + "=" + i * j + "\t");，注意，这里是 print 而不是 println，print 是指内容输出后光标不换行，println 则等同于 print("\n")，即在输出后添加换行符\n，光标会移到下一行行首。print()方法所输出的内容中，j、i、i*j 均是 int 型，通过计算得出；"*"、"="和"\t"均为字符串，原样输出，其中"\t"为转义字符中的水平制表符，目的是将输出结果对齐；+仍为连接符。

外循环的循环体为 2 个部分，一部分为内循环，用来输出同一行中的每一个乘法表达式，另一部分为 System.out.println();，目的是让光标移到下一行行首，准备下一行的输出。

下面以流程图来说明程序执行过程，图 5.11 展示了九九乘法表的输出流程图。

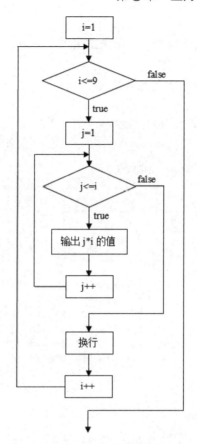

图 5.11　九九乘法表的输出流程图

5.3.3　流程控制中的跳转

在程序设计过程中，往往会有更改程序原有执行顺序的需求，这时就需要对原有流程进行跳转控制。Java 中常用的流程跳转方式有 2 种：使用 break 语句和使用 continue 语句。

1. 使用 break 语句

Java 中的 break 语句有 2 种作用，其一是退出 switch 结构，继续执行后续语句；其二是结束当前循环，忽略循环体内 break 后面的语句，跳到当前循环外继续执行后续语句，例如前面猜数字游戏中运用 break 跳出了 while 循环。break 对于嵌套循环也有相应的作用。

【例 5-5】使用 break 语句输出九九乘法表

将例 5-4 中的程序做如下改动，其他位置保持不变。

```java
for (int i = 1; i <= 9; i++) {// 控制行输出
    for (int j = 1; j <= 9; j++) {// 注意 j 的条件表达式
        if(j>i)
            break;
        System.out.print(j + "*" + i + "=" + i * j + "\t");
    }
    System.out.println();// 控制换行
}
```

程序中添加了 if 语句，当 j>i 时跳出内循环，继续执行后续语句。运行结果与图 5.10 相同，例 5-5 与例 5-4 实现的效果是相同的。

2．使用 continue 语句

continue 语句只能用在循环结构中，用来结束本次循环。即跳过循环体内后面的语句，直接进行下一次变量更新和条件判断。

【例 5-6】 使用 continue 输出倒九九乘法表

在例 5-5 的基础上做如下改动。

```
for (int i = 1; i <= 9; i++) {// 控制行输出
    for (int j = 1; j <= 9; j++) {// 控制每行中各列的输出
        if(j<i) {
            System.out.print("\t"); // 水平制表符
            continue;
        }
        System.out.print(i + "*" + j + "=" + i * j + "\t");
    }
    System.out.println();// 控制换行
}
```

程序运行结果如图 5.12 所示。

```
1*1=1    1*2=2    1*3=3    1*4=4    1*5=5    1*6=6    1*7=7    1*8=8    1*9=9
         2*2=4    2*3=6    2*4=8    2*5=10   2*6=12   2*7=14   2*8=16   2*9=18
                  3*3=9    3*4=12   3*5=15   3*6=18   3*7=21   3*8=24   3*9=27
                           4*4=16   4*5=20   4*6=24   4*7=28   4*8=32   4*9=36
                                    5*5=25   5*6=30   5*7=35   5*8=40   5*9=45
                                             6*6=36   6*7=42   6*8=48   6*9=54
                                                      7*7=49   7*8=56   7*9=63
                                                               8*8=64   8*9=72
                                                                        9*9=81
```

图 5.12　倒九九乘法表

程序中运用 continue 阻止了 j<i 时乘法表达式的输出，呈现出了倒三角形的输出效果。

以 i=3 为例来分析程序的运行过程。当外循环中 i=3 时，i<=9 条件成立，执行循环体。循环体为 2 个部分，一部分是内循环 for，另一部分为输出语句——输出换行符。

① 内循环中 j 的初始值为 1，故而 j<=9 成立，执行内循环体。内循环体也分为 2 个部分，一个是 if 语句，另一个是输出乘法表达式。首先判断 if 条件 j<i，即 1<3 成立，因此输出水平制表符，接着运用 continue 结束本次循环，进入下一次的变量更新 j++，j 的值变为 2。继续判断条件，2<3 成立，再次输出水平制表符，运用 continue 结束本次循环，执行 j++，j 的值变为 3。再次进行条件判断，3<3 不成立，因此程序越过 if 语句，执行后面的输出语句，输出：3*3=9。接下来 j++变为 4，输出 3*4=12，依次类推，直到 3*9=27 时，j++变为 10，不再满足条件 j<=9，退出内循环。

② 执行 System.out.println();，让光标移到下一行行首，接着执行 i++。

经过上述执行过程，第三行被输出。其中前 2 列均为水平制表符，从第三列开始输出乘法表达式。

```
3*3=9    3*4=12    3*5=15    3*6=18    3*7=21    3*8=24    3*9=27
```

小结

本章分别完成了星空和改进猜数字游戏两个项目，作品的可观赏性和体验效果越来越好

了。另外,本章还对项目中涉及的循环结构进行了详细讲解,包括 while、do-while 和 for 3 种基本循环结构,嵌套循环结构,以及流程控制中的跳转等。循环结构专门为重复性工作而设计,有句话说得好"复杂的事情简单做,你是专家;简单的事情重复做,你是行家",所以干重复性工作,计算机是行家,速度快、不知疲倦而且还没有情绪。运用计算机的这一特长,可以完成的工作会越来越多,呈现的作品也会越来越炫酷,比如模拟星星的闪烁、流星划过夜空、昼夜交替、整个月食过程、雨中漫步、雪花飘落……总之可以模拟很多动画,是不是很期待?别着急,踏踏实实把前面的内容完全掌握,所期待的作品会很容易地呈现,到时候可能会被自己吓一跳,惊喜地发现自己就是"潜力股"。

习题

1. 用来结束当前循环的关键字是_____,用来结束本次循环的关键字是_____。

2. 求 1!+2!+3!+…+10!的值。

3. 寻找 1000 以内的所有完数。所谓完数是指一个数恰好是它的因子(包括 1 但不包括本身)之和,这个数就称为完数,如 6 的因子为 1、2、3,而 6=1+2+3,故 6 为完数。

4. 运用本章所学的循环知识尝试输出图 5.13 所示的图案。

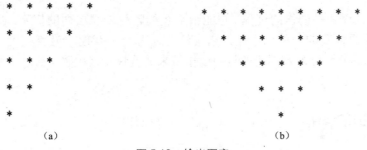

(a)　　　　　　　　　　　　　　(b)

图 5.13　输出图案

5. 解"百钱买百鸡"问题。已知母鸡 5 元一只,公鸡 3 元一只,小鸡一元 3 只,现有 100 元钱想买 100 只鸡,共有多少种买法?

6. 试着将星星做成五颜六色的吧。

第 6 章

天接云涛连晓雾，星河欲转千帆舞——数组与构造方法

"一闪一闪亮晶晶，满天都是小星星，挂在天上放光明，好像许多小眼睛……"这首儿歌陪伴了多少人的幸福童年，同时也许幼小的他们也有一个大大的问号——星星为什么会闪呢？长大的你们也许早已知道了答案，但是星星的魅力依然让人着迷。不断闪烁的星星似乎在向人们诉说着什么，接下来我们就让星星闪烁起来，一起来体会李清照笔下"星河欲转千帆舞"的意境。

程序设计过程就是创作的过程，它能带给我们超越知识层面的快乐，我的一位学生曾经总结："作品更像我的一件艺术品，它是活的，有一个有趣的灵魂，我会情不自禁地呵护它、欣赏它"。但愿每个人都能体验到创作带来的愉悦，这种感觉会让人爱上 Java，爱上编程。

6.1 星河欲转千帆舞

第 5 章的星空过于"沉寂"，缺少几分灵动的美，本节主要来模拟星星的闪烁，进而模拟流星坠落的效果。

项目目标：模拟一个"美丽而静谧的夜晚，闪烁的星光缀满天空，时不时有流星划过"的场景。

设计思路：首先，画出单色、静止的满天星星。其次，改进星空，使之呈现色彩缤纷、大小不同的绚丽效果。再次，让星星闪烁起来，实现"舞动"的星空。最后，模拟星空中有流星坠落的情景。

依照设计思路，第一步在第 5 章已经完成，这里不赘述。但是，建议按照第 5 章的思路重新做一遍。因为做一遍会有一遍的收获，做十遍就有十遍的收获。当然，这里的重复不是指机械地简单重复，而是按照设计思路来写代码，要循"序"渐进，因为这种"序"里蕴含着活跃的思维，它是有能量的。千万不要将代码从第一行抄到最后一行。下面在图 5.4 所示的"星月相伴"对应的程序的基础上直接进行第二步。

6.1.1 绚丽星辰

如前所述，设置星星大小的方法为：g.setFont(new Font(null,0,20));。其中 3 个参数分别是字体、样式和字号。如果需要设置星星的大小，那么只需要改变字号参数即可，可以结合

随机数来设置该参数。

```
g.setFont(new Font("",0,(int)(Math.random()*40)));
```

这样星星的大小就是 0～40 的一个随机值，大小的变化会带来距离远近的视觉效果，可以使得模拟效果更为真实。

同样，每颗星星的颜色可以不同。前面学习过设置颜色的方法——g.setColor(Color.*WHITE*);，但 Color 预设的颜色都是一些常见的颜色（见图 6.1），总共 13 种，要模拟五颜六色的星星，这些不太够。

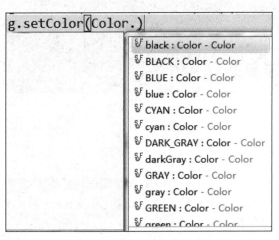

图 6.1　Color 类中预设的部分颜色

颜色中有红色、绿色、蓝色 3 种基本色，其他颜色都可以通过这 3 种颜色调配出来。Java 中也给出了基于三基色来自行调配颜色的方法，即：

```
Color(int r, int g, int b);
```

其中 3 个参数均为整数类型，取值范围为 0～255。如 Color(255,255,255)表示白色，Color(0,0,0)表示黑色，Color(255,0,0)表示红色。同样也可以运用随机数(int)(Math.random()*255)作为 Color 的参数从而获取随机颜色。

运用随机数来设置星星的大小和颜色，绘制五颜六色、大小不同的星星的代码如下。

```
for(int i=0;i<500;i++){//绘制 500 颗彩色星星
    g.setFont(new Font("",0,(int)(Math.random()*40)));//设置星星的大小
    g.setColor(new Color((int)(Math.random()*255),
                        (int)(Math.random()*255),
                        (int)(Math.random()*255)));
    g.drawString("*",(int)(Math.random()*1440),(int)(Math.random()*900));
}
```

需要说明的是，由于图书页面的限制，运用 setColor()设置颜色时，Color 的 3 个参数分别写在 3 行中。这种写法在 Java 中是允许的，因为 Java 用分号作为语句结束标志，空格和换行符不会作为语句结束标志，因此在一条语句很长的情况下可以考虑用换行符拆开。

运行结果如图 6.2 所示。

漂亮星空是不是更具有立体感和美感了？模拟效果是不是更真实了？如果你觉得 500 颗星星使夜空有些拥挤的话，也可以改为 300、200 颗，减少绘制过程循环次数。

图 6.2　漂亮星空

6.1.2　星星的闪烁

众多星星将夜空装点得绚丽多姿，使每个人都深深地迷恋着它的美，如果模拟止步于此，那就太可惜了！因为现在的作品只是静态画面，缺少灵动与活泼。为了精益求精，可以尝试制作动画效果，让每颗星星都"舞"动起来。

从前面的学习可以知道，无论星星还是月亮，都是用 paint()方法画在画板上的，静态画面所呈现的就是画板上已经画好的画。计算机动画采用连续播放一系列静态图像的方法来模拟物体运动的效果，就如同十字路口的行人信号灯，用两个静态的动作交替出现来模拟行走效果。所以，要模拟星星闪烁的效果也需要至少两幅不同的画来互相切换。这怎么实现呢？用上面的方法重画一幅画？答案是肯定的，但是具体操作不用那么麻烦了。Java 除了提供 paint()方法之外，还提供了一个 repaint()方法，这个方法的功能就是重画，也就是把 paint()方法里的代码重新执行一遍。无论重画的效果怎么样，我们先来调用该方法试试。把 repaint();放在paint()方法的最后一行，然后运行程序。即：

```
public void paint(Graphics g) {
    …  //paint 里的其他代码
    repaint();  //重画方法
}
```

运行代码并观察结果，动画效果确实出现了，但出乎意料的是，星星满天乱"飞"，月亮偶尔出现一下，多数情况下看不见。这是为什么呢？我们一起来分析原因。

在未调用 repaint()之前画面是正常的，月亮画在固定位置上，星星则画在随机位置，500颗星星对应 500 个随机位置，并且颜色和大小也不完全相同。在调用 repaint()之后，星星和月亮又被重画一次，这时月亮的位置没变，但星星则又对应 500 个随机位置，颜色和大小也可能发生改变。接着第三次、第四次……每重画一次都会在随机位置上用随机颜色重画一颗大小也随机的星星，所以整个星空全乱了。月亮的位置虽然没变，但也因为计算机太忙了，只能偶尔出现一下。

分析清楚原因后，接下来需要做的工作是把 500 个随机位置固定，把 500 颗星星的大小也固定，这样星星就不至于乱"飞"、大小也不至于变化了。至于颜色的问题，因为要模拟星星的闪烁，这可以根据颜色的切换来实现，故而颜色不用固定，采用随机颜色就好。

那么，用谁来保存这 500 个位置的坐标值以及星星的大小呢？事实上，一个位置对应一个 x 值和一个 y 值，也就是说 500 个位置实际对应 1000 个值；每颗星星的大小可能都不同，所以至多需要 500 个尺寸值，共计 1500 个值。难道要声明 1500 个变量吗？是的。但是不需要太担心。与很多程序设计语言一样，Java 中也提供了**数组**（详见 6.2.1 节），它是用来批量声明变量的工具。具体用法如下。

```
int[] x=new int[500];
int[] y=new int[500];
int[] size=new int[500];
```

这样就声明了 1500 个变量，变量的名字分别为 x[0],x[1],…,x[499]，y[0],y[1],…,y[499]，size[0],size[1],…,size[499]。

给每个变量赋一个随机值，代码如下。

```
for(int i=0;i<500;i++){
    x[i]=(int)(Math.random()*1440); //500 颗星的横坐标
    y[i]=(int)(Math.random()*900); //500 颗星的纵坐标
    size[i]=(int)(Math.random()*40);//500 颗星的大小
}
```

这里值得注意的是，这 1000 个坐标值和 500 个尺寸值一定要在作画之前确定好，之后可以运用 g.drawString("*", x[i],y[i]);在确定好的位置画星星，大小也可以用已设定好的 size[i]控制，用法为：g.setFont(new Font("",0,size[i]));。

问题的关键在于，x[i]、y[i]和 size[i]的赋值语句放在哪里才能被先执行呢？放在 paint()方法的最前面可以吗？显然不行，因为每重画一次都会重新执行一遍 paint()里的语句，x[i]、y[i]和 size[i]每次都会被重新赋值，星星依然会乱"飞"，大小也依然不确定。所以只能在 paint()方法调用之前就确定好星星的大小和位置。这里介绍一个很特别的方法叫**构造方法**（详见 6.2 节），它会在 paint()方法之前执行。

构造方法比较明显的特点：（1）方法名与类名相同；（2）没有返回类型。如：

```
class Pane extends Panel {
    Pane(){//构造方法
        //方法体
    }
}
```

事实上构造方法在前面已用过多次。例如在创建画板对象的时候使用的就是构造方法，它可以在创建对象时直接调用，如图 6.3 所示。

$$Pane\ p = new\ \boxed{Pane()} \longleftarrow 构造方法$$

图 6.3　构造方法初始化对象

下面把代码放到构造方法里，如下。

```
Pane(){//构造方法
    int[] x=new int[500];//声明横坐标数组 x
    int[] y=new int[500];//声明纵坐标数组 y
    int[] size=new int[500];//声明星星尺寸值的数组 size
    for(int i=0;i<500;i++){
        x[i]=(int)(Math.random()*1440); //500 颗星的横坐标
        y[i]=(int)(Math.random()*900); //500 颗星的纵坐标
        size[i]=(int)(Math.random()*40);//500 颗星的大小
    }
}
```

另外，将 paint()方法中的 g.setFont(**new** Font("",0, (**int**)(Math.*random*()*40)));改为：g.setFont(**new** Font("",0,size[i]));。

将 g.drawString("*",(**int**)(Math.*random*()*1440),(**int**)(Math.*random*()*900));改为：g.drawString("*", x[i],y[i]);。

这时发现程序出现了编译异常，如图 6.4 所示。

```
36      g.setFont(new Font("",0,size[i]));//设置星星的大小
37      g.setColor(new Color((int)(Math.random()*255),
38                            (int)(Math.random()*255),
39                            (int)(Math.random()*255)));
40      g.drawString("*",x[i],y[i]);
```

图 6.4　编译异常

这是因为变量 x、y 和 size 是在构造方法 Pane()中定义的，这种定义在方法内部的变量称为**局部变量**，其作用范围只是这个方法内，不能提供给其他范围的代码使用，所以 paint()方法不"认识"它们。那在 paint()方法里再定义一组 x、y 和 size 呢？可以试一试，想一想为什么不行。

事实上，改进的方法很简单，就是把变量声明语句放在 Pane()外面。

```
int[] x=new int[500];//声明横坐标数组 x
int[] y=new int[500];//声明纵坐标数组 y
int[] size=new int[500];//声明星星尺寸值的数组 size

Pane(){//构造方法
    for(int i=0;i<500;i++){
        x[i]=(int)(Math.random()*1440); //500 颗星星的横坐标
        y[i]=(int)(Math.random()*900); //500 颗星星的纵坐标
        size[i]=(int)(Math.random()*40);//500 颗星星的大小
    }
}
```

变量放在方法外面成为类的成员，作用范围也扩大为整个类，所以 2 个方法里都可以使用它，这样的变量被称为**成员变量**，也叫**域变量**。

运行程序看看效果怎么样。星星开始愉快地"跳舞"了吧！虽然画面还是有些闪烁，但已经很美了。仍然不要着急学习后面的内容，回过头来对前面的代码进行充分的练习，注意循"序"渐进！

6.1.3　流星坠落

前面似乎忘了一件事情，那就是月亮的问题一直没解决。本节将对星空做进一步的改进，让它更接近真实的夜空。本节讲解 3 点：（1）找回月亮，改进画面闪烁；（2）用"✦"替代"*"；（3）流星坠落。

1. 找回月亮，改进画面闪烁

明明画好的月亮为什么在星星一开始闪烁时就看不到了呢？事实上月亮一直在那儿，只是还没来得及画好就切换成下一个画面了，所以一直看不到。因为到目前为止我们一直使用的是 Java 版本升级前所使用的类。这些类由于有缺陷，所以逐渐被新类所取代。但以前有人使用旧类写过代码，为了保证以前的代码也都能正常运行，旧类也不能剔除。从旧类过渡到新类的学习可以帮助我们更深入地了解 Java 及其版本间的更新。

Frame、Panel 等就是旧类，替代它们的新类在类名前加了一个"J"，即 JFrame、JPanel，新类在包 javax.swing 中，因此，需要改变的代码如下。

① 在 import java.awt.*;后面继续导入包：**import javax.swing.*;**。

② 将 Frame f = new Frame(); 改为 **JFrame** f = new **JFrame()**;。

③ 将 **class** Pane **extends** Panel 中的 Panel 改为 **JPanel**。

④ 在 public void paint(Graphics g) {}方法内首行添加 **super.paint(g);**。

完整代码如下。

```java
//星月相伴
import java.awt.*;//导入工具包
import javax.swing.*;//导入新类所在包
class Sky {
    public static void main(String args[]) {
        JFrame f = new JFrame(); // 定义新窗体类的对象
        f.setSize(1440, 900);// 设置窗体大小为整个计算机屏幕的大小

        Pane p = new Pane();// 创建一个新画板类的对象
        f.add(p);// 将画有星星的画板放在窗体中

        f.setVisible(true); // 将窗体显示出来
    }
}

class Pane extends JPanel {// 继承新的画板类
    int[] x = new int[500];// 每颗星星的横坐标
    int[] y = new int[500];// 每颗星星的纵坐标
    int[] size = new int[500];
    Pane(){//构造方法
        for(int i=0;i<500;i++){

            x[i]=(int)(Math.random()*1440);
            y[i]=(int)(Math.random()*900);
            size[i]=(int)(Math.random()*40);
        }
    }
    public void paint(Graphics g) {// 重写 paint()方法
        super.paint(g); //调用父类中的 paint()方法
        setBackground(Color.BLACK);// 设置背景色

        for(int i=0;i<500;i++){//产生 500 颗彩色星星
            g.setFont(new Font("",0,size[i]));//设置星星的尺寸值
            g.setColor(new Color((int)(Math.random()*255),
                        (int)(Math.random()*255),
                        (int)(Math.random()*255)));
            g.drawString("*",x[i],y[i]);
        }

        g.setColor(Color.YELLOW);// 设置月亮的颜色
        g.fillOval(800, 150, 150, 150);
        g.setColor(Color.BLACK);
        g.fillOval(750, 150, 150, 150);

        repaint();
    }
}
```

运行结果如图 6.5 所示。

图 6.5　星月相伴

月亮显示了，画面也不闪烁了，星星的"舞姿"也更优美了，最令人意外的是，窗体右上角的 ████ X ████ 起作用了，困扰这么长时间的窗体关闭问题解决了！至于为什么要添加 super.paint(g);，是因为子类 Pane 中重写了 paint()方法，对父类 JPanel 中的 paint()方法形成了覆盖，因此，父类中的 paint()方法就不起作用了。然而，父类中的 paint()方法还做了很多我们需要的事情，所以用 super 指向父类对象，让父类中的 paint()方法继续起作用（关于 super 的用法可以参看例 3-4）。这里可以试着去掉 super.paint(g);，看看和添加它之后的运行结果有什么不同。

2．用"✦"替代"*"

一般星星的形状很少用"*"表示。之所以一直用"*"，是因为这一符号可以直接从键盘上输入，操作方便。而对于无法直接从键盘上输入的符号"✦"，如何画到画板上呢？接下来解决这个问题。

画星星的方法 drawString("*",x[i],y[i]);中第一个参数是星星的形状，所以可能会想到把"✦"替换"*"：drawString("✦",x[i],y[i]);。遗憾的是，符号✦在代码中显示不出来，替换后的代码相当于：g.drawString("　",x[i],y[i]);。运行程序时会弹出对话框来提示有关编码方式的问题，如图 6.6 所示。

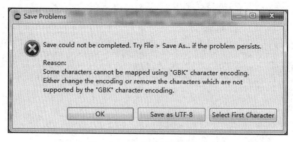

图 6.6　编码方式的更改

这里使用 Save as UTF-8 格式，星星就会变得更真实了，如图 6.7 所示。

不同的操作系统对应的默认编码格式会有差别，这里的符号"✦"是从 Microsoft Word 2010 的"插入"→"符号"→"Wingdings"字体中选择的，如图 6.8 所示。

如果星星符号显示不正确，也可以在网上查找符号"✦"所对应的 ASCII 值，通过类型转换来完成。如"✦"所对应的 ASCII 值是 61610，故也可以用 g.drawString((**char**)61610+"",x[i],y[i]);

来实现。另外，现在的输入法功能都比较齐全，比如单击搜狗输入法的工具箱（见图6.9），可以看到"符号大全"对话框，选择想要展示的符号也可以实现。

图 6.7　更换星星形状后的星空

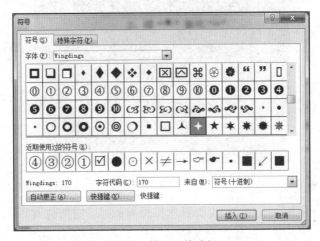

图 6.8　符号✦的选择

图 6.9　搜狗输入法的工具箱和"符号大全"对话框

3. 流星坠落

星空闪烁的效果是通过不断重画界面来实现的。重画界面时星星的位置不变，只有颜色的切换。现在需要实现的是流星坠落的过程，也就是说在界面重画时流星的位置需要连续变化，这样才可以模拟流星的运动。为了区别于其他星星，可以把流星画得特殊一点，比如适当大一点，可以让人感觉到它的移动。

先设置流星的位置和大小：

```
int meteor_x=0;//流星的横坐标
int meteor_y=100;//流星的纵坐标
int meteor_size=70;//流星的大小
```

将流星画到界面上：

```
g.setFont(new Font("",0,meteor_size));//设置流星的大小
g.setColor(Color.yellow);//设置流星的颜色
g.drawString((char)61610+"",meteor_x,meteor_y);//将流星画到相应位置
```

运行结果如图 6.10 所示。

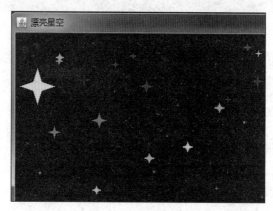

图 6.10　流星的绘制

这里流星的起始位置为(0,100)，由于每次重画界面时，它的位置、颜色、大小等均不变，因此看不到流星坠落的过程。要想流星能坠落，需要将重画的位置做相应变化：

```
g.drawString((char)61610+"",meteor_x++,meteor_y++);//实现流星位置的改变
```

从图 6.11 可以看到流星的坠落过程。

图 6.11　流星坠落

图 6.11　流星坠落（续）

从图 6.11 中可以看出流星位置的变化，最后一张图表明流星已从屏幕中消失在视线之外。事实上还可以同时设置大小的变化来模拟由近及远的视觉效果。

如 g.setFont(**new** Font("",0,meteor_size--));，meteor_size-- 是自减表达式，等同于 meteor_size= meteor_size-1，也就是说每重画一次，流星的大小就减少 1。

另外，上面所模拟的流星只有一颗，从屏幕中消失后就再也看不到了，想要有多颗流星，还可以设定条件再次产生。比如当前一颗流星从屏幕中消失后，在随机位置再产生一颗流星。如：

```
        if(meteor_size>0) {
            g.setFont(new Font("",0,meteor_size--));//设置流星的大小不断减小
        }else {
            meteor_x=(int)(Math.random()*1000);//随机产生的流星的横坐标
            meteor_y=(int)(Math.random()*500);//随机产生的流星的纵坐标
            meteor_size=(int)(Math.random()*100);//新流星的大小
        }
```

为了使星空更加美丽迷人，还可以尝试更换天空颜色、流星运动方式等，这些都可以独立完成。下面附上完整代码，但建议按上面的过程自己先尝试，实在有需要时再参考下面的代码。因为尝试一步步实现自己的想法比获得漂亮的结果更重要。

完整代码如下。

```
/*
*满天星星，眨眨眼睛，美丽流星，装点星空
*/
package test;
import java.awt.*;
import javax.swing.*;

class Sky{
    public static void main(String args[]){
        JFrame f=new JFrame("漂亮星空");
        f.setSize(1440,900);

        Pane mp=new Pane();
        f.add(mp);

        f.setVisible(true);
    }
}
class Pane extends JPanel{
    int[] x=new int[500];//每颗星星的横坐标
```

103

```java
int[] y=new int[500];//每颗星星的纵坐标
int[] size=new int[500];//每颗星星的大小
int meteor_x=0;//流星的横坐标
int meteor_y=100;//流星的纵坐标
int meteor_size=(int)(Math.random()*200);//流星的大小

Pane() {
    for(int i=0;i<500;i++){
        x[i]=(int)(Math.random()*1440);
        y[i]=(int)(Math.random()*900);
        size[i]=(int)(Math.random()*30);
    }
}
public void paint(Graphics g){
    super.paint(g);
    setBackground(new Color(0,0,80));

    for(int i=0;i<500;i++){//产生 500 颗彩色星星
        g.setFont(new Font("",0,size[i]));//设置星星的大小
        g.setColor(new Color((int)(Math.random()*255),
                        (int)(Math.random()*255),
                        (int)(Math.random()*255)));
        g.drawString((char)61610+"",x[i],y[i]); //画"✦"形星星
    }
    //绘制月亮
    g.setColor(Color.yellow);//设置图形的颜色
    g.fillOval(900, 150, 150, 150);//绘制圆形
    g.setColor(new Color(0,0,80));//设置图形的颜色
    g.fillOval(860, 150, 150, 150);//绘制圆形

    //流星
    if(meteor_size>0) {
        g.setFont(new Font("",0,meteor_size--));//设置流星的大小
    }else {
        meteor_x=(int)(Math.random()*1000);//随机产生的流星的横坐标
        meteor_y=(int)(Math.random()*500);//随机产生的流星的纵坐标
        meteor_size=(int)(Math.random()*200);//流星的大小
    }
    g.setColor(Color.yellow);//设置流星的颜色
    g.drawString((char)61610+"",meteor_x++,meteor_y++); //实现流星位置的改变
    repaint();
}
}
```

6.2 项目相关理论知识

为了固定星星的位置，使用了数组、构造方法、变量作用域等理论知识，这些理论知识是保证项目能够顺利完成的基础，下面对这些理论知识进行详细阐述。

6.2.1 数组

数组是一种常用的数据结构，它是一组有序数据的集合。数组中的每个元素具有相同的数据类型，可以用统一的数组名和下标来唯一地确定数组中的元素，数组中的元素可以是基

本数据类型，也可以是类类型，但一个数组中的所有元素的类型必须一致。数组分为一维数组和多维数组，下面分别进行介绍。

1．一维数组

（1）一维数组的声明

声明一维数组有 2 种形式：

```
数据类型 数组名[];
数据类型[] 数组名;
```

其中，数据类型可以为 Java 中任意的数据类型（如 int、char、String 等），数组名为一个合法的标识符（如 x、size、args 等），[]指明变量是一个数组类型变量。例如：int a[];声明了一个整数类型数组，数组中的每个元素都为整数类型数据。

（2）一维数组的创建

值得注意的是，Java 在数组的定义中并不为数组元素分配内存，因此[]中不用指出数组中元素的个数，即数组长度。而且对于如上定义的一个数组，不能访问它的任何元素，使用前必须为它分配内存空间，这时要用到运算符 new，这一过程叫作数组的**创建**或**初始化**。其格式如下：

```
数组名=new 数据类型[数组长度];
```

如 a=new int[10];为一个整数类型数组分配了 10 个 int 型整数所占据的内存空间。通常，这 2 个部分可以合在一起，格式如下：

```
数据类型 数组名[]=new 数据类型[数组长度];
```

其中，数据类型表示数组元素的类型，数组的命名规则跟变量的命名规则一样，[ ]中的数组长度即数组所包含元素的个数。

定义一个数组并用运算符 new 为它分配内存空间后，数组元素就有默认初值了，这时数组元素的值也就可以使用了。数据类型及默认初值如表 6.1 所示。

表 6.1　　　　　　　　　　　　　　　数据类型及默认初值

数据类型	默认初值
整数类型（byte、short、int、long）等	0
单精度浮点类型（float）	0.0f
双精度浮点类型（double）	0.0d
字符类型（char）	'/u0000'
布尔类型（boolean）	false
引用类型（类、接口等）	null
数组	引用类型 null，基本类型为相应值，如： （1）int[] arr;　//未初始化时默认值是 null （2）int[] arr=new int[5];　//默认值为 0

（3）数组元素的引用

数组元素的引用方式为：

```
a [index]
```

其中，index 为数组下标，它可以是整数类型常数或表达式，如 x[3]、y[i]（i 为整数类型）、z[6*i]等。下标从 0 开始，一直到数组的长度减 1。对于上面例子中的 a 数组来说，它有 10 个元素，分别为：　a [0]、a [1]、…、a [9]。

注意，这里没有 a[10]，而且数组下标的范围不能超出 0～9，否则会报错误：ArrayIndexOutOfBoundsException。同时，每个数组都有一个属性 length 指明它的长度，例如，int a.length。

可以在定义数组的同时对数组元素进行初始化。例如：

```
int a[]={1,2,3,4,5};
int a[]=new int[]{1,2,3,4,5};
```

用 "," 分隔数组的各个元素，系统自动为数组分配相应的空间，各元素的类型应与数组的定义类型一致。

【例 6-1】找出数组元素中的最大值

要求：随机生成 10 个 100 以内的整数作为数组元素，找出数组元素中的最大值。

```
//找出数组元素中的最大值
class maxTest {
    public static void main(String[] args) {
        int[] a = new int[10];// 创建数组 a
        for (int i = 0; i < a.length; i++) {
            a[i] = (int) (Math.random() * 100);// 为 a 中每个元素赋随机值
            System.out.print(a[i] + "");// 输出数组元素
        }
        int max = a[0];// 定义中间变量 max 并将第一个元素的值赋给它
        for (int i = 1; i < a.length; i++) // 从第二个元素开始遍历数组
            if (a[i] > max) // 将元素的值与 max 进行比较
                max = a[i];   // max 始终存放较大的数
        System.out.print("\n 数组元素中的最大值为: " + max);
    }
}
```

运行结果如图 6.12 所示。

```
<terminated> Moon (2) [Java Application] D:\ja
40 34 12 62 2 8 6 48 86 80
数组元素中的最大值为：86
```

图 6.12　例 6-1 的运行结果

【例 6-2】数组元素从小到大排序（冒泡法）

```
class order{
    public static void main(String[] args){
        int[] a={1,200,5,0,-5,9,12,65,14,-86};//定义数组 a 并进行初始化
        int d;//定义中间变量 d
        for(int i=0;i<a.length-1;i++){//遍历第一个元素到倒数第二个元素
            for(int j=i;j>=0;j--){
                if(a[j]>a[j+1]){//相邻数据进行比较，大数在前则交换数据
                    d=a[j];
                    a[j]=a[j+1];
                    a[j+1]=d;
                }
            }
        }
        for(int i=0;i<a.length;i++){//遍历整个数组，输出排序后的数组
            System.out.print(a[i]+"");
        }
    }
}
```

运行结果如图 6.13 所示。

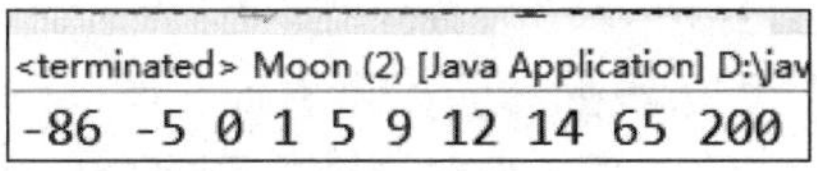

```
<terminated> Moon (2) [Java Application] D:\jav
-86 -5 0 1 5 9 12 14 65 200
```

图 6.13 例 6-2 的运行结果

冒泡法排序的思想是，将数组中的数据两两进行比较，当大数在前、小数在后时交换两个数的顺序，直到大数沉底，小数冒出。交换的过程需要中间变量进行过渡，这个问题理解起来很简单。假如 2 个瓶子里都装满了液体，想把 2 个瓶子里的液体互换怎么办？当然是借用第三方容器，也就是中间变量。接下来把第一个瓶子里的液体倒入第三方容器（d=a[j];），将第二个瓶子里的液体倒入空瓶子（a[j]=a[j+1];），再把第三方容器里的液体倒回来（a[j+1]=d;），交换就完成了。使用数组时特别要注意的是数组下标不能越界，一定要控制在合法范围内。

2. 多维数组

在工作和学习中，要使用的二维表格、矩阵、行列式等，都可以表示成多维数组。多维数组就是有多个下标的数组，即数组的数组。例如，二维数组的元素是一维数组。在 Java 程序中，可以有三维数组、四维数组等。以下以二维数组为例说明多维数组声明、创建和引用的方法。

（1）二维数组的声明

声明二维数组的一般形式有以下 3 种：

```
数据类型 数组名[][];
数据类型[][] 数组名;
数据类型[] 数组名[];
```

例如，int arrayName[][];、int[][] arrayName;、int[] arrayName [];均可声明名为 arrayName 的数组。采用类似的代码可以声明多维数组。

与一维数组一样，这时也没有为数组元素分配内存空间，同样要使用 new 运算符来分配内存，然后才可以访问每一个元素。

（2）二维数组的创建

对于二维数组来说，分配内存空间有多种方法。

① 直接为每一维分配空间，如：

```
int a[][]= new int[2][3];
```

② 从最高维开始，分别为每一维元素分配空间，如：

```
int a[][]= new int[2][];
a[0]=new int[2];
a[1]=new int[3];
```

注意以上 2 种方法的不同，前一种会构成一个 2 行 3 列的矩阵，每行都有 3 个元素。而后一种则会定义一个不规则矩阵，行数仍为 2，但第一行共有 2 个元素，第二行有 3 个元素，这是 Java 与其他语言有区别的地方，它允许每一行的长度不同。

③ 直接赋值创建，如：

```
int arr [][] = {{5,6,7},{8,9,10,11},{2,9}};
int[][] b=new int[][]{{1,2,3},{4,5}};
```

这种定义方式不用指定每一维的长度，直接为每个元素都赋值。

（3）数组元素的引用

二维数组元素的引用方式是：

```
数组名[index1][index2]
```

其中 index1 是第一维元素的下标，index2 是第二维元素的下标。例如：对上述 arr 数组，arr [0][0]=5，arr [1][2]=10，arr[2][0]=2。

注意：数组名[index1]为二维数组的元素，它本质上是一个一维数组，因此数组名.length 与数组名[index1].length 含义不同。如：arr.length=3、arr[1].length=4。arr.length 表示数组 arr 中元素的个数，即包含几个一维数组；arr[1].length 则是指 arr 中第二行元素的个数，即包含几个整数类型数据。

3．对象数组

在前面已经提到，数组元素的类型可以是基本数据类型，也可以是类类型，因此可以使用数组来包含一系列的对象。假定有一个类 People，可以用如下方式创建一个对象数组。

```
People[] person=new People[100];
```

需要注意的是，这样只是声明并创建了一个对象数组，数组的元素类型为 People，元素的值为 null，此时元素并没有被实际创建。也就是说，person[0],person[1],…,person[99]具体指谁并不清楚，因此需要给每个元素创建具体的实体对象，即：

```
for (int i=0; i<100; i++)
        person[i]=new People();
```

事实上，我们对对象数组并不陌生，主方法的参数 String args[]就是元素为 String 型的对象数组。String 就是字符串，在后续学习中详细讲解。

6.2.2 构造方法

构造方法是类中的一个特殊成员，每个类都有构造方法，它用来完成通过类创建对象需要的初始化工作。类不同，通过类所创建的对象就有区别，比如一辆车和一个人，车有车的特点，人有人的特征，2 个对象从诞生时就拥有不同的状态。因此，每个类都需要定义适合自己的构造方法。

1．构造方法的定义

Java 给每个类都定义了一个默认的构造方法，让每个对象都能够拥有一个默认的初始状态。但是，很多时候 Java 默认的初始状态并不合适，这时就需要自定义构造方法，以确保每个对象都有合适的初始状态。当然，一旦类拥有了自定义的构造方法，默认的构造方法就没有存在的必要了，这时系统默认的构造方法就消失了。

构造方法的特点：（1）方法名与类名相同；（2）没有返回类型。
有以上 2 个特点的方法定义都会被编译器认为是类的构造方法。

（1）默认构造方法

如果一个类没有自定义构造方法，则它拥有一个默认的无参数、方法体为空的构造方法，形式相当于：

```
类名(){ }
```

注意：一旦定义好了一个类，上述默认形式的构造方法就会存在，如果对上述构造方法进行了显式声明，即使其形式同系统默认的构造方法相同，其本质也不再是默认构造方法。如：

```
class 类名{
    类名(){ //自定义构造方法
    }
}
```

（2）自定义构造方法

除了默认构造方法外，在类中显式定义的构造方法都是自定义构造方法。一个类中可以定义多个构造方法，它们都有构造方法的特点，即方法名与类名相同，且没有返回类型。如：

```
class 类名{
    [修饰符] 类名(){     //无参构造方法
        方法体；
    }
    [修饰符] 类名(参数列表){     //带参构造方法
        方法体；
    }
    [修饰符] 类名(参数列表){     //带参构造方法
        方法体；
    }
    …
}
```

上面的类中定义了多个构造方法，第一个为无参构造方法，后面的均为带参构造方法。由于修饰符是可选的，类名是固定的，因此构造方法之间只有通过不同的参数列表来进行区分，包括参数的个数、类型、顺序等。这种在同一个类中定义多个同名方法，只通过参数列表来区分的方式称作方法的**重载**。

【例6-3】方法的重载

```
class People {
    //构造方法的重载
    People(){
        System.out.println("无参构造方法");
    }
    People(String name){
        System.out.println("带参构造方法1");
    }
    People(String name,int sex){
        System.out.println("带参构造方法2");
    }

    //一般的成员方法的重载
    void People() {
        System.out.println("成员方法");
    }
    void People(String name) {
        System.out.println("重载的成员方法");
    }
}
```

构造方法与一般的成员方法都可以重载。例6-3共定义了5个与类名相同的方法，其中前3个都是构造方法，构成了构造方法的重载；后2个由于定义了返回类型void，因此不再有构造方法的特点，构成了一般的成员方法的重载。

2．构造方法的隐式调用

构造方法是用来完成类对象创建的初始化工作的，一般不直接调用，构造方法的隐式调用是指系统会在类对象创建时自动调用构造方法，这也是构造方法会先于其他方法执行的原因，如图6.14所示。

图6.14 类对象创建

109

类对象创建时，利用运算符 new 在内存中开辟专用空间，存放指定的类的实例（即对象），这时会自动执行类的构造方法，初始化新对象的成员变量，以保证新对象的各成员变量有合法、确定的数值。当然，这里的构造方法一定是类中所定义的构造方法，否则会引起语法错误，如下所示。

```
class People{
    People(String name){}  //定义带 String 参数的构造方法
    public static void main(String args[]){
        People Jack = new People();  //调用无参构造方法进行对象初始化
    }
}
```

3. 构造方法的显式调用

多个构造方法之间可以互相调用，但这时的调用方式不再是隐式调用，而是通过 this()或 super()显式调用。其中，同类中构造方法之间的调用用 this()，super()则用于调用其直接父类的构造方法。需要特别注意的是，调用语句须放在整个构造方法的**第一条**可执行语句的位置。

【例 6-4】构造方法的相互调用

```
class People {
    //构造方法的重载
    People(){
        this("Lusi");  //调用带 String 型参数的构造方法
        System.out.println("无参构造方法");
    }
    People(String name){
        this("Rose",0);  //调用带 String、int 型参数的构造方法
        System.out.println("带参构造方法 1");
    }
    People(String name,int sex){
        System.out.println("带参构造方法 2");
    }
    public static void main(String args[]){
        People Jack = new People();  //调用无参构造方法进行对象初始化
    }
}
```

程序的运行结果如图 6.15 所示。

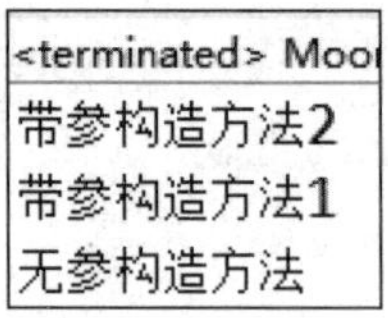

```
<terminated> Moo
带参构造方法2
带参构造方法1
无参构造方法
```

图 6.15　例 6-4 的运行结果

例 6-4 中调用了 3 次构造方法，其中在主方法 main()中通过创建对象 Jack 的方式自动调用了无参构造方法 People()，另外通过 this("Lusi");、 this("Rose",0);分别显式调用了其余 2 个带参构造方法。

首先，程序从主方法进入，执行对象创建语句 People Jack = new People();，通过 new 运算符引起 People()方法的调用。People()方法内共有 2 条语句，第一条为 this("Lusi");，也就是要调用带一个 String 型参数的构造方法，执行完其内部语句后再执行第二条语句

System.***out***.println("无参构造方法");。同理，在构造方法 People(String name)中也有 2 条语句，程序也会顺序执行这 2 条语句，直至全部执行完毕后程序才能结束。

【例 6-5】 用 super()调用父类构造方法

```
class People {
    People(){
        System.out.println("父类构造方法");
    }
}

class Student extends People{
    Student(){
        super(); // 显式调用父类构造方法
        System.out.println("子类构造方法");
    }
    public static void main(String args[]){
        Student Jack = new Student();  //自动调用无参构造方法
    }
}
```

程序的运行结果如图 6.16 所示。

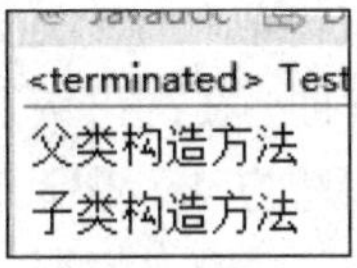

图 6.16　例 6-5 的运行结果

例 6-5 是继承关系下构造方法的相互调用，子类显式调用父类构造方法需要使用 super 关键字。程序中共调用了 2 次构造方法：一次是自动调用子类 Student 的无参构造方法，以便于 Jack 对象的初始化；另一次则是在子类构造方法中用 super()显式调用父类构造方法。

如果将例 6-5 中 super();语句去掉，也就是不显式调用父类构造方法，程序更改结果如下。

【例 6-6】 父类构造方法的隐式调用

```
class People {
    People(){
        System.out.println("父类构造方法");
    }
}

class Student extends People{
    Student(){
        System.out.println("子类构造方法");
    }
    public static void main(String args[]){
        Student Jack = new Student();  //调用无参构造方法进行对象初始化
    }
}
```

运行程序并将其结果与例 6-5 的运行结果进行对照，会发现运行结果没有任何改变。在没有显式调用父类构造方法时，该方法也被自动执行了。试着继续更改例 6-6 的代码，将父类构造方法更改为带参构造方法：

```
People(String name){
    System.out.println("父类构造方法");
}
```

这时会发现程序报了语法错误，要求在父类中明确定义另一无参构造方法 People()，如图 6.17 所示。

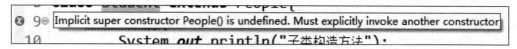

图 6.17　无法初始化子类对象的错误提示

此时修改程序错误的方法有 3 种。

（1）将父类中的构造方法去掉，不定义任何构造方法。

（2）在子类构造方法中显式添加 super("tom");，其中参数 tom 仅仅是示例，任一字符串均可。

（3）在父类中添加无参构造方法 People()的定义。

以上修改方法均可以使程序不再报错，但如此修改的原因是什么呢？例 6-6 的运行结果又怎么解释呢？

从前面的讲解可以知道，构造方法的作用是使类对象在创建时就拥有初始状态。在继承关系下，子类继承自父类，子类对象首先是一个父类对象（比如，手机类继承自电子产品类，那么一部手机首先须具备电子产品的特征，其次再谈及更为具体的手机的特征）。因此在创建子类对象时，Java 会首先调用父类的构造方法，保证对象先具备父类的初始状态，再执行子类的构造方法。

父类构造方法的调用也分为显式调用和隐式调用 2 种。显式调用如例 6-5 所示，将 super 语句作为子类构造方法里的第一条语句。隐式调用则是在创建子类对象时自动调用。创建子类对象时，系统会首先执行父类无参构造方法，其次执行子类相应的构造方法，例 6-6 的运行结果可以说明这一点。这里需要说明的是，父类带参构造方法不会被自动调用，如果父类中只定义了带参构造方法，那么在创建子类对象时没办法将其先初始化为父类对象，所以程序会报错（见图 6.17）。在修改图 6.17 所示的程序错误的 3 种方法中，第（2）种通过显式调用的方式保证对象的初始化，第（3）种通过添加父类无参构造方法，保证隐式调用的顺利完成，而第（1）种则通过系统提供的默认构造方法来完成隐式调用，因为默认构造方法本身就是无参构造方法。

4．构造方法的调用顺序

（1）组合

继承是 2 个类之间的一种非常重要的关系，是实现代码重用的重要手段。但由于 Java 只允许单继承，因而在使用时需要特别注意类的层次结构，在使用之前须先弄清楚父类代码的实现细节。然而，这样会对数据的完整性和安全性构成威胁，也不利于程序的维护和扩展。相对而言，组合既安全又可以实现代码的重复利用，是一种比较好的替代方式。

组合是指在新类中创建原有类的对象，或者将其他类对象作为自己的类成员。如：

```
class Computer{}
class Person{
    Computer c = new Computer();
}
```

类 Computer 与 Person 构成了组合关系，Computer 类中定义的变量或方法可以通过对象名 c 进行调用。

在不清楚类的层次关系时，用组合比用继承安全。

（2）构造方法的调用顺序

【例 6-7】组合关系下对象初始化顺序

```
class guest {
    public guest() {  //构造方法
        System.out.println("Hello!");
    }
}
class dad {
    guest g = new guest(); //将 guest 类对象作为本类成员
    public dad() { //构造方法
        System.out.println("This is dad.");
    }
    public static void main(String[] args) {
        dad d = new dad(); //创建本类对象
    }
}
```

例 6-7 中定义了 2 个类，分别是 guest 和 dad，在 dad 类中包含 guest 类的对象，使 2 个类构成了组合关系。主方法中仅包含一条语句 dad d = new dad();，由前面构造方法的学习可以知道，在创建对象 d 时会自动调用构造方法 dad()进行初始化，也就是说程序会输出：This is dad.。然而，运行程序会发现运行结果如图 6.18 所示。

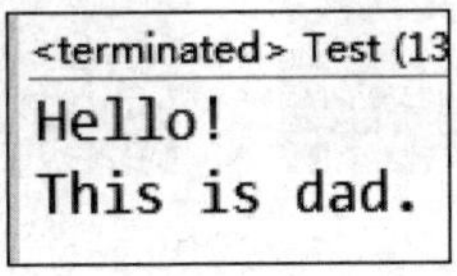

```
<terminated> Test (13
Hello!
This is dad.
```

图 6.18　例 6-7 的运行结果

这个结果令人感到意外，下面我们来分析原因。

Java 程序由一个个类构成，对象是通过类来构造的。因此，类定义在先，构造对象在后，在构造对象之前类的各个成员变量或方法已经存在。在例 6-7 中，变量 g 是 dad 类的成员，guest 是 g 的类型，new guest()是 g 的值（类似于 int i=1;中 int 是变量 i 的类型，1 是它的值），g 的值也就是 g 所指向的对象实体，new 会引起 guest()构造方法的调用。也就是说，在对象 d 创建之前，对象 g 已经存在了，所以 guest()方法会先执行。

【例 6-8】继承与组合关系下构造方法的调用顺序

```
class guest {
    public guest() {  //构造方法
        System.out.println("Hello!");
    }
}
class dad {
    guest g = new guest(); //将 guest 类对象作为本类成员
    public dad() { //构造方法
        System.out.println("This is dad.");
    }
}
class son extends dad {
    guest g = new guest(); //将 guest 类对象作为本类成员
```

```
    public son() { //构造方法
        System.out.println("This is son.");
    }
    public static void main(String[] args) {
        son d = new son(); //创建本类对象
    }
}
```

运行结果如图 6.19 所示。

```
<terminated> Test (13
Hello!
This is dad.
Hello!
This is son.
```

图 6.19　例 6-8 的运行结果

主方法中虽然只有创建子类对象的一条语句，但在初始化子类对象的时候不仅要考虑类之间的组合关系（见例 6-7），还要考虑类的继承关系，这些都会影响对象的初始化过程。简单来说，构造方法的执行顺序如图 6.20 所示。

父类成员对象的构造方法 → 父类无参构造方法 → 子类成员对象的构造方法 → 子类相应构造方法

图 6.20　构造方法的执行顺序

按照上面的执行顺序，例 6-8 中构造方法的执行过程为 guest()→dad()→guest()→son()。如果 dad 类还有父类，那么会在现有执行顺序的前面先执行父类成员的构造方法（如果父类中有成员对象的话）、父类无参构造方法。

【例 6-9】继承与组合关系下含有静态代码时构造方法的调用顺序

```
class guest {
    public guest() { //构造方法
        System.out.println("Hello!");
    }
}
class dad {
    guest g = new guest(); //将 guest 类对象作为本类成员
    public dad() { //构造方法
        System.out.println("This is dad.");
    }
}
class son extends dad {
    static { //静态代码
        guest g = new guest();
        System.out.println("我是静态代码");
    }
    public son() { //构造方法
        System.out.println("This is son.");
    }
```

```
public static void main(String[] args) {
    son d1 = new son(); //创建本类对象 d1
    son d2 = new son(); //创建本类对象 d2
}
}
```

与例 6-8 不同的是，例 6-9 在 son 类中添加了静态代码，并在主方法中创建了 2 个 son 类对象。程序的运行结果如图 6.21 所示。

图 6.21　例 6-9 的运行结果

添加的静态代码成为类成员，它独立于任何对象，执行过程优先于所有对象。而且由于静态代码与对象无关，因此无论创建多少个对象它都只执行一次。运行结果中前 2 行是静态代码的执行结果，中间 3 行是创建对象 d1 的执行结果，后 3 行是创建对象 d2 的执行结果。创建对象 d1、d2 时依照图 6.20 所示的构造方法的执行顺序。

综上所述，构造方法在调用时应遵循"顺序礼让原则"和"静态一次原则"。所谓顺序礼让是指先人后己，先"长"后"幼"，先静后动；静态一次是指静态代码只执行一次，与创建对象的多少无关。

6.2.3　变量与变量值的传递

Java 中的数据类型分为基本数据类型和引用数据类型。基本数据类型也称为简单数据类型，包括 char、byte、short、int、long、float、double、boolean 8 种，引用数据类型就是对对象的引用，包括类、接口和数组等。这两种数据类型最大的不同在于变量和变量所表示的值的关系。对于基本数据类型而言，变量的值就是所赋的数据；而引用数据类型则不同，变量所存放的是地址，对象的实体保存在这个地址里。

1．变量的作用域

变量除了可以作为类的成员变量（即域变量），还可以定义在方法中成为局部变量。在本章的项目中，变量 x、y、size 如果定义在 Pane() 方法中，那么在 paint() 方法中就不能使用。将它们放在方法外，成为类的成员变量，则整个类中都可以使用它们，这就是域变量与局部变量在作用域上的不同。

域变量与局部变量的区别如下。

（1）域变量的作用域为其定义之后的整个类；而局部变量的作用域只是其所在的方法内。

（2）域变量作为类的组成部分，可以被访问控制符和 static、final 等修饰符所修饰；而局部变量不能在方法之外的地方使用，因此没有访问控制的必要，不能被访问控制符所修饰。同样，static 是对域变量的一种存在形式的声明，也不能用在局部变量上。

（3）域变量随着对象的创建而创建，跟随对象的回收而被销毁；局部变量只在方法调用时被创建，在方法调用结束后即被销毁。

（4）域变量拥有默认初值（数值类型默认值为 0，boolean 型默认值为 false，引用类型默认值为 null）；而局部变量则没有默认初值，必须在使用前显式赋初值。

【例 6-10】域变量与局部变量示例

```java
class Test {
    int fieldValue; //域变量

    void test(){
        int localValue; //局部变量
        System.out.println("fieldValue="+fieldValue);
        System.out.println("localValue="+localValue);
    }
    public static void main(String[] args) {
        Test t=new Test();
        t.test();
    }
}
```

程序会出现局部变量 localValue 未被初始化的错误提示，如图 6.22 所示。

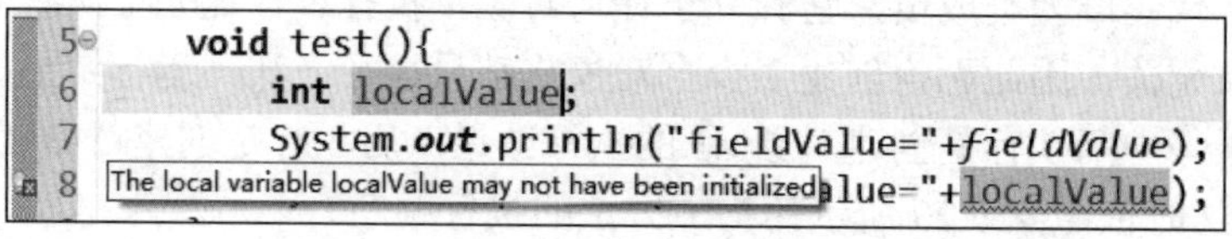

图 6.22　局部变量未被初始化的错误提示

需要指出的是，虽然域变量会有默认初值，但为了不造成理解的混淆，在编程时尽量不要依赖这种默认值，尽量显式地加上赋初值的代码。

2. static 变量值的访问

静态成员被类的所有对象共享，任何一个对象访问静态成员都是在访问同一个内存空间。

【例 6-11】静态变量的访问

```java
class StaticTest {
    static int staticValue=0; //静态变量
    int normalValue=0;  // 非静态变量
    StaticTest(){
        staticValue ++;
        normalValue ++;
    }
    public static void main(String[] args) {
        StaticTest t1=new StaticTest();
        StaticTest t2=new StaticTest();
        System.out.println("t1.staticValue ="+t1.staticValue +",t1.normalValue ="+t1.normalValue);
        System.out.println("t2.staticValue ="+t2.staticValue+",t2.normal="+t2.normalValue);
        System.out.println("Test.staticValue ="+StaticTest.staticValue);
    }
}
```

运行结果如图 6.23 所示。

```
<terminated> Test (14) [Java Application] D:\java\bin\javaw.exe
t1.staticValue =2,t1.normalValue =1
t2.staticValue =2,t2.normalValue=1
Test.staticValue =2
```

图 6.23 例 6-11 的运行结果

以上程序中创建了 2 个对象 t1、t2，在构造方法中分别对静态变量 staticValue 和非静态变量 normalValue 进行了值的改变。从运行结果来看，静态变量无论是用类对象来访问，还是用类名直接访问，得到的值均为 2，这也体现了静态变量与对象无关的特性，任何对象访问它都操作的是同一个内存空间。非静态变量 normalValue 则与对象有关，每个对象操作的是各自的内存空间。

3．变量值的传递与返回

在调用带参数的方法时，需要进行参数的传递；如果方法返回类型不是 void，那么要进行值的返回。这些在 Java 中都遵循的是值传递规则。变量的值与其数据类型有关，如果是基本数据类型，其值为所赋的数据，值传递或返回的就是该数据；如果是引用数据类型，那么它的值为地址，在值传递或返回时传递的都是地址。下面举例说明。

【例 6-12】基本数据类型变量值的传递与返回

```
class ValueTransfer {
    public int add(int i, int j) { //形参 i、j
        System.out.println("传递的 2 个参数为: "+i+","+j);
        i++;
        j++;
        return i + j; //值的返回
    }

    public static void main(String[] args) {
        ValueTransfer tr = new ValueTransfer();
        int a=6,b=9;
        System.out.println("add()方法返回的和为: "+tr.add(a,b)); //实参 a、b
        System.out.println("a 和 b 的值为: "+a+","+b);
    }
}
```

运行结果如图 6.24 所示。

```
<terminated> Test (14) [Java A
传递的2个参数为：6,9
add()方法返回的和为：17
a和b的值为：6,9
```

图 6.24 例 6-12 的运行结果

通过 add()方法的参数将 a、b 的值传递给 i、j，这里 a、b 被称为实际参数（简称实参），i、j 被称为形式参数（简称形参）。i、j 经过自加运算后将和返回给调用 add()方法的地方，因此返回的和为 17（7+10）。而需要注意的是，形参 i、j 的值改变后不会再传给实参 a、b，因此不会影响实参 a 和 b 的值。

【例 6-13】 引用数据类型变量值的传递与返回

```
class ValueTransfer {
    public void add(int[] b) { //形参 b 接收实参 a 传入的值
        System.out.print("\n 参数数组 b 的值为: ");
        for(int i=0;i<b.length;i++) {
            b[i]=i+1; //对形参 b 的元素值进行改变
            System.out.print(b[i]+"");
        }
    }

    public static void main(String[] args) {
        ValueTransfer tr = new ValueTransfer();
        int[] a = new int[5]; //定义一个包含 5 个元素的数组

        System.out.print("原始数组 a 的值为: ");
        for(int i=0;i<a.length;i++) {
            a[i]=i; //给数组 a 的每个元素赋值
            System.out.print(a[i]+"");
        }

        tr.add(a); //调用 add()方法，将实参 a 的值传给形参

        System.out.print("\n 调用 add()方法后数组 a 的值为: ");
        for(int i=0;i<a.length;i++) {
            System.out.print(a[i]+""); //输出数组 a 的元素值
        }
    }
}
```

运行结果如图 6.25 所示。

图 6.25　例 6-13 的运行结果

与例 6-12 相同，本例中也并没有将参数 b 的值再传回给 a 的语句，但是在调用 add()方法前后，数组 a 的值发生了变化。这是因为数组 a 在传值给数组 b 的时候，传递的不是数组元素的值，而是数组存放的地址。换句话说，数组 a 和数组 b 都指向同一个内存空间。因此，无论 a 还是 b 对内存空间进行操作，都会改变内部所存放的值。

小结

本章的项目模拟了星星闪烁和流星坠落的景象，使星空变得活泼灵动，更接近真实的星空。为使读者能够知其然并知其所以然，本章围绕项目中用到的数组、构造方法、变量与变

量值的传递等诸多基础知识进行了全面详尽的阐述。其中包括一维数组、多维数组及对象数组的定义和使用，构造方法的隐式和显式调用，在不同情况下构造方法的调用顺序，域变量与局部变量的使用，变量值的传递与返回，等等。本章内容丰富、由浅入深，大量实例便于读者边学边练，通过直观、清晰的认识和体验引发读者探究的好奇心，在循序渐进中逐步形成编程思维，提升编程能力。

习题

1. 每个类都定义有（ ），以便初始化其成员变量。
   A. 方法　　　　　　　　　 B. main()方法
   C. 构造方法　　　　　　　 D. 对象
2. 输出一个整数数组中最大和最小的元素、平均值以及所有元素的和。
3. 公司给员工发工资，定义一个员工类，使用无参的构造方法输出一般员工的工资为2000，使用带参数的构造方法输出经理的工资为4000、董事长的工资为8000。最后定义主方法进行测试。
4. 写出下列程序的运行结果并说明理由。

```
class meth{
    public meth(){
    System.out.println("222");
    }
    public meth(int i){
        System.out.println("111");
    }
}
class method extends meth{
    public method(int i){
        super(1);
        System.out.println("333");
    }
    public static void main(String args[]){
        method m=new method(1);
    }
}
```

去掉程序中的语句 super(1);，程序是否会产生错误？为什么？
5. 写出下列程序的运行结果并说明理由。

```
public class Test{
    int i=3; //域变量i
    Test(){}
    Test(int i){//参变量i
        i+=5;
        System.out.println(i);
    }
    public static void main(String args[]){
        int i=10;//局部变量i
        Test value=new Test (i);

        System.out.println(i);
```

```
        System.out.println(value.i);
    }
}
```

6. 运行下列程序并说明出现相应运行结果的原因。

```
class B extends A{
    A b=new A(2);
    static A b1=new A(1);
    static{System.out.println(b1.k);}

    public B(String s){System.out.println("java");}
    public B(int i){this();System.out.println("123");}
    public B(){this("my");System.out.println("aaa");}

    public static void main(String[] args){
        B a=new B(2);
    }
}
class A{
    int k=100;
    public A(){System.out.println("www");}
    public A(int i){System.out.println(i);}
}
```

7. 思考：能否根据流星坠落项目来模拟其他动画效果呢？比如整个月食过程，或雪花漫天飞舞，或星空下的漫步，等等，尝试创作属于自己的个性化作品吧。

第 **7** 章 不妆空散粉，无树独飘花——异常处理

灵动的星空可活跃思维，活跃的思维又可为新的创作带来无限可能。既然流星坠落过程可以模拟，那么雨滴下落呢？大雪纷飞呢？这些当然也可以模拟，甚至可以改变移动方向，模拟太阳的东升西落，青烟袅袅，水花四溅，田野漫步……本章将在流星坠落项目的基础上进一步深入，模拟大雪纷飞的场景，体会《沁园春·雪》中"北国风光，千里冰封，万里雪飘"的意境。

7.1 大雪纷飞

在流星坠落项目中，流星稍纵即逝，移动的速度很快。如果用同样的方法模拟大雪纷飞的场景，就显得过于不真实，像是按了快进键一般。因此，如何让雪花优雅地下落则是本章项目需要关注的。

项目目标： 模拟"大雪纷飞"的场景。

设计思路： 首先，画一片雪花并让其下落。其次，控制雪花的下落速度，让其"优雅"地飘扬。最后，实现大雪纷飞。

虽说机会总是留给有准备的人的，但如果总是等到准备好了再出发往往会失去很多机会。在现有的基础上，能做什么就做点什么，心中放着最终的目标就好，项目会在这个过程中慢慢完善。与流星坠落项目相似的是，可以将一颗流星的坠落直接转换成一片雪花的下落。因此，项目可以从这里开始。

7.1.1 一片雪花的下落

画一片雪花与绘制一颗星星的方法是一样的，而且雪花一般是六角形的，所以可以直接用"*"来表示。这里要注意，由于雪花是白色的，而窗体或画板的默认背景色也是白色，因此需要重新设置背景色。可以设置背景色为黑色或灰色，以接近真实自然的雪天场景。

请回忆作画的步骤自行完成一片雪花的绘制，无论能否成功都不要紧。因为重要的是通过这种方式了解自己，知道自己掌握了什么、未掌握什么知识，面对问题时有没有勇气，敢不敢尝试独立完成，有没有想方设法战胜困难的决心和勇气等，这些才是真正需要学习的东西。至于知识和技术，当一个人真正着手解决问题时自然而然会查找资料学习。当问题被成功解决时，所获取到的知识和技术比单纯学书本知识要扎实得多。

经过尝试，相信你可以成功绘制出一片雪花，下面来模拟雪花的下落。

雪花下落可以参照流星坠落，由于雪花下落的过程是通过改变"*"的坐标来模拟的，因此在绘制一片雪花时坐标尽量用变量保存。即 g.drawString("*", x,y);，其中 x、y 分别是"*"的横、纵坐标，在使用之前需要被定义和赋值。请检查代码，用 g.drawString("*", 100,100);当然也可以绘制一片雪花，但是(100,100)是常量坐标，位置固定，没办法模拟雪花的下落过程。

一片雪花下落的代码如下。

```
/*
 *一片雪花下落
 */
import java.awt.*;//导入绘图包 awt
import javax.swing.*;//导入绘图包 swing

class Snow{
        public static void main(String args[]){
        JFrame f=new JFrame("雪"); //绘图窗体的定义
        f.setSize(1440,900);  //设置窗体大小

        Pane mp=new Pane();  //用来画雪花的画板
        f.add(mp);  //将画板放到窗体中

        f.setVisible(true); //设置窗体可见性
    }
}
class Pane extends JPanel{
    int x=100;  //定义雪花的初始横坐标
    int y=100;  //定义雪花的初始纵坐标
    public void paint(Graphics g){
        super.paint(g);//调用父类中的 paint()方法
        setBackground(Color.BLACK);       //设置画板背景色为黑色
        g.setColor(Color.WHITE);  //设置雪花的颜色为白色
        g.setFont(new Font(null,0,30));  //设置雪花的大小
        g.drawString("*", x, y++);  //在(x,y++)的位置绘制雪花
        repaint(); //重新调用 paint()方法
    }
}
```

运行后可以看到一片雪花垂直落下，像雨滴一样，没有飘扬的感觉。这主要是因为控制雪花下落时横坐标 x 的值没有改变，只让 y 值增加。试着改变雪花的运动方向，让其在整体下落的过程中有左右方向的移动。可以自己想办法实现，参考别人的思路会禁锢思维，久而久之会影响创造力。**不要害怕在一个"小"问题上花时间，最终结果能否实现并不是很重要，思考和琢磨的过程才是更可贵的，那是一个人成长的必经之路。**

在实现雪花向右下或左下方向移动时，很自然会想到用{x++;y++;}和{x--;y++;}这样的语句。由于左右移动的幅度不宜过大，因此可以将 x 的值限定在某个范围之内。假设限定为 50～150，开始时让雪花向右下方下落，即{x++;y++;}；当 x 的值大于 150 时让雪花向左下方下落，即{x--;y++;}，以这样的方式来模拟雪花在下落的同时左右移动。将下面的 if-else 语句嵌入上述代码中。

```
…
g.setFont(new Font(null,0,30));  //设置雪花的大小
if(x>=50&&x<=150) {  //当 x 大于等于 50 且小于等于 150 时
    x++;
```

```
    y++;
}
if(x>150||x<50) {  //当 x 大于 150 或小于 50 时
    x--;
    y++;
}
g.drawString("*", x, y);  //在 x,y 的位置绘制雪花
...
```

看到雪花左右移动了吗？遗憾的是，雪花在向右下方下落了一段时间之后就直接向下落了，没有向左下方下落。为什么呢？分析一下结果产生的原因。x 的初始值是 100，满足 x 大于等于 50 且小于等于 150 的条件，因此当 x 没自加到 150 时会一直执行{x++;y++}，雪花会向右下方下落。而当 x=151 时，满足 x 大于 150 的条件，因此执行一次{x--;y++}，这时 x 变为 150。而此时又满足了 x 大于等于 50 且小于等于 150 的条件，于是又执行{x++;y++}，x 又会自加为 151，此后 x 的值会一直在 150 和 151 两个值之间切换。也就是说，雪花实际是在不断左右移动的，但由于 1 个像素太小了，所以给人的视觉效果是雪花直接垂直下落了。而 if 条件中的 x<50 始终是不满足的。

花点时间尝试一下如何改进代码，不要着急看下面的内容。

上面我们用 50 和 150 两个边界值来作为判断条件，当雪花的横坐标 x 达到某个值时会改变下落方式，但是一旦改变，边界值判断条件就不满足了，雪花又会恢复原来的下落方式，所以造成了上面的情况。那么，能不能采用一种跟边界值无关的判断条件，让雪花的下落姿态稳定下来呢？在程序设计过程中，常常会在逻辑遇到困难时通过增加变量来解决问题，下面增加一个状态变量 flag。当 flag=0 时雪花向右下方下落，flag=1 时雪花向左下方下落，flag=2 时雪花垂直下落。为了模拟雪花朝不同方向下落的情景，所以 flag 的值可以采用随机值。

```
int flag=(int)(Math.random()*2); //定义一个取 0、1、2 随机值的状态变量
if(flag==0) { //向右下方下落
    x++;
    y++;
}
if(flag==1) { //向左下方下落
    x--;
    y++;
}
if(flag==2) { //垂直下落
    y++;
}
```

将上述代码直接嵌入 paint()方法中，可以看到雪花的下落方向确实进行了改变，模拟效果更为真实了。

另外，需要注意的是，上述将代码嵌入 paint()方法中的方式虽然可以解决问题，但 paint()方法越来越长，可读性不好，以后维护起来也不太方便。因此，可以单独定义一个状态改变方法，将有关状态改变的代码独立出来，paint()方法中只调用这一方法就可以了。

```
class Pane extends JPanel{
    int x=100;  //定义雪花的初始横坐标
    int y=100;  //定义雪花的初始纵坐标
    int flag; //声明状态变量
    void stateChange() { //定义状态改变方法
        flag=(int)(Math.random()*2);//对状态变量赋随机值 0、1、2
```

```
    if(flag==0) { //向右下方下落
        x++;
        y++;
    }
    if(flag==1) { //向左下方下落
        x--;
        y++;
    }
    if(flag==2) { //垂直下落
        y++;
    }
}
public void paint(Graphics g){
    super.paint(g);    //调用父类中的paint()方法
    setBackground(Color.BLACK);      //设置画板背景色为黑色
    g.setColor(Color.WHITE);  //设置雪花的颜色为白色
    g.setFont(new Font(null,0,30));  //设置雪花的大小
    stateChange();  //调用状态改变方法
    g.drawString("*", x, y);//在(x,y)位置绘制雪花
    repaint();  //重新调用paint()方法
}
}
```

上面 stateChange()方法的作用是将控制雪花下落姿态的代码进行封装。注意将 flag 变量的声明与初始化部分进行了分离，这是因为当声明代码放在方法之外时，它是类的域变量，而不是方法的局部变量，在每次赋值时都对同一内存进行操作。如果将它定义在方法内，则每次调用方法都需要重新分配内存空间，使用完毕后清除，不断重复这一过程会降低程序的执行效率。

事实上，除了运用 stateChange()方法改变雪花下落方向外，还有一种较为简便的方法，即为横坐标 x 加一个正或负的随机值来保证雪花要么向左，要么向右移动，不需要使用 if 语句。具体实现的代码为：

```
x+=(int)(Math.random()*5-2.5); //让 x 改变[-2,2]的随机整数值
g.drawString("*", x, y++);
```

由此可见，改变雪花下落方向的方法有很多，书中提供的代码并非唯一答案。积极思考去解决问题会发现学习原来很有意思。带着玩代码的心会越学越开心。

运行上述程序观察雪花的下落，虽然下落速度还是很快，但下落方向已经比较真实了。尝试把所写的代码全删掉，按照项目目标重新思考和练习。不要舍不得，要知道仅仅输入这些代码很容易，但训练编程思维、尝试如何解决问题才是学习的根本目的。有舍才有得，删吧。记住按照这种方式多练习几遍。

7.1.2 雪花"优雅"地飘扬

控制雪花下落速度的思路很简单，就是让它休息。也就是说，每次在新的位置重画雪花时先停一会儿。在 Java 中实现休眠可以采用 sleep()，它的参数值为休眠时间，如 sleep(20)表示休眠 20ms（毫秒）。调用 sleep()方法的完整代码为：

```
try {
    Thread.sleep(20);
}catch(Exception e) {}
```

将上述代码放到 g.drawString("*", x, y);和 repaint(); 之间，运行程序观察雪花的下落速度

的变化，可以对参数值进行更改。

上述代码中，Thread 为线程类，sleep(20)为 Thread 类中的静态方法。关于什么是线程，在后文详细阐述，这里要提到的是 try-catch **异常处理**方法。异常就是有别于正常情况、不期而至的各种状况，如地震、火灾、交通事故等。这些可能存在的状况一旦出现会干扰正常的生活，因此要提前做好应对的准备，应对措施就是所谓的异常处理。

在代码中使用 sleep()方法是有风险的，一旦休眠会有"睡死"的可能，因此 Java 要求对这些可能出现的风险进行预防，在代码中需要告诉系统，万一风险出现了该怎么办。异常处理代码中 try 后面的花括号里是可能出现异常的代码，try 块将它们保护起来，而 catch 后面的花括号中放的是处理方法，即风险出现后的处理办法。从字面上看，try 就是"试一试"，catch 就是"抓住"，将其后面的代码试着执行一下，没有出现异常则罢了，如果出现了，就按照 catch 后面的花括号里的处理办法来处理异常。

在这个例子中，catch 后面的花括号中没放任何内容，也就是没有提供任何异常处理办法，Java 中很多时候会这样写。如果不写 try-catch 块则会出现语法错误（见图 7.1），因此还不能不写。

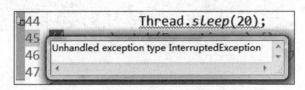

图 7.1 无异常保护时产生的错误

通常情况下，应对异常的措施有两种。一是在异常未发生时，尽可能避免、杜绝异常，如若不可避免，则尽可能减少其发生概率或预先准备好处理异常的措施。二是当异常发生时，为避免严重后果应尽早处理，必要时进行求助。关于 Java 中异常处理机制详见 7.2 节，这里不赘述。

7.1.3 雪花漫天飘扬

漫天雪花的绘制方法同满天星星的绘制方法类似，雪花下落同星星闪烁类似，仅将颜色的变化改为坐标值的变化即可。尝试一下，看看能否实现雪花漫天飘扬。

仍用数组来保存每片雪花的位置数据，即 int[] x=new int[300];，int[] y=new int[300];。坐标仍采用随机值，在绘制雪花之前先把位置固定好。即：

```
Pane() {
    for(int i=0;i<300;i++) {
        x[i]=(int)(Math.random()*1440);
        y[i]=(int)(Math.random()*900);
    }
}
```

其中，Pane()为构造方法，它会在对象创建时自动执行，先于其他任何方法的调用。

将所有涉及坐标(x,y)的地方均分别改为 x[i]和 y[i]，其中 i 为 for 的循环变量，取值范围为 0～299。如：

```
for(int i=0;i<300;i++) {
    g.drawString("*", x[i], y[i]);
}
```

同理，在状态改变方法 stateChange() 中也需要用 for 循环将相关代码包裹起来，保证画板每重画一次，每片雪花都可以选择各自的下落姿态。

保存程序并运行，结果如图 7.2 所示。

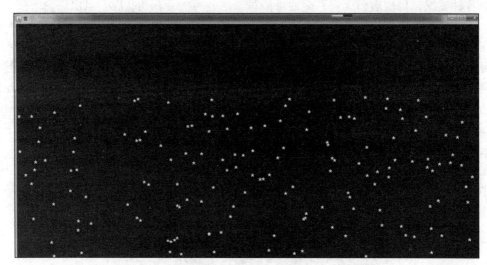

图 7.2 "说停就停"的大雪

从运行结果中可以看到，雪花纷纷扬扬，移动过程比较符合真实情况。但现在的问题是雪"说停就停"，不能连续地下，窗体中所见到的雪花下完就没有了，这是为什么呢？返回来分析一下原因。雪花的状态改变方法中，雪花无论是向左下方下落、右下方下落还是垂直下落，纵坐标 y[i] 都一直进行自加运算，即使超出了屏幕的下边界，雪花依然保持下落的姿态。所以，如果屏幕足够大，这批雪花一如既往地往下飘扬，没有任何阻挡。而上面没有产生新的雪花，所以会出现没雪可下的情况。

想一想第 6 章的流星坠落，某颗流星在消失之后还有新的流星出现，是怎么做到的？好好回忆一下，试着自己完成，相信你能够实现。

另外，同样大小的雪花显得有些呆板，可以借鉴星空中星星大小的设置方式，将每片雪花的大小定义为随机值，这样下雪的画面会变得更为灵动和真实。不要急着看后面的完整代码，下面 3 条语句用于对雪花大小进行设置，想一想它们应该添加在程序的什么位置。

（1）int[] size=new int[300];

（2）size[i]=(int)(Math.*random*()*40);

（3）g.setFont(new Font("",0,size[i]));

添加以上代码后，运行程序，如果不出意外，雪花大小已经有所变化了。连续不断地下雪实现了吗？别想得太复杂，当雪花运动到窗体下边界时移到窗体顶部。即在状态改变方法中添加雪花的第 4 种姿态：当纵坐标大于等于边界值 900 时将它重新赋为 0。

```
if(y[i]>=900) {
    y[i]=0;
}
```

重新运行程序，结果如图 7.3 所示，现在雪开始连续不断地下了。

图7.3　大雪纷飞

完整程序如下。

```
/*
 *大雪纷飞
 */
import java.awt.*;//导入绘图包awt
import javax.swing.*;//导入绘图包swing

class Snow{
    public static void main(String args[]){
        JFrame f=new JFrame("雪"); //绘图窗体的定义
        f.setSize(1440,900);  //设置窗体大小

        Pane mp=new Pane();  //用来画雪花的画板
        f.add(mp);  //将画板放到窗体中

        f.setVisible(true); //设置窗体可见性
    }
}
class Pane extends JPanel{
    int[] x=new int[300];  //定义所有雪花的横坐标
    int[] y=new int[300];  //定义所有雪花的纵坐标
    int[] size=new int[300]; //定义所有雪花的大小
    int flag; //声明状态变量
    Pane() {  //构造方法
        for(int i=0;i<300;i++) { //固定每片雪花的位置和大小
            x[i]=(int)(Math.random()*1440);
            y[i]=(int)(Math.random()*900);
            size[i]=(int)(Math.random()*40);
        }
    }
    void stateChange() { //定义状态改变方法
        for(int i=0;i<300;i++) {
            flag=(int)(Math.random()*2);//对状态变量赋随机值0、1、2
            if(flag==0) { //向右下方下落
                x[i]++;
                y[i]++;
```

```
        }
        if(flag==1) { //向左下方下落
            x[i]--;
            y[i]++;
        }
        if(flag==2) { //垂直下落
            y[i]++;
        }
        if(y[i]>=900) { //当雪花运动到窗体下边界时移到窗体顶部
            y[i]=0;
        }
    }
}
public void paint(Graphics g){
    super.paint(g);  //调用父类中的paint()方法
    setBackground(Color.BLACK);       //设置画板背景色为黑色
    g.setColor(Color.WHITE);  //设置雪花的颜色为白色
    stateChange(); //调用状态改变方法
    for(int i=0;i<300;i++) {
        g.setFont(new Font("",0,size[i]));//设置雪花的大小
        g.drawString("*", x[i], y[i]);//在(x[i],y[i])位置绘制雪花
    }
    try {
        Thread.sleep(10);   //休眠方法
    }catch(Exception e) {}
    repaint(); //重新调用paint()方法
    }
}
```

通过借鉴流星坠落的思路完成了下雪的情景模拟，在欣赏雪景之余别忘了多多练习，当然还是要一如既往地强调循"序"渐进，缺什么添什么，先创建基本框架，而后进行完善和优化。做项目的时候要学会在总体目标的指引下分解项目，从手边能做的部分开始实践。比如要完成"大雪纷飞"项目，对雪如何下落没有思路可以先画静止的雪，对画满天雪花有困难可以先画一片，如果画一片都有难度，那可以先画一个窗体出来，做目前力所能及的事。

所谓"天下难事，必作于易；天下大事，必作于细"。想要尽善尽美地完成作品的想法非常可贵，但一步不能登天，事物的发展需要有一个过程。任何作品都得先有雏形，而后细细打磨和雕琢，最终成为精品。例如"大雪纷飞"项目，从雪花垂直下落到可以左右飘扬，从下落速度特别快到速度可以人为控制，从雪花大小统一到大小各异……这些都是对作品的精雕细琢，而且这个过程还可以继续。比如可以模拟雪在地面上越积越厚，还可以在地上画房子、大树等，模拟雪落在上面的景象。同样也可以模拟一个人在雪中行走，背后留下一串脚印……同时，作品还可以扩展，当学习了事件处理的部分之后，将雪花换成字母或数字，可以模拟打字游戏；将雪花换成飞机可以模拟飞机大战等。

7.2 异常处理

为了控制雪花的下落速度，使用了让雪花"休眠"的方式。但"休眠"是有风险的，为了保证程序具有抗风险能力，加入了异常处理机制。Java 语言内置的异常处理机制可以较好地对运行时错误进行处理，保证程序的安全运行。

微课视频

7.2.1 什么是异常

在日常生活中经常会碰到一些异常情况。如一起交通事故、一场火灾、一次地震等，这些突发事件往往会干扰人们正常的生活，因此，可以称为日常生活中的异常。而在程序设计中也常常会有一些意料之外的情况，比如文件的位置变更或误删导致文件找不到、网络连接的中断、运算数据的错误，或者数组下标越界等，有些问题在程序设计和调试阶段是不易察觉的，但是会在程序运行时出现。这些问题的出现一样会干扰正常的程序流程，因此这被称为程序设计中的异常。下面通过几个例子来认识 Java 中常见的异常。

【例 7-1】运算异常

```
class Exception_1{
    public static void main(String args[]){
        int i=0;
        int j=6;
        System.out.println(j/i);
    }
}
```

运行结果如图 7.4 所示。

```
Exception in thread "main" java.lang.ArithmeticException: / by zero
        at exception_4.main(ExampleException.java:6)
```

图 7.4 运算异常

上述程序中每条语句都符合 Java 的语法规则，因此程序编译通过，不会报语法错误。但由于算术运算中除数不能为 0，因此在计算 j/i 时发现无法计算，会报告运算异常，即 ArithmeticException。在报告异常的同时会指出异常出现的位置，并且还会明确说明是"/ by zero"引起的运算异常。

【例 7-2】空指针异常

```
class Exception_2{
    int i=1;
    static Car car;
    public static void main(String args[]){
        System.out.print(car.name);
    }
}
class Car{
    String name="BMW";
}
```

运行结果如图 7.5 所示。

```
Exception in thread "main" java.lang.NullPointerException
        at exception_2.main(ExampleException.java:6)
```

图 7.5 空指针异常

例 7-2 中只定义了 Car 类的一个引用 car，并未说明这一引用指向哪个实体对象，故而程序会采用默认值作为它的初始值。程序中 car 为类类型的变量，默认值为 null（空），也就是未指向任何对象，而 System.out.print(car.name);却要求输出所指对象的名称，因此程序无法给

129

出结果，只能报告 Exception。这里的异常类型为 NullPointerException，即空指针异常，可以用 **static** Car *car*= new Car();的方式来避免异常。

【例 7-3】数组下标越界异常

```
class Exception_3{
    public static void main(String args[]){
        int a[]={1,2,3};
        for(int i=1;i<=3;i++)
            System.out.println(a[i]);
    }
}
```

运行结果如图 7.6 所示。

```
2
3
Exception in thread "main" java.lang.ArrayIndexOutOfBoundsException: 3
        at exception_3.main(ExampleException.java:6)
```

图 7.6　数组下标越界异常

程序中数组 a 共有 3 个元素，分别是 a[0]、a[1]、a[2]，而程序要求输出的却是 a[1]、a[2]、a[3]，因此 a[1] 和 a[2] 可以正常输出，a[3] 无法输出，原因在于 ArrayIndexOutOfBounds Exception，即数组的下标值超出了范围。

系统定义的异常除了上述几种异常之外，还有一些其他常见异常，如表 7.1 所示，更多运行异常可查阅 Java API。

表 7.1　　系统定义的异常

系统定义的异常	异常名称
NullPointerException	空指针异常
ClassCastException	类转换异常
ArrayIndexOutOfBoundsException	数组下标越界异常
ArithmeticException	运算异常
IllegalArgumentException	非法参数异常
DateTimeException	日期时间异常
UnsupportedOperationException	操作不支持异常
ArrayStoreException	数据存储异常，操作数组时类型不一致
BufferOverflowException	缓冲区上溢异常
NoSuchElementException	元素不存在异常
FileSystemAlreadyExistsException	文件系统已存在异常

7.2.2　异常类层次结构

在 Java 中，异常被定义为类，由 Throwable 类派生而来。Throwable 是异常体系中底层的接口，被称为所有异常类的父类或超类。从 Throwable 直接派生出 Error（错误）和 Exception（异常）两个分支。其中 Error 表示无法处理的异常，属于系统错误，如 Java 虚拟机运行错误（VirtualMachineError）、抽象窗口工具包错误（AWTError）等，超出了程序的控制和处理能力范围。Exception 表示程序本身可以处理的异常，分为运行时异常和非运行时异常。运行时异常是指 Java 编译器不会检查的异常，即使不处理也会编译通过，如前面的除零异常、空指针异常等。非运行时异常是指编译期异常，也称为检查式异常，如果不对这种异常进行处理则编译不能通过，编译器要求显式处理这种异常，如 IOException（见图 7.7）、SQLException 等。

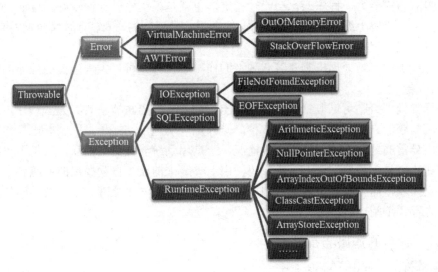

图 7.7　非运行时异常 IOException

由于非运行时异常在编译阶段即可发现并处理，因此异常处理主要针对运行时异常。异常类的层次结构如图 7.8 所示。

图 7.8　异常类的层次结构

7.2.3　异常处理机制

微课视频

日常生活中对异常的处理基本为两种方式。第一种，采取一些预防措施来避免或杜绝异常的发生。比如，对于自然灾害制定一些预警机制，构筑防御工事，实时检测监控等；对交通事故制定一些交通规则，安装信号灯、指示牌，设立交通岗等。第二种，如果异常已经发生，则采用及时应对的方式来处理异常，目的是尽可能减少损失，防止引起更为严重的后果。处理异常时，力所能及的就自己处理，而对于超出能力范围的则需要请求帮助。比如，面对火灾，如果是灭火器能解决的即可直接灭火，而如果火势较大，个人无法控制则需要拨打 119 来求助。

在 Java 程序设计中，处理异常的方法是类似的。针对普遍的异常，系统会提供相应的异常类（相当于一些预防措施），如 NullPointerException、ArithmeticException 等，保证程序的正常执行。而针对非普遍的异常则需要程序员给出自己的处理办法，比如自定义异常类。当然，Java 在异常处理上是非常灵活的，异常发生后，可以用系统提供的方法（系统异常类）

处理，也可以按照自己的方法（自定义异常类）处理，还可以自己不做处理，而上报给上一级代码来处理（使用 throws）等，这种专门针对运行期错误的处理机制，被称为 Java 的异常处理机制。

与其他早期语言对运行期错误的检查方式不同，Java 语言在设计时就充分考虑了语言的可读性、稳定性和可维护性，提供了一套完善的异常处理机制，运用"try-catch-finally"这样特定的语法来区别于正常的流程控制语句。其他早期语言并没有专门处理异常的机制，而是运用大量的 if 语句，将异常流程代码和正常流程代码混合在一起，通过返回特定值或设置特定的标记来检查运行期的错误。这样做的问题在于：一方面，检测错误返回的编码工作量大，逻辑复杂，代码臃肿，可读性差，当问题规模增大后这种处理方式会成为程序维护的巨大障碍；另一方面，仅靠返回值难以表达异常的详细信息，比如异常出现的位置、异常的性质等。

另外，如果一个程序提前预见了所有可能出现的异常并给出了相应的处理方法，那么它具备了较强的容错能力，程序运行会比较稳定，也就是说程序健壮性较好。Java 语言规定在可能出现异常的代码上编写异常处理程序，这个规定是强制的，虽然有时候会觉得有些烦琐，但是这样可以保证程序的正常执行。

因此，Java 的异常处理机制有着它独特的作用和优势，可以大大地提高程序的健壮性与可维护性。

Java 异常处理机制可以概括为**异常的抛出与捕获**。抛出与捕获有其先后顺序，异常总是先抛出、后捕获的。异常的抛出分为 2 种，一种是自动抛出，一种是强制抛出。异常的捕获是对所抛出异常的处理方法，分为 3 种情况，一是用系统异常类来捕获，二是用自定义的异常类来捕获，三是上报异常至上一级代码，由上一级来捕获。自动抛出的系统异常只能用系统异常类来捕获，而强制抛出的异常则可以用上面 3 种方法来处理。下面就不同的抛出与捕获的情况进行详细阐述。

7.2.4　异常的抛出与捕获

1．自动抛出，系统异常类捕获
异常处理的一般格式为：

```
try{
    可能会发生异常的代码
}catch(异常类1  对象名){
    异常处理代码；
}catch(异常类2  对象名){
    异常处理代码；
}…
}finally{
    异常处理代码；
}
```

其中，try 块中包含可能会发生异常的代码，一旦发生异常则立即自动生成一个异常对象，try 块后续的语句则不再执行。所生成的异常对象会传给 Java 虚拟机，这个过程即异常的自动抛出。

catch 块包含的是异常处理代码。Java 虚拟机接收到异常对象后，会在 catch 块中查找相匹配的异常类，如果匹配成功，则把异常对象交给它处理，这个过程即异常的捕获。如果没有匹配成功，则在执行 finally 块后中止程序运行。

【例 7-4】 运算异常处理（一）

```
class ExceptionTest1{
    public static void main(String args[]){
        try {
            int i=0;
            int j=6;
            System.out.println(j/i);
            System.out.println("前面没有发生异常");
        }catch(ArithmeticException e ) {
            System.out.println("0 不能作除数");
        }
        finally {
            System.out.println("无论有没有异常我都会执行");
        }
    }
}
```

程序运行结果如图 7.9 所示。

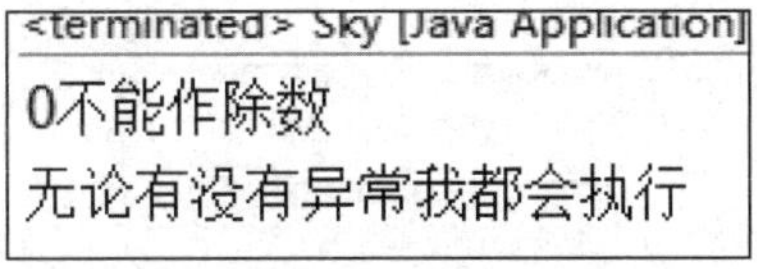

图 7.9 例 7-4 运行结果

从运行结果可以看出，语句 **System.*out*.println("前面没有发生异常");**并未执行，程序在遇到
j/i 时即抛出了除零异常，而后便跳转到 catch 块寻找捕获这一异常的代码。ArithmeticException
为系统定义的运算异常类，与前面所发生的除零异常相匹配，因此异常对象会被它捕获并处理。

注意以下几点。

（1）一条 try 语句后可以跟多条 catch 语句和一条 finally 语句，但 try 语句不能单独出现，
其后必须紧跟至少一条 catch 语句或 finally 语句。

（2）若 try 块出现异常，则转向异常处理部分，try 块中后续语句不再执行；若 try 块中
没有异常，则 catch 块被忽略。但是，无论 try 块中是否抛出异常，finally 块都会被执行，它
为整个异常处理过程提供了一个统一的出口。

（3）若在异常处理块中存在 return 语句，有以下几种情况。

① 当 try、catch 块中有 return 语句，finally 块中没有 return 语句时，无论 finally 块中对
返回值如何修改，最后返回的依旧是 try、catch 块中的返回值。

② 当 try、catch 块中没有 return 语句，finally 块中有 return 语句时，最后返回的是 finally
块中的返回值。

③ 当 try、catch 和 finally 块中有 return 语句时，try、catch 块中的 return 语句会被 finally
块中的 return 语句覆盖。

④ 当 finally 块中存在 return 语句时，编译器会警告，但不会报错，因为 return 语句可能
会导致 finally 块不能正常执行。因此，最好不要在 finally 块中使用 return 语句。

（4）捕获异常的匹配原则如下。

① 抛出对象与 catch 参数类型相同或是 catch 参数类的子类。

② 按先后顺序捕获异常，且只捕获一次。catch 块在编写时要遵循先具体、后一般的原则。

【例 7-5】运算异常处理（二）

```
class ExceptionTest2{
    public static void main(String args[]){
        try {
            int i=0;
            int j=6;
            System.out.println(j/i);
            System.out.println("前面没有发生异常");
        }catch(NullPointerException e ) {
            System.out.println("我可以捕获空指针异常");
        }catch(Exception e ) {
            System.out.println("我可以捕获所有异常");
        }
        finally {
            System.out.println("无论有没有异常我都会执行");
        }
    }
}
```

程序运行结果如图 7.10 所示。

```
<terminated> Sky [Java Application
我可以捕获所有异常
无论有没有异常我都会执行
```

图 7.10   例 7-5 运行结果

程序中并没有包含运算异常类 ArithmeticException，但由运行结果可以看出，try 块中抛出的除零异常被其父类 Exception 捕获。如果要在程序中添加捕获 ArithmeticException 类异常的 catch 块，那么应该添加在什么位置？Exception 类和 ArithmeticException 类哪个会捕获异常？

【例 7-6】带有 return 语句的异常处理

```
class ExceptionTest3{
    public static void main(String args[]){
        System.out.println(new ExceptionTest3().returnTest());
    }
    int returnTest() {
        int i=(int)(Math.random()*5);
        int j=(int)(Math.random()*5);
        System.out.println("i="+i+",j="+j);
        try {
            return j/i;
        }catch(ArithmeticException e ) {
            System.out.println("有异常");
            return i;
        }finally {
            i=50;
            j=100;
        }
    }
}
```

运行结果如图 7.11 所示。

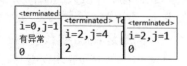

图 7.11   例 7-6 运行结果 1

可见，finally 块中对返回值的修改不会影响前面的返回值。如果在 finally 块中添加 return
语句，则会出现图 7.12 所示的警告。

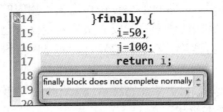

图 7.12　警告

运行结果如图 7.13 所示。

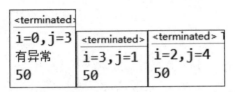

图 7.13　例 7-6 运行结果 2

finally 块中的返回值覆盖了前面的返回值。

2．强制抛出，系统异常类捕获

常见异常也可以不依赖于系统抛出，可以运用 throw 关键字来强制抛出。语法格式为：

```
throw 异常类对象;
```

【例 7-7】利用 throw 强制抛出异常

```
class ExceptionTest4 {
    public static void main(String[] args) {
        int i = 0;
        int j = 6;
        try {
            if(i!=0) System.out.println(j / i);
            else throw new ArithmeticException();//throw 强制抛出异常
        } catch (ArithmeticException e) {
            System.out.println("发生了除零异常，请输出异常具体信息: ");
            e.printStackTrace(); //输出异常信息
        }
    }
}
```

运行结果如图 7.14 所示。

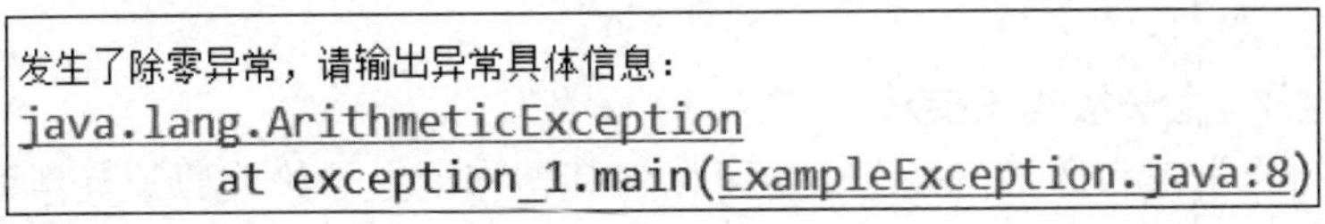

```
发生了除零异常，请输出异常具体信息:
java.lang.ArithmeticException
        at exception_1.main(ExampleException.java:8)
```

图 7.14　例 7-7 运行结果

需要注意的是，强制抛出的异常必须与 catch 块所捕获的异常相匹配，抛出的异常可以
与捕获的异常相同，也可以是它的子类。也就是说，例 7-7 中将 catch (ArithmeticException e)
更改为 catch (Exception e)也是可以的。

3. 强制抛出，自定义异常类捕获

生活中有很多突发情况往往不是常见的异常情况，对于这些没有前车之鉴的意外就需要给出特定的处理方法。Java 平台为常见的运行错误定义了相应的异常类，但这不能涵盖所有的异常情况，因此对于一些特定的错误，开发人员需要定义自己的异常类，这就是**自定义异常类**。需要明确的是，自定义异常类不是制造异常，而是对特殊的异常情况给出自己的处理方法。

创建自定义异常类很简单，只需要让它继承 Exception 类或其他异常类即可。一般使用 Exception 作为自定义异常类的直接父类。

自定义异常类的语法格式为：

```
class 类名 extends 异常类{}
```

【例 7-8】 利用自定义异常类处理异常

```
class ExceptionTest5 {
    public static void main(String[] args) {
        int i = 0;
        int j = 6;
        try {
            if(i!=0) System.out.println(j / i);
            else throw new MyException(); //抛出自定义异常类对象
        } catch (Exception e) { //运用异常类的父类捕获异常
            System.out.println("这个异常我想怎么处理就怎么处理");
        }
    }
}
class MyException extends Exception{ //定义异常类 MyException
    public MyException() {
        System.out.println("有异常找我");
    }
}
```

运行结果如图 7.15 所示。

```
<terminated> Test (14) [Java Application
有异常找我
这个异常我想怎么处理就怎么处理
```

图 7.15　例 7-8 运行结果

上例中定义了一个自定义异常类 MyException，并在 try 块中抛出了一个该类的对象，catch 块中没有用自定义异常类来捕获异常，而是运用了其父类 Exception。想一想，如果 try 块抛出的是 Exception 类对象，而 catch 块捕获的是 MyException 异常，程序会报错吗？为什么？

4. 强制抛出，上一级代码捕获

不是所有的异常都需要亲自处理，也可以将其转移给上一级代码让其帮助处理。异常的转移需要使用关键字 throws，具体规则如下。

```
返回类型　方法名([参数列表])　throws 异常类{
    throw 异常类对象;
}
```

异常被封装在方法内且未处理，相当于将问题封装起来，如果有调用者调用该方法则会造成麻烦。常言道，君子坦荡荡，小人长戚戚。只有直面问题，坦坦荡荡，将问题摆在明面

上，明确告知方法的调用者才能真正解决问题。因此 Java 要求在方法声明的时候用"throws 异常类"的方式将内部出现的异常类型报告出来，便于方法的调用者给出应对措施。

【例 7-9】利用 throw 抛出异常

```
class ThrowException {
    public static void main(String[] args) {
        //对调用method()时出现的异常进行处理
        try {
            new ThrowException().method();
        } catch (MyException e) {
            System.out.println("我已帮你处理好了");
        }
    }
    void method() throws MyException { //利用throws报告异常类型
        int i = 0;
        int j = 6;
        if (i != 0)
            System.out.println(j / i);
        else
            throw new MyException();//运用throw抛出异常类对象
    }
}
class MyException extends Exception{//自定义异常类MyException
    public MyException() {
        System.out.println("有异常找我");
    }
}
```

运行结果如图 7.16 所示。

```
<terminated> exception
有异常找我
我已帮你处理好了
```

图 7.16　例 7-9 运行结果

下面模拟实际生活中上网课时可能遇到的异常及相应的处理办法，包括异常抛出、捕获，自定义异常等内容，注意多 catch 语句的摆放顺序和异常捕获顺序。另外，程序运行过程还用到了第 6 章讲解的继承关系下对象的初始化顺序。

【例 7-10】网课中异常的抛出与捕获

```
public class InternetCourse {
    public static void main(String args[]) {
        int state=(int)(Math.random()*4);
        //异常的抛出与捕获
        try {
            new InternetCourse ().study(state);
        }catch(Three t) {
            System.out.println("那只能回着了。");
        }catch(Two t) {
            System.out.println("要不蹭网去吧！");
        }catch(One o) {
            System.out.println("退出重新进入课堂。");
        }
    }
```

```
    void study(int i) throws One{
        //根据不同情况抛出相应异常
        if(i==0) System.out.println("可以顺利学习");
        if(i==1) throw new One();
        if(i==2) throw new Two();
        if(i==3) throw new Three();
    }
}
class One extends Exception{ //自定义异常类 One
    One(){
        System.out.println("中间掉线了！");
    }
}
class Two extends One{ //自定义异常类 Two，继承自 One
    Two(){
        System.out.println("信号时断时续");
    }
}
class Three extends Two{//自定义异常类 Three，继承自 Two
    Three(){
        System.out.println("课堂根本登不进去");
    }
}
```

运行结果因随机数 state 的取值不同而不同，如图 7.17 所示。

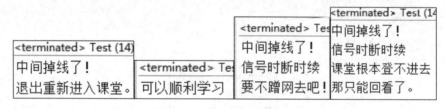

图 7.17　例 7-10 运行结果

7.3　举一反三

尽情地发挥自己的想象力并一步步用代码将想象变成现实，在完成后你会感觉到作品像是自己的宝贝一样，就像一个学生曾经总结的："感觉它是活的，有着一个有趣的灵魂，会情不自禁地呵护它、欣赏它"。这是一个充满挑战的过程，会使人产生发自内心的愉悦感和成就感，尽情享受吧！事实上，到现在为止，我们已经具备了一定的编程能力，可以尝试实现一些新的想法了。之前有学生模拟了小球的碰撞与反弹、会游泳的小乌龟、星空下的爱情故事、用交通信号灯指示车辆的进行与停止、雨滴落到地面上飞溅开来，还有美丽屏保、梦想气球的放飞等，一起来欣赏几个，如果有想尝试的冲动，就跟着动动手吧！

7.3.1　小球的碰撞与反弹

多个小球在窗体内，相互之间发生碰撞后反弹，碰到四周边界亦反弹，同时改变小球颜色。小球碰撞后反弹方向如图 7.18 所示，模拟效果如图 7.19 所示。

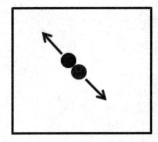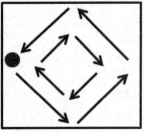

图 7.18 小球碰撞后反弹方向

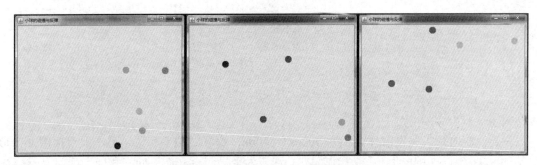

图 7.19 小球的碰撞与反弹的模拟效果

提示：可以先模拟一个小球的移动与反弹。与雪花下落的状态改变方法类似，先定义小球的 4 个移动状态，分别是向右下、右上、左上、左下移动。

```
//定义小球移动状态
int state=0;  //状态变量
if(state==0){ //右下
    x++;
    y++;
}
if(state==1){//右上
    x++;
    y--;
}
if(state==2){//左上
    x--;
    y--;
}
if(state==3){//左下
    x--;
    y++;
}
```

其次给出小球移动姿态改变的方法。

```
//改变小球移动姿态
if(y>342){ //碰到下边界时的反弹
    if(state==0){
        state=1;
    }else{
        state=2;
    }
}
if(x>465){ //碰到右边界时的反弹
```

```
    if(state==1){
        state=2;
    }else{
        state=3;
    }
}
if(y<0){ //碰到上边界时的反弹
    if(state==2){
        state=3;
    }else{
        state=0;
    }
}
if(x<0){ //碰到左边界时的反弹
    if(state==3){
        state=0;
    }else{
        state=1;
    }
}
```

需要说明的是，假设窗体大小为 500px×400px，那么右边界和下边界不要直接用 x=500 和 y=400，因为 g.fillOval(x,y,20,20);是以（x,y）为坐标起点，而后向右和向下延伸出一个宽 20px、高 20px 的矩形，接着用内切圆进行填充。当 x=500，y=400 时，所画的小球会跑出画布，给人的视觉效果是小球碰到边界没有反弹，而是直接穿出去了，过了一会儿又移动回来。因此，要模拟真实的反弹效果可以适当调整边界坐标，如 x=465，y=342。

另外，从上述实现过程可以看出程序比较烦琐，这里再给出一种更为简便的方法作为参考，希望能使读者打开新的思路。

```
int     stateX=1; //横坐标 x 状态改变量
int     stateY=1; //纵坐标 y 状态改变量

public void paint(Graphics g) {
    super.paint(g);      //调用父类中的 paint()方法
    g.fillOval(x+=stateX,y+=stateY,30,30);//根据状态改变量来调整小球位置

    if(y>342) {//下边界
        stateY=-1;
    }
    if(y<0) {//上边界
        stateY=1;
    }
    if(x>465) {//右边界
        stateX=-1;
    }
    if(x<0) {//左边界
        stateX=1;
    }
    repaint(); //重新调用 paint()方法
}
```

两种方法均可以实现小球的碰撞反弹，还可以结合颜色的变化让画面更为美观。比如碰到一次边界就让小球改变一次颜色，想要丰富多彩还可以采用随机值的方式设置颜色值。详细实现代码可以在本书配套资源中自行查阅，但是这里仍不建议先看提供的代码。不断思考，想方设法去解决问题才能获得学习的乐趣，直接找答案会让学习这件事变得越来越没意思。

不管想到什么，都试一试，不要让别人的思路禁锢了自己灵活的思维。

从一个小球的反弹过渡到多个小球反弹的情况，其难点在于对每个小球分别进行控制。每个小球都在碰到边界之后再反弹，而不是只要一个小球碰到边界，所有小球一起反弹。尝试实现一下，出现问题再想办法解决。这里适当提示一下，可以定义一个小球类，需要几个小球就创建几个对象，用对象数组来分别控制小球。

7.3.2　会游泳的小乌龟

小乌龟在水里游泳，前腿划动时尾巴跟着一起摆动，而当身体移动时，头部、眼睛和后腿跟着一起移动，尾巴也同时摆动到另一方向。注意不是整体移动！模拟过程还可以改进为爬行式游泳，即左前腿和右后腿一起动，同时身体朝左稍偏移；接着右前腿和左后腿一起动，身体朝右稍偏移，这样小乌龟就"游"起来了。

水中的泡泡大小随机，在水里随意移动，碰到边界则破裂，同时在随机位置产生一个新的泡泡，如图 7.20 所示。

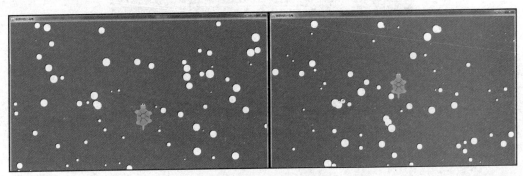

图 7.20　会游泳的小乌龟

提示：泡泡的移动、破裂、产生等同大雪纷飞项目的实现方式类似，相信读者可以自行实现。乌龟游泳或爬行式游泳的实现也同雪花下落姿态的控制思路类似。比如对于乌龟游泳模拟可以定义两种状态，一种是两条前腿向上移动，一种是身体移动，两种状态交替出现。

对于乌龟爬行式游泳的模拟则稍微复杂，可以定义 4 种行进状态，它们按顺序交替出现即可模拟乌龟的爬行式游泳过程。4 种行进状态分别如下。

状态 0：左前腿、右后腿向上，头尾略向左。
状态 1：身体整体略向右上运动，包括头、尾、背部及龟甲等。
状态 2：右前腿、左后腿向上，头尾略向右。
状态 3：身体整体略向左上运动，包括头、尾、背部及龟甲等。

可以尝试自己完成模拟乌龟的爬行式游泳，可以肯定这将是一次非常有意思的探索，只要有想法就大胆实践，动手吧！

使用同样方法还可以模拟人走路、眨眼睛、奔跑等过程，还可以模拟各种表情等。

7.3.3　交通信号灯指示车辆行进

模拟交通信号灯指示车辆行进的过程。绿灯时车辆沿着公路不断向前行驶，当行驶到人行道时遇到红灯则停止，如果是绿灯则继续向前行驶，如图 7.21 所示。

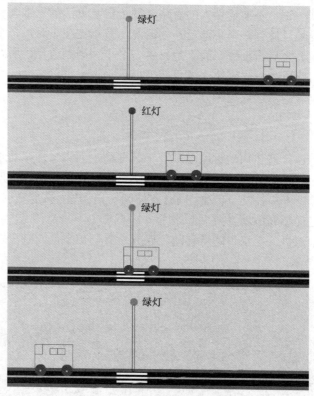

图 7.21　交通信号灯指示车辆行进

适当提示一下，红绿灯的转换可以用计数的方法，如：

```
time++;
if(time>180) {
    c=Color.green; // 绿灯
}
```

当然，实现方法有很多种，选择其中一种即可。另外，这里只是模拟了单向车道的情景，交通信号灯更多的是用来指示十字路口车辆的通行与停止，可以查阅资料并尝试实现十字路口的车辆通行控制。

7.3.4　星空下的爱情故事

本案例主题为"星空下的爱情故事"，男女主人公坐在夜空下看着流星轻轻划过天空，彼此倾听着对方讲述心事，如图 7.22 所示。

图 7.22　星空下的爱情故事

提示：流星下落可以参看前面的流星坠落项目，这里的文字可以通过 drawString()方法完成，不同文字的切换可以通过定义不同的状态来实现。

```
if(count==1){
    g.drawString("你曾说过你很爱我", 600, 650);
    g.drawString("要摘星星送给我", 600, 710);
}
if(count==2){
    g.drawString("后来流星出现了", 600, 650);
    g.drawString("我说，我想要那颗星星", 600, 710);
}
```

男女主人公是用加载图片的方式实现的，有关这一实现方式在第 10 章中会提及，当然也可以在网上查找答案。

7.3.5 美丽屏保

随机产生的彩色泡泡不断增大，当增大到一定程度时破裂，再产生新的泡泡。泡泡的初始位置、颜色、大小均采用随机值，每个泡泡单独控制，如图 7.23 所示。

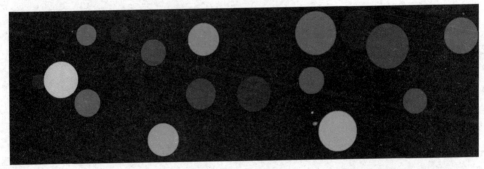

图 7.23 美丽屏保

提示：可以采用数组对不同的泡泡进行单独控制，每个泡泡都有对应的横、纵坐标，大小，颜色等参数。

```
for(int i=0;i<num;i++) { //每个泡泡的初始状态
    x[i]=(int)(Math.random()*1440); //泡泡的横坐标
    y[i]=(int)(Math.random()*900);//泡泡的纵坐标
    c[i]=new Color(r,g,b);  //颜色设置，其中 r、g、b 为 0~255 的随机值
    r[i]=(int)(Math.random()*100);//大小设置
}
```

其中 x、y、c、r 均为数组，数组长度即泡泡的个数。泡泡不断变大直至破裂以及在随机位置产生新泡泡的模拟可以采用下述方法实现。

```
r[i]++; //泡泡大小的变化
if(r[i]>=300) {  //泡泡的破裂与新泡泡的产生
    x[i]=(int)(Math.random()*1440);
    y[i]=(int)(Math.random()*900);
    c[i]=new  Color(r,g,b);
    r[i]=(int)(Math.random()*100);
}
```

以上这些作品的完整程序详见本书配套资源，可以依据需求参看。不过还是要提醒一下，书中提供的代码不是权威的，仅仅是其中一种实现方式而已。而且这是作者的思路，如果你认为它是对的，那也只能说明你认同作者的思路。也就是说，思路还是原作者的，如何能把

它转变成自己的还是需要亲自练习实践。还是那句话，"纸上得来终觉浅，绝知此事要躬行"，只"学"不"习"如同镜中花、水中月，仍是虚的，踏踏实实实践才能获得真知。每个人的灵魂都是独一无二的，所以创意作品一定各不相同！

小结

本章的项目模拟了大雪纷飞的场景，通过让雪花"优雅"地下落，引入了异常处理的概念，并通过大量实例详细阐述了 Java 异常处理机制。另外，对于雪花下落的处理方法可以运用到其他项目中，除本章中涉及的小球的碰撞与反弹、会游泳的小乌龟、交通信号灯指示车辆行进、星空下的爱情故事、美丽屏保等以外，还可以尝试模拟更多有意思的项目，比如模拟面部表情的变化、水滴的飞溅、烟花绽放等，更多的项目等待被发现与实践，期待更多有特色的创意作品，加油！

习题

1. Throwable、Error、Exception 三者之间有何区别？
2. 在 try 块中如果存在 return 语句，其执行是在 finally 块之前还是之后？
3. Java 中抛出异常有几种方法？
4. 如何实现自定义异常？为什么要自定义异常？
5. 编写几个有连续继承关系的自定义异常类，编写一段多 catch 语句的代码来了解多 catch 语句的异常捕获顺序。
6. 选择实际生活中的一个异常事件用程序进行实现，并用异常处理机制给出该事件的处理方式。
7. 运用所学的动画实现方式完成 1～2 个创意作品，主题自拟。有趣的人一定会呈现出有趣的作品，希望能通过作品与他人相识。

第 8 章　人尽其才，物尽其用——多线程

先来设想一个现实生活中的场景：今天午饭有番茄小黄鱼、可乐鸡翅、清炒菠菜和洋葱木耳炒鸡蛋这几个菜，以及主食米饭（见图 8.1）。请问如何安排整个做饭过程呢？

图 8.1　菜品与主食

对于不太会做饭的人，他会等米饭煮熟了再着手摘菜、洗菜吗？一般不会。整个做饭过程会被统筹安排，尽可能让做饭变得高效，不浪费时间。比如等待米饭煮熟的时间可以用来摘菜、洗菜；腌制鸡翅的同时可以处理鱼；炖鱼的同时可以炒菜等。在整个过程中，做饭的人会在摘、洗、切、腌、煎、炒、炖、煮等不同的环节之间切换。这种统筹协调的处理方式不仅可以提升工作效率，还可以减少资源的浪费，即所谓的"人尽其才，物尽其用"。本章将通过模拟"龟兔赛跑"的项目来学习计算机是如何统筹安排各个环节以有效提升性能的。

8.1　龟兔赛跑

"龟兔赛跑"是一个耳熟能详的寓言故事，该故事讲述了一只坚持不懈的乌龟和一只骄傲自满的兔子赛跑的过程。兔子觉得乌龟完全没有胜算，所以中途决定在树下睡一觉后再继续比，没想到一觉醒来却发现已经晚了，最终乌龟赢得了胜利。

项目目标：模拟龟兔赛跑的过程。

设计思路：首先要模拟兔子和乌龟各自独立奔跑的过程，其中乌龟跑得很慢，兔子跑得很快；其次，兔子在中途躺在树下睡觉。这时乌龟仍匀速向前，而兔子待在原地不动；最后，当乌龟快到达终点时兔子醒了，这时兔子和乌龟按照它们各自的速度继续向前奔跑直到终点。

与以往的动画过程不同的是，这里的两只小动物运动速度不同。在第 7 章模拟大雪纷飞时，控制雪花的下落速度利用了 Thread.sleep()方法，通过指定休眠时间长短来控制雪花下落的快慢。虽然雪花数量很多，但它们的下落速度是相同的。而这里尽管只有两只小动物，却需要分别来控制它们的运动速度。

8.1.1 传统的龟兔赛跑

按照由简到繁的原则，在项目完成的过程中可以先选择文字或简单图形来代替兔子和乌龟，待赛跑的整个过程模拟完成之后再完善兔子和乌龟的形象，用可以爬行的乌龟和可以奔跑的兔子来使整个模拟过程更加美观、逼真。

1. 在同一画板上绘制出兔子、乌龟、大树、起点线、终点线

方便起见，用文字或简单图形来表示相关元素。

```java
import java.awt.*;
import javax.swing.*;
class Race{
    public static void main(String args[]) {
        JFrame f=new JFrame("Race");
        f.setSize(1000,600);
        MyPan m=new MyPan();
        f.add(m);
        f.setVisible(true);
    }
}
class MyPan extends JPanel{
    int x1=20,x2=20;
    public void paint(Graphics g) {
        super.paint(g);
        g.fillRect(50, 100, 5, 300);   //起点线
        g.fillRect(850, 100, 5, 300);   //终点线
        g.setFont(new Font(null,Font.BOLD,25));   //设置字体格式
        g.drawString("起点",45, 450);
        g.drawString("终点",845, 450);
        g.drawString("大树",600, 280);
        g.drawString("乌龟",x2, 200);
        g.drawString("兔子",x1, 300);
    }
}
```

2. 模拟兔子和乌龟的赛跑

在 paint()方法后面添加条件语句来控制兔子和乌龟的运动。

```java
public void paint(Graphics g) {
    …
    g.drawString("乌龟", x2, 200);
    if (x2 <= 860)   //乌龟未到达终点前
        x2++;   //乌龟向前奔跑，每次移动一个像素
    else {   //到达终点时显示"乌龟赢了!!! "
        g.drawString("乌龟赢了!!! ", 300, 200);
    }

    if (x1 <= 860) {   //兔子未到达终点前
        if (x1 == 600 && x2 <= 800)   //兔子到达大树处并停留
            x1 += 0;   //兔子停下来睡觉
        else
            x1 += 2;   //兔子向前奔跑，每次移动两个像素
    }

    try {
        Thread.sleep(10);   //图形重画间隔
```

```
    } catch (Exception e) {
    }
    repaint();  //图形重画
}
```

模拟结果如图 8.2 所示。

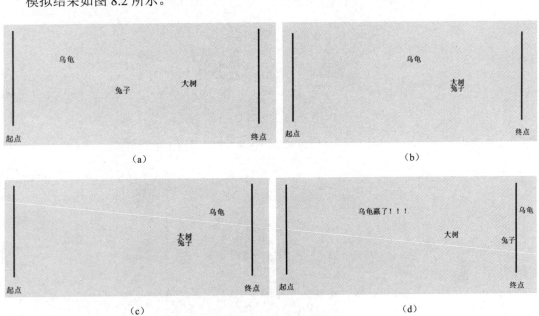

（a）　　　　　　　　　　　　　　　（b）

（c）　　　　　　　　　　　　　　　（d）

图 8.2　龟兔赛跑模拟结果

3．完善兔子和乌龟的形象

为了让比赛更有画面感，接下来可以完善兔子和乌龟的形象。

通过第 7 章的制作，小乌龟可以爬了吧？当然，可以用同样的方法画一只小兔子，并模拟兔子的奔跑过程。这是一个磨砺的过程，很多人会止步于"太麻烦了！""很烦琐啊！""太花时间了！"等杂念。所谓心想事成，不仅是对好事而言，对不好的事一样有功效。一旦有这样的杂念，那么事情就可能做不下去了。事实上，当放下这些杂念，静下心来去做的时候，会发现事情可能并不难，而且一分耕耘，一分收获，所得到的回报自然也是丰厚的。不妨请"过来人"来现身说法吧！下面是一位同学的作品（见图 8.3）和他的心得。

（a）兔子领先

图 8.3　作品分享

（b）兔子睡觉，乌龟继续前行

（c）兔子醒来追赶

图 8.3　作品分享（续）

心得：开始很懒没有做，以为很难，写了后才发现真的很有趣，通过我的双手让它们动起来，忽然觉得是我赋予了它们生命和思想，这太有意思了！特别开心，也很有成就感！

图 8.3 所呈现出来的结果比图 8.2 的模拟结果更活泼、画面动感更强，兔子、乌龟及大树等形象的绘制完全可以通过绘制椭圆形、矩形等简单图形来完成。以下代码是关于乌龟形象的绘制，其他形象的绘制过程类似。

```
// 乌龟
g.setColor(Color.black);  //设置除龟壳外其他部分的颜色
g.drawOval(x2 + 10, 130, 15, 30);  //4 只脚
g.drawOval(x2 + 10, 90, 15, 30);
g.drawOval(x2 + 40, 130, 15, 30);
g.drawOval(x2 + 40, 90, 15, 30);
g.drawOval(x2 - 10, 120, 30, 10);  //头和尾
g.drawOval(x2 + 50, 115, 40, 20);
g.fillOval(x2 + 80, 125, 5, 5);  //两只眼睛
g.fillOval(x2 + 80, 120, 5, 5);
g.setColor(new Color(0, 128, 0));  //设置龟壳的颜色
g.fillOval(x2, 100, 70, 50); //龟壳
```

绘制图形时需要注意如下几点。

（1）为保证身体各部位在运动过程中保持相对位置不变，在绘制各部位的时候尽量使用相对坐标。如把龟壳位置设置为 x2 后，其他部位相对于 x2 进行设置，这样可以保证龟壳移

动时其他部位也跟着一起移动，并保持乌龟的整体形象不受损。

（2）由于顺序结构的程序总是按顺序依次执行的，因此绘制图形时要注意语句的前后位置，如果图形有交叉或重叠，那么后绘制的会覆盖先绘制的。

模拟动物的"漂移"并不困难，但要模拟乌龟爬行和兔子奔跑则需要花点心思。在程序设计过程中，常常在逻辑实现遇到困难时通过增加变量来解决问题。因此可以增加变量move1、move2，通过它们取值的变化来分别模拟兔子和乌龟的运动状态。

```
//控制腿的交替移动
if (move1 != 3) {
    move1 = 3;
} else {
    move1 = -3;
}
```

兔子腿部的图形绘制代码为：

```
g.drawOval(x1 + move1 + 10, 350, 15, 15); //腿
g.drawOval(x1 + move1 + 30, 350, 40, 10);
```

将以上代码与 8.1.1 节中模拟比赛的代码进行融合即可完成图 8.3 所示的运行效果。以下是 paint()方法中的部分关键代码。

```
public void paint(Graphics g) {
    // 画乌龟
    …
    // 画大树
    …
    // 画兔子
    g.setColor(Color.black);
    g.drawOval(x1 - 10, 300, 20, 20);  //尾巴
    g.drawOval(x1 + move1 + 10, 350, 15, 15); //腿
    g.drawOval(x1 + move1 + 30, 350, 40, 10);
    g.drawOval(x1 + 65, 270, 10, 30); //2 只耳朵
    g.drawOval(x1 + 80, 270, 10, 30);
    g.setColor(new Color(230, 237, 160));
    g.fillOval(x1, 300, 70, 60);    //头和身体
    g.fillOval(x1 + 50, 290, 50, 40);
    g.setColor(Color.red);
    g.fillOval(x1 + 80, 300, 8, 8); //眼睛

    //乌龟的爬行
    if (x2 <= 860) {
        x2++;
        if (move2 != 1) {
            move2 = 1;
        } else {
            move2 = -1;
        }
    } else {
        g.drawString("乌龟赢了!!! ", 300, 200);
    }
    //兔子的奔跑与睡觉
    if (x1 <= 860) {
        if (x1 == 580 && x2 <= 800) {  //到达树下，停下来睡觉
            x1 += 0;
            g.setColor(new Color(230, 237, 160)); //模拟闭眼睛
            g.fillOval(x1 + 80, 298, 8, 8);
```

```
        } else {
            x1 += 2;
            if (move1 != 3) {
                move1 = 3;
            } else {
                move1 = -3;
            }
        }
    }
    try {
        Thread.sleep(20);
    } catch (Exception e) {
    }
    repaint();
}
```

8.1.2 真实的赛场角逐

传统意义上的龟兔赛跑是指寓言故事，告诉人们"坚持就是胜利""骄兵必败"等道理，也就是说最终比赛结果是由人为因素控制的。但从比赛的角度来看，人为来控制比赛结果会破坏比赛的公平。因此，本节使用多线程的方式将传统比赛升级为真实的赛场角逐，使比赛结果具有不确定性，减少人为因素的控制。

1. 引入线程

传统的龟兔赛跑过程模拟通过 if 条件控制语句来完成，整个比赛过程与龟兔赛跑的故事相吻合，绘图方法简单，动画活泼可爱，画面感十足，但这并不意味着它就没有提升空间了。试想一下，假如小乌龟的坚持不懈和成功"逆袭"感动了森林里的其他小动物们，以至于很多小动物都来报名参赛，众多参赛队员各自的运动状态仍使用 if 条件语句来控制是否合适呢？另外，在龟兔赛跑的模拟过程中，比赛的结果是确定的，是人为控制的，而真正的赛场角逐是公平的，比赛结果是不确定的，那么，这个比赛过程又如何模拟呢？下面仍以兔子和乌龟为例来分析，龟兔赛跑的模拟方法可以扩充到多人竞技中。

一场赛事中，只有当所有队员都顺利完成比赛之后整场赛事才能圆满结束。每个参赛队员都对应着一个与众不同的参赛过程，他们按照自己的节奏从起点奔向终点。一场小组赛可以看作一个正在进行的任务，每个队员的参赛过程可以看作整个任务中不同的执行单元。在 Java 中，一个正在进行的过程或任务被称为**进程**，进程中所产生的一个或多个执行单元被称为**线程**，线程也就是 Thread.sleep()中提到的 **Thread**，多个执行单元按照不同的方式共同工作的情况就是**多线程**。比如前面提到的做饭是一个进程，而整个做饭过程中所产生的摘、洗、切、腌、煎、炒、炖、煮等不同的环节就是多个线程。可以看出，线程是比进程更小的执行单元，一个进程可以包含一个或多个线程，但一个线程只能属于一个进程。进程是不同的程序，而线程是同一程序中能够共同运行的不同代码段。有关进程和线程的详细阐述可参看8.1.3 节，这里只是引入概念，目的是用多线程来控制兔子和乌龟的运动。

在 Java 中，类和对象是核心，线程当然也不例外。Thread 类是 Java 对线程的具体描述。创建一个线程，实际上就是创建一个新的 Thread 类或其子类的对象的过程。如创建兔子的线程可以用如下语句：

```
Thread rabbit = new Thread(m, "兔子");
```

其中 rabbit 是线程对象名，Thread(m, "兔子")是 Thread 类众多构造方法中的一个，m 指兔子和乌龟所在画板，字符串"兔子"是线程名称。创建乌龟的线程与创建兔子的类似：Thread tortoise = **new** Thread(m, "乌龟");。

线程对象与其他类对象不同，不是一产生就立即使用，它有一个从创建到死亡的完整的**生命周期**。一个完整的生命周期包括新建（New）、可运行（Runnable）、运行（Running）、阻塞（Blocked）和死亡（Dead）5 个不同的状态，其中阻塞状态不一定每个线程都会遇到，但其他 4 种状态则是每个线程都会经历的。就拿赛场角逐来说，成为参赛队员就是新建状态，赛前预备就是可运行状态，赛跑过程就是运行状态，赛跑过程中遇到的像摔倒、身体不适或像兔子一样睡觉等特殊情况就是阻塞状态，到达终点即死亡状态。在龟兔赛跑的程序中，以兔子为例的 5 个状态对应的代码如下。

新建：Thread rabbit = **new** Thread(m, "兔子");。

可运行：rabbit.start();。

运行：public void run(){}。

阻塞：Thread.sleep(20);。

死亡：线程运行结束。

有关生命周期的讲解详见 8.1.4 节。

2．将线程代码融入龟兔赛跑程序

在主方法中加入线程代码。

```
public static void main(String args[]) {
    JFrame f = new JFrame("Race");
    f.setSize(1000, 600);
    MyPan m = new MyPan();
    f.add(m);
    Thread rabbit = new Thread(m, "兔子");
    rabbit.start();
    Thread tortoise = new Thread(m, "乌龟");
    tortoise.start();
    f.setVisible(true);
}
```

上述代码的目的是新建 2 个线程并使其处于可运行状态，但事与愿违，程序出现了如下错误，如图 8.4 所示。

图 8.4　线程对象创建错误

这是因为 Thread 类的构造方法使用错误而造成的线程对象不能正常创建。目前先将程序修改正确，错误原因后续再慢慢分析。

在 class MyPan extends JPanel 后面添加 **implements Runnable**，并在类中加入 **run()** 方法，程序错误即可修复。

```
class MyPan extends JPanel implements Runnable{
    …
    public void paint(Graphics g) {
        …
```

```
    }
    public void run() {
    }
}
```

程序修改后，线程的新建状态（Thread rabbit = new Thread(m, "兔子");）、可运行状态（rabbit.start();）和运行状态（public void run(){}）即可正常完成，只不过运行状态 run() 中的代码为空，因此程序运行结果不会有什么变化。而错误可以修复是因为类 MyPan 实现了线程**接口** Runnable，也就是说它具备了支持线程的能力，因此代码 new Thread(m, "兔子"); 中的参数 m 能够以线程的形式执行而且不再产生错误。

为突出线程的应用，我们仍用文字或简单图形来代替界面元素，改进兔子和乌龟形象后的线程应用程序请参看本书配套资源。

将代码以线程执行的方式做进一步的修改。

```
class MyPan extends JPanel implements Runnable {
    int x1 = 20, x2 = 20;
    String flag = "";  //记录胜利者

    public void paint(Graphics g) {
        //画兔子、乌龟、大树、终点等界面元素
        …
        // 画比赛胜利时的画面
        g.drawString(flag, 300, 200);
    }

    public void run() {
        while (true) { //保证画面不断重画
            try {
                if (Thread.currentThread().getName() == "兔子") {
                    if (x1 <= 860) {//未到终点之前
                        x1++;
                        Thread.sleep(5);
                        if (x1 == 600) {//到达大树处
                            Thread.sleep((int) (7000 * Math.random()));
                        }
                    } else if(flag==""){//到达终点时显示胜利者
                        flag = "兔子赢了!!! ";
                    }
                } else {
                    if (x2 <= 860) {//未到终点之前
                        x2++;
                        Thread.sleep(10);
                    } else if(flag==""){//到达终点时显示胜利者
                        flag = "乌龟赢了!!! ";
                    }
                }
            } catch (Exception e) {
            }
            repaint();
        }
    }
}
```

上述代码中粗体显示的代码是新增或修改过的关键代码，在运行线程的 run() 方法中，通过(Thread.*currentThread*().getName() == "兔子")来区分当前执行的线程是兔子线程还是乌龟线程。让每个参赛队员都对应一个独立的线程，保证了它们各自独立的参赛过程，同时各线程的执行相互影响，又保证了结果的不确定性。如将兔子睡觉时间设为随机值，即 Thread.*sleep*((int) (7000 * Math.*random*()));，可有效地降低人为控制比赛结果的程度，让比赛结果具有不确定性，更接近真实的比赛。

完整代码如下。

```
//龟兔赛跑线程实现
import java.awt.*;
import javax.swing.*;

class Race {
    public static void main(String args[]) {
        JFrame f = new JFrame("Race");
        f.setSize(1000, 600);
        MyPan m = new MyPan();
        f.add(m);
        Thread rabbit = new Thread(m, "兔子");
        rabbit.start();
        Thread tortoise = new Thread(m, "乌龟");
        tortoise.start();
        f.setVisible(true);
    }
}

class MyPan extends JPanel implements Runnable {
    int x1 = 20, x2 = 20;
    String flag = "";

    public void paint(Graphics g) {
        super.paint(g);
        g.fillRect(50, 100, 5, 300); // 起点线
        g.fillRect(850, 100, 5, 300); // 终点线
        g.setFont(new Font(null, Font.BOLD, 25)); // 设置字体格式
        g.drawString("起点", 45, 450);
        g.drawString("终点", 845, 450);
        g.drawString("大树", 600, 280);
        g.drawString("乌龟", x2, 200);
        g.drawString("兔子", x1, 300);
        // 比赛胜利时的画面
        g.drawString(flag, 300, 200);
    }

    public void run() {
        while (true) {
            try {
                if (Thread.currentThread().getName() == "兔子") {
                    if (x1 <= 860) {//未到终点之前
                        x1++;
                        Thread.sleep(5);
                        if (x1 == 600) {//到达大树处
                            // 兔子睡觉时间取随机值
                            Thread.sleep((int) (7000 * Math.random()));
                        }
```

```
        } else if(flag==""){//到达终点时显示胜利者
            flag = "兔子赢了!!! ";
        }
    } else {
        if (x2 <= 860) {//未到终点之前
            x2++;
            Thread.sleep(10);
        } else if(flag==""){//到达终点时显示胜利者
            flag = "乌龟赢了!!! ";
        }
    }
    } catch (Exception e) {
    }
    repaint();
    }
}
}
```

运行结果如图 8.5 所示。

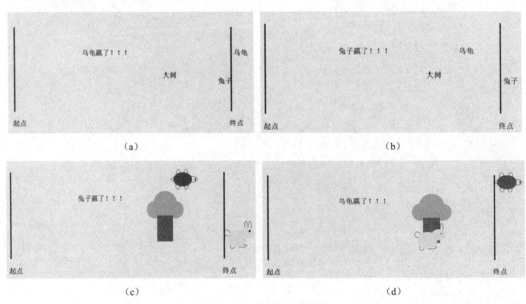

（a）

（b）

（c）

（d）

图 8.5　不确定的比赛结果

8.1.3　线程与进程

在计算机中，用户请求多任务同时运行的情况非常普遍。比如播放音乐的同时登录 QQ；边查杀病毒边在网页上查找资料，并编辑文档；打游戏的同时与队友通过语音或文字进行交流等。每个运行的任务就是操作系统所做的一件事情，而运行一个任务又会启动一个或多个进程。**进程**是独立运行的程序，对应从产生、发展到消亡的过程，如一个正在运行的记事本或浏览器程序。启动 2 次记事本程序则对应 2 个进程，**不同的进程有独立的内存空间**。一个进程又可以包含一个或多个线程，每个线程也都有自身的产生、执行和消亡的过程，这些**线程可以共享相同的内存空间**（代码和数据），并通过内存的共享来完成数据交换、通信和必要的同步等操作。**多线程**就是指同时存在多个执行单元，按照不同的执行方式共同工作的情况。

154

一般来说，使用多线程的主要目的很简单，就是让程序获得更高的性能。如果程序运行的硬件环境是多 CPU，那么多线程可以更好地发挥硬件的性能，增大程序的数据吞吐量，加快程序的响应速度，取代复杂的进程通信，使程序结构更为清晰。这种多 CPU 的处理方式称为**并行**执行。如果只有一个 CPU，那么每个时刻只能有一个线程在运行，就如同一个人只有一个大脑，每个时刻只能做一件事一样。从宏观上看，好像多个程序都在运行，但事实上是 CPU 把时间切分得足够细，通过在不同线程间的快速切换所造成的线程"同时"执行的假象。这种 CPU 的轮转方式称为程序的**并发**执行，它可以有效提高 CPU 的利用率，更高效地使用系统资源，提高程序的运行效率。

需要注意的是，多线程虽然可以提高程序性能，但并不是线程越多越好，这当中存在线程数和程序性能的平衡，过多的线程可能会严重影响程序的性能。比如，每个线程的工作量过少可能导致线程启动和终止时的开销比程序实际工作的开销还大；或者过多的线程可能导致共享有限硬件资源的开销增大等。因此需要依据实际情况来考虑是否使用多线程。同时需要指出的是，Java 的多线程并非完全与平台无关，它是在具体操作系统的线程支持基础上实现的，所以开发多线程需要考虑实际的运行环境。

事实上，即使不写多线程程序，Java 程序本身也是多线程的，main()方法被调用的时候多线程机制就已经存在了。程序所处的线程称为前台线程，为前台线程服务的称为后台线程，也称为守护线程或精灵线程，比如 Java 虚拟机的垃圾回收机制。当前台线程都死亡后，后台线程会自动死亡。

8.1.4　多线程的生命周期

如前所述，每个线程都要经历从产生到消亡的整个过程，这一过程称为线程的一个完整的**生命周期**，包括新建、可运行、运行、阻塞和死亡 5 种不同的状态，线程在不同状态之间切换。

1．新建状态

Java 中创建线程常用的方法有如下 2 种。

（1）通过继承 Thread 类来创建线程，在子类中重写 run()方法。

（2）通过实现 Runnable 接口来创建线程。

Runnable 接口中只有 run()方法，因此只需在实现该接口的线程类中重写 run()方法即可。事实上，Thread 类也实现了 Runnable 接口（有关接口的详细介绍可参阅第 9 章）。

创建一个线程实际就是新建一个线程对象，可以通过 new 运算符实现。如：

```
Thread rabbit = new Thread(m, "兔子");
Customer c1 = new Customer("Tom"); //参看 8.3.1 银行取款模拟程序
```

其中 rabbit 和 c1 都是线程对象，可以在实现 Runnable 接口的 MyPan 类或 Thread 的子类 Customer 中看到重写 run()方法的代码。

创建对象时会自动调用构造方法进行初始化，Thread 类的构造方法如下。

```
public Thread();
public Thread(Runnable target);
public Thread(ThreadGroup group, Runnable target);
public Thread(String name);
public Thread(ThreadGroup group, String name));
public Thread(Runnable target, String name);
public Thread(ThreadGroup group, Runnable target, String name);
```

其中，Runnable target 为实现了 Runnable 接口的类的实例。需要指出的是，由于 Thread 类也实现了 Runnable 接口，因此，Thread 子类的实例也可以作为 target 传入构造方法。

String name 是指线程的名字，可以通过字符串的方式传入。同样，线程名字还可以通过 Thread 类的 setName()方法设置。如果不设置线程名字，线程就会使用默认的线程名 Thread-*N*，*N* 表示线程建立的顺序，是一个不重复的正整数。

ThreadGroup group 是指当前线程所属的线程组。线程组表示一组线程的集合，用来批量管理线程或线程组对象。在创建线程时可以指定其所在的线程组，但在线程运行中不能改变它所属的线程组。如果没有指定线程属于哪个线程组，那么所有的线程都属于默认线程组（即 main 线程组）。线程组可以在一定程度上保证数据的安全性，因为不同的线程组之间不能相互修改数据。

另外，除了上述 2 种常用的创建线程的方法外，还可以通过 Callable 和 Future 接口来创建线程。Callable 是从 Java 5 开始新增的接口，是 Runnable 接口的增强版，接口中所提供的 call()方法可以有返回值，也可以声明抛出异常，比 run()方法功能更强大。但由于它的代码比较复杂，所以一般不用。关于这个创建线程的方法本书中不详细阐述，读者可以查阅相关资料。

2．可运行状态

线程对象创建后，调用 start()方法，线程进入可运行状态，此类线程通常也叫作启动线程。这时的线程已经满足了运行需要的所有条件，进入线程等待队列等待被执行，也就是等待获得 CPU 使用权。特别要注意的是，**多次启动一个线程是不允许的，特别是当线程已经结束执行后，不能再重新启动。**

3．运行状态

当获得 CPU 使用权时，线程进入运行状态，这时会自动调用 run()方法。只有处于可运行状态的线程才有机会转入运行状态。

4．阻塞状态

一个正在运行的线程在某些情况下会让出正在使用的 CPU 资源并暂时停止自己的执行过程，进入阻塞状态。当线程处于阻塞状态时，Java 虚拟机不会给线程分配 CPU，直到线程重新进入可运行状态。阻塞的情况分等待阻塞（执行 wait()方法、线程进入等待池）、同步阻塞（运用 synchronized 对被访问资源加同步锁）、其他阻塞（执行 sleep()或 join()方法、发出了输入输出请求等）。

处于阻塞状态的线程通常需要特定的条件来解除阻塞。例如，调用了 sleep(long millis) 方法的线程处于休眠状态，需要等待休眠的结束（其中休眠时间以 ms 为单位）；执行了 wait() 方法的线程需要通过 notify()方法或 notifyAll()方法来唤醒等待线程；访问 synchronized 资源时需要等待资源解锁等。

5．死亡状态

线程进入死亡状态表示线程已退出运行状态，并且不再进入线程等待队列。死亡状态可以分为正常死亡和非正常死亡两种情况。正常死亡是指线程已执行完毕，属于正常结束；非正常死亡是指线程在未执行完毕之前被其他线程强行中断，或因异常退出了 run()方法，导致线程结束生命周期。

线程的生命周期如图 8.6 所示，例 8-1 体现了线程完整的生命周期。

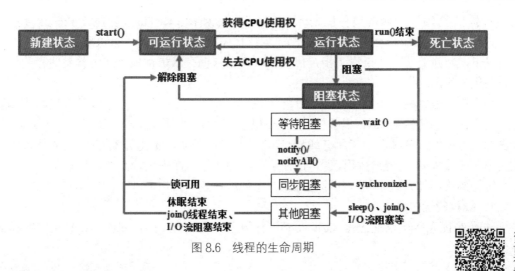

图 8.6　线程的生命周期

【例 8-1】多线程的生命周期——小球下落

```java
import java.awt.*;
import javax.swing.*;
class Ball{
    public static void main(String ars[]){
        Frame f=new Frame();
        f.setSize(500,500);
        P p=new P();
        f.add(p);

        Thread t=new Thread(p);//新建状态
        t.start();//可运行状态

        f.setVisible(true);
    }
    //线程运行结束，死亡状态
}
class P extends Panel implements Runnable{
    int x=200;
    int y=30;
    public void paint(Graphics g){
        g.fillOval(x,y,30,30);
    }
    public void run(){//运行状态
        while(true){
            y++;
            try{
                Thread.sleep(20);//阻塞状态
            }catch(Exception e){}
            repaint();
        }
    }
}
```

8.1.5　线程的优先级与调度

同一时间处于可运行状态排队等待的线程有很多个，由于不同任务的重要程度不同，因

零基础 Java 入门教程（微课版）

此 Java 提供了 10 个等级的线程优先级，最高优先级为 10（即 Thread.MAX_PRIORITY），最低优先级为 1（Thread.MIN_PRIORITY），默认优先级为 5（Thread.NORM_PRIORITY）。一般情况下，新建的线程如果没有指定优先级，那么它拥有默认优先级或与其父线程的优先级一致的优先级。

为了更好地完成工作且更合理地分配 CPU 资源，Java 提供了一个线程调度器来调度线程，这个线程调度器为 Java 虚拟机。线程调度分为分时调度和抢占式调度 2 种，Java 使用**抢占式调度**模型。分时调度指所有线程轮流使用 CPU 资源，平均分配 CPU 的时间。抢占式调度则按照线程的优先级分配资源，让处于可运行状态中优先级较高的线程占用 CPU，如果排队等待的线程优先级相同，就随机选择一个线程，使其占用 CPU。

1．线程的优先级

线程的优先级可以通过 setPriority()进行设置，也可以调用 getPriority()获取线程的优先级。

【例 8-2】线程的优先级

```java
class ThreadTest{
    public static void main(String args[]){
        MyThread t1=new MyThread();  //创建线程
        MyThread t2=new MyThread();
        t1.setName("Test"); //设置线程的名称
        t1.setPriority(Thread.MAX_PRIORITY); //设置线程的优先级
        t1.start();  //启动线程
        t2.start();
    }
}
class MyThread extends Thread{
    public void run(){  //运行线程
        for(int i=0;i<3;i++){
            //getName()用于获取线程名称,getPriority()用于获取线程的优先级
            System.out.println(currentThread().getName()+"的优先级为
"+currentThread().getPriority());
        }
    }
}
```

运行结果如图 8.7 所示。

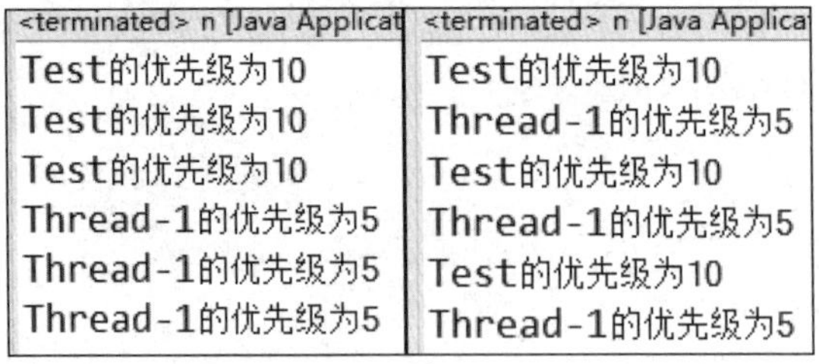

<terminated> n [Java Applicat	<terminated> n [Java Applica
Test的优先级为10	Test的优先级为10
Test的优先级为10	Thread-1的优先级为5
Test的优先级为10	Test的优先级为10
Thread-1的优先级为5	Thread-1的优先级为5
Thread-1的优先级为5	Test的优先级为10
Thread-1的优先级为5	Thread-1的优先级为5

图 8.7　例 8-2 的运行结果

从例 8-2 中可以看出，线程是通过继承 Thread 类的形式实现的，新建了 t1、t2 两个线程，通过 setName()方法设置了 t1 线程的名称为 Test，同时给 t1 线程指定了最高的优先级，运用 start()方法启动线程。在运行线程的 run()方法中通过 currentThread()获取当前线程，并调用 getName()方法得到当前线程的名称。可以看出，未设置名称的线程采用默认名称：Thread-N。

158

通过调用 getPriority()方法得到当前线程的优先级。

特别要注意的是，线程的优先级与线程的执行顺序并不相关。因为线程的调度不仅取决于 Java 虚拟机，还取决于操作系统。优先级高仅代表抢占 CPU 资源的概率大，并非完全独占 CPU；优先级低的线程也并非要等到优先级高的线程运行完才能运行，相对来说，优先级低的线程抢占 CPU 资源的概率小一些。

2．线程的调度

Java 的线程调度是抢占式的，其目的是为不同的程序比较合理地安排运行时间，更加充分地利用系统资源。如果希望将运行机会让给其他线程，那么可以放弃 CPU 执行权。一个线程放弃 CPU 执行权有以下几种情况。（1）线程结束运行。（2）Java 虚拟机让当前线程暂时放弃 CPU，转到可运行状态排队等待，使其他线程获得运行机会，如调用 Thread.yield()方法、调整各线程的优先级等。（3）当前线程出于某些原因而进入阻塞状态，如调用 sleep()方法、join()方法、wait()方法或使用同步锁等。

在 Java 中，抢占式的调度不能保障线程的执行顺序，因此可以通过放弃 CPU 执行权的方法来实现一定程度上对线程的调度。下面介绍几种常用的线程调度方法，不过需要注意的是，有些方法可能只是影响线程进入运行状态的几率，不一定能起到约束线程的作用。

调整线程优先级： 当可运行状态等待队列加入一个新线程，整个队列中的线程就会重新比较优先级，高优先级的线程会先被调度执行。因此，调整各个线程的优先级，可以改变线程的执行概率。

线程休眠： Thread.sleep(long millis)。处于运行状态的线程调用 sleep()方法后会转到阻塞状态，sleep()方法引起的阻塞又称为线程休眠。millis 参数用于设定休眠的时间，以 ms 为单位。当线程休眠结束后，就转到可运行状态。

线程让步： Thread.yield()。yield()方法用于主动把一次执行机会让给具有相同或者更高优先级的线程，直到对方执行结束。其中，sleep(long millis)方法和 yield()方法都用于主动放弃对 CPU 的控制权，其区别如下。

（1）sleep()方法允许各个级别的线程获得执行机会，包括优先级较低的线程；而 yield()方法则只允许与当前线程同优先级和更高优先级的线程执行，如果其他线程优先级都较低则继续执行当前线程，不会让出 CPU 资源。

（2）sleep()方法将当前线程转入阻塞状态，而 yield()强制将当前线程转入可运行状态，因此可能某个线程调用 yield()后立即再次获得 CPU 资源。

（3）sleep()方法声明抛出 InterruptException 异常，而 yield()没有声明抛出任何异常。

（4）sleep()比 yield()有更好的移植性，不建议使用 yield()控制并发线程执行。

线程联合（加入）： Thread.join()。在当前线程中调用另一个线程的 join()方法，则当前线程转入阻塞状态，直到另一线进程运行结束，当前线程再由阻塞状态转为可运行状态。关于 join()方法可以参看例 8-3 和例 8-4 的运行结果（见图 8.8、图 8.9）。

【例 8-3】未使用 join()方法的实例

```
class NoJoinTest{
    public static void main(String args[]) {
        Thread1 t=new Thread1();
        t.start();
        System.out.println("我是主线程");
        System.out.println("主线程在执行");
    }
```

```
    }
class Thread1 extends Thread{
    public void run(){
        for(int i=0;i<2;i++) {
            System.out.println("子线程执行第"+(i+1)+"次");
        }
    }
}
```

从图 8.9 所示的运行结果可以看出，主线程在子线程执行结束之前就已经执行结束了，如果想让主线程在子线程之后执行，就需要调用 join()方法让主线程暂时处于阻塞状态。

【例 8-4】使用 join()方法的实例

```
class JoinTest{
    public static void main(String args[]) {
        Thread1 t=new Thread1();
        t.start();
        try{
            t.join();   //使用 join()
        }catch(Exception e) {}
        System.out.println("我是主线程");
        System.out.println("主线程在执行");
    }
}
class Thread1 extends Thread{
    public void run(){
        for(int i=0;i<2;i++) {
            System.out.println("子线程执行第"+(i+1)+"次");
        }
    }
}
```

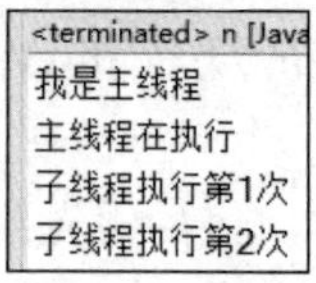

图 8.8　例 8-3 的运行结果 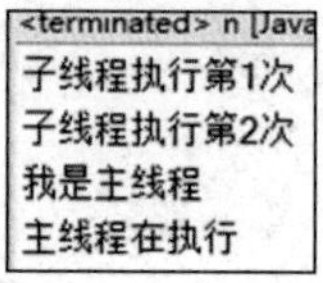　　　图 8.9　例 8-4 的运行结果

8.2　举一反三

很多事都有其两面性，就像龟兔赛跑中兔子的停停走走，很多人把它作为反面教材，从中感悟到了"人生的真谛在于坚持不懈""不能一日暴之，十日寒之""骄傲使人落后"等道理，但有的人通过兔子的停停走走想到了爱与礼让，实现了"妈妈的爱""十字路口的智能让行""礼让斑马线""文明乘车"等。同样的事情，不同的人感悟不同，这也正是多彩世界的奇妙之处——"万物并育而不相害，道并行而不相悖"，它千姿百态，包罗万象。下面分享一些创意作品的设计思路和关键代码，可以一起来学习，真正"沉浸式"地体验其中的快乐。作品的完整代码可参看本书配套资源。

8.2.1　妈妈的爱

天上下着雨，毛毛虫妈妈带着宝宝正急匆匆地往家赶。为了不让宝宝淋雨，妈妈努力撑着一片大大的叶子，虽然自己的半个身子还在"伞"外，但她全然不顾，尽力遮挡着宝宝。宝宝奋力地向前爬着，但它的速度太慢了，总是赶不上妈妈。妈妈就爬一会儿停下来等等它，保证宝宝始终在妈妈的"保护"下。毛毛虫妈妈的停停走走饱含爱意，有时候驻足是为了更好地并肩同行。设计思路和关键代码如下。

毛毛虫的身体由 3 个椭圆形组合而成，通过中间椭圆形的上下移动来达到身体起伏的效果，配合整个身体的向前移动可以模拟毛毛虫的蠕动过程。

```
//妈妈的爬行，用 flag 标志身体的上下蠕动，宝宝的爬行也类似
if (x5 < 60)     flag = false;
else     flag = true;
if (flag == true) {
    x1 += m; //向前移动
    x2 += n;
    x5 -= t; //身体起伏
}else{
    x3 += m;
    x2 += n;
    x5 += t;
}
//妈妈等待宝宝
if (x6 - x1 < 10) {
    f = false;
}
if (x6 - x1 > 100) {
    f = true;
}
if (f == true) {
    m = 12;
    n = 6;
    t = 8;
}else {//妈妈停下来等待
    m = 0;
    n = 0;
    t = 0;
}
```

以上是关键代码，运行结果截图如图 8.10 所示。

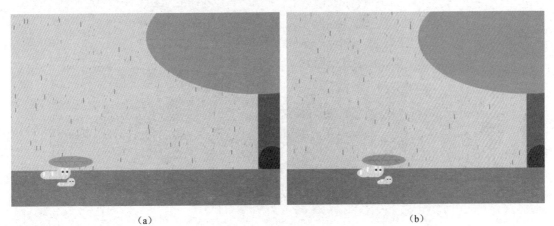

（a）　　　　　　　　　　　　　　（b）

图 8.10　运行结果截图

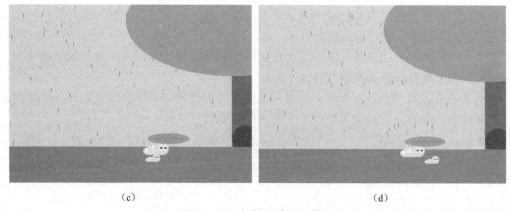

（c）　　　　　　　　　　　　　（d）

图 8.10　运行结果截图（续）

8.2.2　十字路口的智能让行

随着无人驾驶技术的不断成熟，智能交通逐步成为新的需求，交通安全则是智能交通要解决的首要问题。作为城市交通路网的关键部分，十字路口的通行能力影响着城市交通的畅通程度。本案例运用多线程技术模拟东、西、南、北 4 个方向的车流，让车辆在无信号灯控制的十字路口自动让行，避免发生碰撞，有效地保证交通安全及路面畅通。

运用龟兔赛跑项目的原理，将同向赛跑的两个小动物更改为一个横向运动、一个纵向运动的车辆，并把兔子睡觉的过程演变成车辆在十字路口的停车避让过程，这样就具备了智能交通的雏形，剩余的工作无非就是把单行道改为双向车道，多加几个 if 语句来判断十字路口的避让情况，同时加一些道路标识美化整个画面。比如图 8.11 中模拟了繁忙的交通路况，同时还加入了前面大雪纷飞的代码，让整个画面更加生动美观。

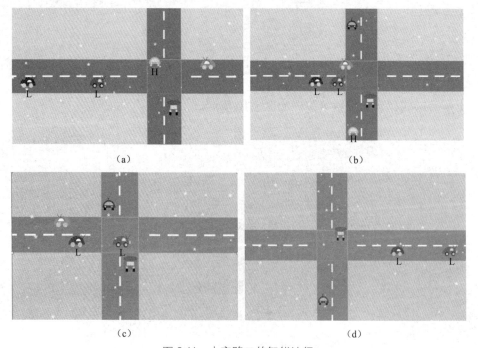

（a）　　　　　　　　　　　　　（b）

（c）　　　　　　　　　　　　　（d）

图 8.11　十字路口的智能让行

从图 8.11 中可以看出，路面上车辆来来往往，图 8.11（a）中 H 车辆正在通过十字路口，其他车辆还未到达十字路口，所以所有车辆都可以正常行驶。图 8.11（b）中同向的两辆 L 车辆在停车避让纵向车辆。图 8.11（c）表示纵向车辆在等待横向车辆通过十字路口。图 8.11（d）表示十字路口空闲时车辆的正常行驶。设计思路和关键代码如下。

思路一：利用纵横两个方向的交替控制达到十字路口车辆的避让效果。

以图 8.11 中从左至右行驶的第一辆 L 车辆为例，运用 g.fillArc(x1+=n,545,90,90,-180,-180); 绘制车身，其中 x1 为控制车辆运动的变量，n 表示它运动的步长。当它行驶到十字路口时停止，即 if(x1>735) {n=0;}，当自上而下行驶的车辆通过十字路口后再让它继续行驶，即 if(y1>850) {n=8;}。其中 y1 为控制自上而下的车辆运动的变量。这就是利用纵向车辆的位置来作为激活横向车辆行驶的条件，两个方向的交替控制即可达到十字路口车辆的避让效果。这种方法实现难度并不大，主要利用 if 语句完成，但其缺点是代码比较烦琐，对车辆的控制功能不够完善，要模拟车辆的川流不息比较困难。

思路二：不以十字路口作为研究对象，运用综合逻辑判断完成车辆避让。

当十字路口中心出现纵向来车时，横向车辆将会在十字路口停下，直到十字路口中心没有纵向来车时再通行，反之亦然。

```
//右方来车停止
if((1080<a&&a<1150)&&((400<b&&b<780)||(480<d&&d<750))) m=0;
//上方来车停止
if((350<b&&b<400)&&((780<a&&a<1150)||(750<c&&c<1080))) n=0;
//左方来车停止
if((680<c&&c<730)&&((400<b&&b<780)||(480<d&&d<750))) s=0;
//下方来车停止
if((750<d&&d<800)&&((780<a&&a<1150)||(750<c&&c<1080))) t=0;
//无横向车辆通过十字路口时，允许纵向车辆通行
if((a<730&&c>1080)||(a<730&&c<730)||(a>1080&&c>1080)) {
    n=(int)(Math.random()*5+1);//车辆行驶速度取 1～6 的随机值
    t=(int)(Math.random()*5+1);
}
//无纵向车辆通过十字路口时，允许横向车辆通行
if((b>750&&d>750)||(b<400&&d<400)||(b>750&&d<400)) {
    m=(int)(Math.random()*5+1);
    s=(int)(Math.random()*5+1);
}
```

其中 m、n、s、t 分别表示右方、上方、左方、下方来车的速度，a、b、c、d 分别表示右方、上方、左方、下方来车的横坐标或纵坐标位置。使用该思路不仅代码更为简洁，而且判断更为严谨，可以模拟川流不息的车辆。同时运用随机值来控制车速，使得模拟效果更为真实。

思路三：将每辆车视作对象，运用面向对象程序设计思想完成项目。

创建车辆类和十字路口类，指定车辆的位置和十字路口的情况。

```
class Car{// 车辆类
    int x; //车辆坐标
    int y;
    Car(int x, int y) {
        this.x = x;
        this.y = y;
    }
}
```

```
class Cross { //十字路口类
    int countX, countY;//记录横、纵向车辆是否进入十字路口的变量
    Cross() {
        this.countX = 0;
        this.countY = 0;
    }
    //十字路口情况
    boolean Situation() {
        if (this.countX != 0 && this.countY != 0) {
            return false;//横、纵向车辆同时出现在十字路口
        } else return true;//其他情况
    }
}
```

创建车辆类和十字路口类对象，给出十字路口判断情况（以横向车辆为例）。

```
// 横向车辆是否进入十字路口
if ((550 <= car1.x && car1.x <= 850) || (550 <= car2.x && car2.x <= 850)) {
    crossing.countX = 1;// 横向车辆进入十字路口
}else crossing.countX=0;
```

其中 car1、car2 分别表示横向上行和下行车辆，crossing 表示十字路口对象。横、纵向车辆未同时到达十字路口时，车辆在各自的道路上正常行驶。

```
if (crossing.Situation() == true) { //横、纵向车辆未同时到达十字路口的情况
    car1.x++;
    car2.x--;
    car3.y++;
    car4.y--;
}
```

而当它们在十字路口相遇时则依据优先进入十字路口的车辆优先通过的原则来相互让行（以横向车辆为例）。

```
//如果横向车辆先进入十字路口，则横向车辆继续行驶，纵向车辆让行
if ((car1.x - 550) >= (car3.y - 200) || (car1.x - 550) >= (500 - car4.y)
    ||(850 - car2.x) >= (car3.y - 200) || (850 - car2.x) >= (500 - car4.y)) {
    car1.x++;
    car2.x--;
    if(car3.y<200) {//未到达十字路口的车辆正常行驶
        car3.y++;
    }
    if(car4.y>500) {
        car4.y--;
    }
}
```

这样也可以完成十字路口车辆的智能让行，如果想要模拟得更真实还可以改变每辆车的行驶速度。

程序设计过程就是一种创作的过程，这里提供的 3 种实现方式并非标准答案，只是用来拓宽思路，达到启发的目的。比如，"车让车"可以模拟智能交通，还可以模拟"车让人"，如车辆停在斑马线外等待行人通过，同理，还可以模拟"文明乘车"，比如在地铁站等待车辆进站、排队上车等整个乘车过程。创作没有标准答案，只要敢于开始并愿意坚持就是强者。对于智能交通项目也有不少运用多线程实现的例子，可以在网上查询。

从前面看到，运用多线程可以使得项目模拟更为真实，于是有人利用多线程模拟了体育场上的角逐，还有人模拟了银行取款等，都很有趣。每个人通过自己的学习和实践，成功地把想法展示在了屏幕上，不仅使自己成长了，而且给他人分享了快乐。知识有限，创意无穷，

期待在作品中与更多的美好相遇！

8.2.3　体育场上的角逐

模拟多名参赛选手在跑道上奋力拼搏的过程，比赛结果具有随机性。

将龟兔赛跑程序进行稍稍改动即可模拟多人角逐的场面。图 8.12 模拟了 6 条跑道中 6 名参赛选手竞技的过程，它们分别对应不同的线程。由于人数较多，因此运用数组来控制线程和参赛选手的位置坐标。

```
//多个线程的创建和启动
Thread[] player = new Thread[6];
for (int i = 0; i < 6; i++) {
    player[i] = new Thread(m);
    player[i].start();
}
//每名参赛选手的位置坐标(x,y)
int[] x = new  int[6];
int[] y = new  int[6];
```

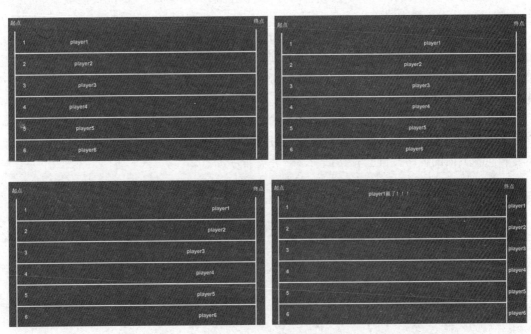

图 8.12　体育场上的角逐

位置坐标的初始化同画满天星星时的处理方法相同，在构造方法中完成。

```
//对位置坐标进行初始化
Run() {
    for (int i = 0; i < 6; i++) {
        x[i] = 0;
        y[i] = 160 + i * 100;
    }
}
```

值得一提的是，为了模拟真实角逐中比赛结果的不确定性，每个线程的休眠时间采用随机值：Thread.*currentThread*().*sleep*((int) (10 * Math.*random*()));。这里使用 Thread.*currentThread*()

来找到当前线程，也就是当前的参赛选手，给他指定一个随机的休眠时间，以此来模拟每个人以不同的速度奔跑。这种方式同龟兔赛跑中运用线程名称来控制线程的方式有所不同。

竞技类的游戏原理都是相同的，这里不赘述。可以通过增加分数设置来增强游戏的娱乐效果，还可以将文字换为图片、图形等增强游戏的画面感。类似的游戏有很多很多，读者可以尽情地发挥想象力，大胆地实践。

8.3 银行取款

多线程抢占式的调度方式使得比赛结果具有不确定性，正是由于不确定性才体现出了比赛的公平。但是对于模拟银行取款而言，这种抢占式的调度方式则会成为比较令人烦恼的事情。

8.3.1 银行取款模拟

假设银行目前有 100 万元，2 位顾客同时在不同的窗口办理取款业务，每人取款 20 万元。为了保证安全，银行要求单笔取款金额不能超过 5 万元，要取到 20 万元需要分 4 笔业务办理。同时，为了提升服务效率，银行在办理业务时，不会等一个窗口办理完毕后再开启下一个窗口，而是不同窗口同时办理业务。这就需要银行系统有统筹协调的能力，不仅要保证每个窗口服务时间基本均衡，还要随时保证取款金额和剩余金额的正确性，因此我们选用多线程对整个取款过程进行模拟。

整个取款过程是一个完整的进程，那么给每位顾客服务的过程可以看作不同的线程，每位顾客分别办理 4 笔业务。想一想可以如何设计程序。依据前面所学的内容一定可以完成。不要着急看下面的程序，自己先尝试一下。完整程序如下。

```java
class Customer extends Thread {// 定义线程类
    private int sum = 1000000;// 银行目前总金额
    Customer(String s) { // 构造方法
        super(s);
    }
    public void take(int k) {// 取款
        if (k <= sum) {// 当取款金额小于剩余金额时
            sum -= k;
            System.out.println(Thread.currentThread().getName() + "取走了" + k + "
元，" + "银行剩余金额：" + sum + "元。");
        } else {
            System.out.println("银行剩余金额不足！");
        }
        try {
            Thread.sleep((int) (1000 * Math.random()));// 每笔业务的服务时间
        } catch (InterruptedException e) {
        }
    }
    public void run() {// 运行线程
        for (int i = 1; i <= 4; i++) {// 每个顾客需要办理 4 笔业务
            take(50000);// 每次取 50000 元
        }
    }
}
```

```
class TakeMoney {
    public static void main(String args[]) {
        Customer c1 = new Customer("Tom"); // 创建线程 1
        Customer c2 = new Customer("Jane"); // 创建线程 2
        c1.start(); // 启动线程
        c2.start();
    }
}
```

整个程序比较简洁，逻辑也不是很复杂，需要注意的是，创建线程的方法与以往的有所不同。前面的程序中都直接用 Thread 类来创建线程对象（Thread t=new Thread();），这里则定义了 Thread 类的子类 Customer，通过 Customer 来创建线程对象（Customer c1=new Customer("Tom");）。线程类的子类也具备线程的功能，因此创建的线程同样可以有新建、可运行、运行、阻塞、死亡等状态。

上述程序连续运行 2 次的运行结果如图 8.13 所示。

<terminated> n [Java Application] D:\java\bin\javaw.exe	<terminated> n [Java Application] D:\java\bin\javaw.exe
Tom取走了50000元，银行剩余金额：950000元。	Jane取走了50000元，银行剩余金额：950000元。
Jane取走了50000元，银行剩余金额：950000元。	Tom取走了50000元，银行剩余金额：950000元。
Jane取走了50000元，银行剩余金额：900000元。	Tom取走了50000元，银行剩余金额：900000元。
Tom取走了50000元，银行剩余金额：900000元。	Jane取走了50000元，银行剩余金额：900000元。
Jane取走了50000元，银行剩余金额：850000元。	Jane取走了50000元，银行剩余金额：850000元。
Tom取走了50000元，银行剩余金额：850000元。	Jane取走了50000元，银行剩余金额：800000元。
Tom取走了50000元，银行剩余金额：800000元。	Tom取走了50000元，银行剩余金额：850000元。
Jane取走了50000元，银行剩余金额：800000元。	Tom取走了50000元，银行剩余金额：800000元。

图 8.13　取款服务的运行结果

从图 8.13 中可以看出，2 次的运行结果并不相同，如果再多运行几次，会发现两个人取款的次序是不确定的。事实上，这种现象在现实中比较常见，因为每笔业务的服务时间不同，谁先办理完是随机的，因此呈现出不同的取款次序。但仔细观察每次的运行结果，会发现银行系统出现了故障。Tom 和 Jane 两个顾客分别取了 4 次，每次取了 50000 元，一共取走了 40 万元，但银行剩余金额还有 80 万元。从取款过程来看确实存在两人各取走 50000 元但总金额却只减少了 50000 元的情况。单纯跟踪每个顾客的取款过程，似乎有 2 个现金池，每个现金池里面都是 100 万元，每个人从自己的现金池里取钱。

回过头来分析程序，总金额 sum 是这样定义的：private int sum=1000000;，它是 Customer 类的一个非静态属性，因此不属于类属性，每一个 Customer 类对象都对应一个 sum 变量，因此每个顾客都会有 100 万元。显然这样定义与要求是不相符的，所以要将 sum 定义为类属性，同时将访问类属性的 take()方法设置为类方法。

```
private static int sum=1000000;//银行目前总金额
public static void take(int k) {// 取款
```

观察图 8.14 所示的运行结果，最终的结果是正确的，总金额为 100 万元，两人共取走 40 万元，还剩余 60 万元。但是仔细观察，取款的过程还是有误。比如一开始只有一个人取款，但剩余金额只有 90 万元了。同时，后面也存在两个人各取了 5 万元但剩余金额只减少 5 万的情况。也就是说，尽管最终的结果是正确的，但整个过程还是存在问题。为什么呢？这当然跟多线程的运行机制有关，简而言之，就是两个窗口同时访问银行系统，当一个窗口看到剩余金额有 100 万元时进行操作，同时另一个窗口也访问了银行系统，因为第一个窗口取钱过程并未结束，因此它看到的也是 100 万元，而一旦两个窗口同时操作结束，系统所显示的剩余金额数就直接变为了 90 万元而不是依次出现 95 万元和 90 万元，一旦出现余额不足的情况就有可能引起矛盾。这种多个线程访问一个对象出现问题的情况被称为**不是线程安全**的。因此，为了避免资源访问的冲突，使多个线程能够协调工作，需要引入线程的同步机制，这称为**同步锁**。详细阐述请见 8.3.2 节，这里先保证程序能正常运行。

```
<terminated> n [Java Application] D:\java\bin\javaw.exe
Jane取走了50000元，银行剩余金额：900000元。
Jane取走了50000元，银行剩余金额：850000元。
Jane取走了50000元，银行剩余金额：800000元。
Tom取走了50000元，银行剩余金额：750000元。
Jane取走了50000元，银行剩余金额：700000元。
Tom取走了50000元，银行剩余金额：700000元。
Tom取走了50000元，银行剩余金额：650000元。
Tom取走了50000元，银行剩余金额：600000元。
```

```
<terminated> n [Java Application] D:\java\bin\javaw.exe
Jane取走了50000元，银行剩余金额：900000元。
Tom取走了50000元，银行剩余金额：850000元。
Tom取走了50000元，银行剩余金额：800000元。
Jane取走了50000元，银行剩余金额：750000元。
Jane取走了50000元，银行剩余金额：700000元。
Tom取走了50000元，银行剩余金额：650000元。
Tom取走了50000元，银行剩余金额：600000元。
Jane取走了50000元，银行剩余金额：600000元。
```

图 8.14　运用静态变量后取款服务的运行结果

在类方法 take()上加同步锁：

```
public synchronized static void take(int k) {// 取款
```

对资源加锁很简单，在方法前面添加 synchronized 关键字即可。再次运行程序，运行结果如图 8.15 所示。

```
Tom取走了50000元，银行剩余金额：950000元。
Tom取走了50000元，银行剩余金额：900000元。
Jane取走了50000元，银行剩余金额：850000元。
Jane取走了50000元，银行剩余金额：800000元。
Jane取走了50000元，银行剩余金额：750000元。
Jane取走了50000元，银行剩余金额：700000元。
Tom取走了50000元，银行剩余金额：650000元。
Tom取走了50000元，银行剩余金额：600000元。
```

```
Tom取走了50000元，银行剩余金额：950000元。
Jane取走了50000元，银行剩余金额：900000元。
Jane取走了50000元，银行剩余金额：850000元。
Tom取走了50000元，银行剩余金额：800000元。
Tom取走了50000元，银行剩余金额：750000元。
Jane取走了50000元，银行剩余金额：700000元。
Jane取走了50000元，银行剩余金额：650000元。
Tom取走了50000元，银行剩余金额：600000元。
```

图 8.15　添加同步锁后取款服务的运行结果

这次的运行结果完全正确，多次运行也不会出现差错了。想一想，同样的方法还可以用于解决什么样的实际问题呢？它是否可以模拟火车票、机票的售票业务呢？不妨试一试。

8.3.2　多线程的同步

在实际的多线程应用中，往往涉及多个同时运行的线程需要共享数据资源的情况，比如前面银行取款模拟的实例。在共享数据资源时，如果一个线程正在使用某个资源，而另一个线程在更新它，那么会引起数据访问的混乱。因此，对于多个线程共享的资源，需要采取控制措施，保证每次只有一个线程能够使用它，这就是线程的同步问题。

1．线程的同步

为了使多线程的运行是正常的，可以采取一些措施防止出现资源访问的冲突，普遍的做法是给被访问的资源加锁。也就是说，当一个线程使用某资源时，给该资源加锁，使用结束后解锁，其他线程必须在资源解锁后才能访问资源。

在 Java 中对资源加锁的方法非常简单，使用 synchronized 关键字修饰相应方法或代码块即可。方法 take() 的代码如下。

```
public synchronized static void take(int k) {// 取款
    …
}
```

也可以写成如下形式：

```
public static void take(int k) {// 取款
    synchronized(this){…}
}
```

使用 synchronized 修饰代码块的时候需要一个待加锁对象，这里简单地使用了 this。

2．线程的同步控制实例

【例 8-5】线程的同步控制

```
//情景一：未加锁
class SynchTest implements Runnable {
    private int count = 5;
    public void run() {
        while (count > 0) {
            try {
                Thread.sleep(1000);
            } catch (InterruptedException e) {}
            System.out.println(count--);
        }
    }

    public static void main(String[] args) {
        SynchTest he = new SynchTest();
        Thread h1 = new Thread(he);
        Thread h2 = new Thread(he);
        Thread h3 = new Thread(he);
        h1.start();
        h2.start();
        h3.start();
    }
}
```

运行结果如图 8.16 所示。

图 8.16　例 8-5 的运行结果

上述程序中给定 count 的值为 5，在 count 大于 0 的情况下分别通过 3 个线程来输出 count 的值，每输出一次 count 的值就减 1。从运行结果可见，线程访问共享数据出现了混乱，如果将 count 看作余票数量，有 3 个人通过不同途径来订票，那么订票结果将会给人带来不便。为了避免上述情况的发生，可以对资源进行加锁处理。

```
//情景二：使用 synchronized 修饰代码块
public void run() {
```

```
    synchronized (this) {
        while (count > 0) {
            try {
                Thread.sleep(1000);
            } catch (InterruptedException e) {}
            System.out.println(count--);
        }
    }
}
```

运行结果如图 8.17 所示。

图 8.17　加锁后的运行结果

```
//情景三：使用 synchronized 修饰方法
public void run() {
    show();
}
public synchronized void show() {
    while (count > 0) {
        try {
            Thread.sleep(1000);
        } catch (InterruptedException e) {}
        System.out.println(count--);
    }
}
```

运行结果与情景二的相同。这里用 synchronized 修饰方法 show()解决了资源访问冲突的问题。

需要指出的是，虽然加锁机制能够避免访问冲突，但同时会带来潜在的风险——**死锁**。所谓死锁就是线程相互等待对方解锁而陷入无限等待状态，错误的等待顺序是造成死锁的主要原因。因此，在使用同步机制的时候应当分析线程对资源的等待顺序，避免死锁的情况发生。

8.3.3　多线程的等待唤醒机制

多线程并发的场景下，有时需要某些线程先执行，这些线程执行结束后其他线程再继续执行。比如，长跑比赛中，裁判员要等运动员冲线了才能宣判比赛结束，那裁判员线程就得等待所有的运动员线程运行结束后，再唤醒裁判线程。

1. 线程通信

当多个线程共同完成一个任务，而每个线程的子任务又不同时，需要线程之间相互协作和通信，以确保任务的顺利完成，同时高效地利用资源。比如对于产品而言，一个线程负责生产，另一个线程负责消费，在产品未生产出来之前无法消费，若产品出现积压则需要暂停生产，那么两个线程之间就需要保持密切的联系，这就是线程的通信。在 Java 中处理线程通信的机制称为等待唤醒机制。

2．等待唤醒机制

等待唤醒机制通过 wait()与 notify()/notifyAll()方法来实现，其中 wait()方法的作用就是令当前线程挂起等待，同步资源解锁，使别的线程可以访问并修改共享资源。notify()方法的作用则是唤醒正在排队等待的线程中优先级最高的一个线程，使之获得对象锁并向下运行，而 notifyAll()的作用则是唤醒在对象监视器上等待的所有线程。典型例子可在网上查阅"生产者-消费者"实例，这里不赘述。

值得注意的有以下几点。

（1）wait()与 notify()/notifyAll()方法是 Object 类的方法，必须要由同一个对象锁调用。当使用一个对象作为加锁操作的目标时，对象的 wait()方法会将调用者的线程挂起，直到其他线程调用同一个对象的 notify()方法才会重新激活线程。

（2）脱离了线程的同步控制，对共享资源的访问可能会引起混乱。为了避免"lost wake up problem"（即无法唤醒问题）的发生，wait()方法与 notify()方法必须要在同步代码块或者同步方法中使用。

（3）永远都要把 wait()放到循环语句里面。在多个生产线程和多个消费线程存在的情况下，某个等待的线程不能确定其他线程什么时候被唤醒，因此在自己被唤醒且获取锁的情况下需要再次进行条件的判断，避免出现过度生产或过度消费的情况。

（4）由于 notify()每次只唤醒一个线程，因此很容易导致死锁，而 notifyAll()可以避免这种情况。然而，运用 notifyAll()唤醒所有等待线程的开销很大，因此如果线程数量不多，能够把握线程的调度，还是使用 notify()较好。

（5）wait()方法与 sleep()方法的区别是：wait()方法由 java.lang.Object 提供，当被调用时释放资源也释放锁；而 sleep()是 Thread 类的方法，当被调用时只释放资源不释放锁。

小结

本章通过模拟寓言故事中的龟兔赛跑过程来引出问题，由兔子走走停停的过程模拟了妈妈等待孩子、十字路口车辆的让行等。为了使模拟效果更为真实客观，在模拟龟兔赛跑时使用了多线程的实现方式，并结合体育场上的角逐、银行取款等案例，详细阐述了线程与进程的区别、多线程的生命周期、多线程的调度、多线程的同步以及等待唤醒机制等内容。在项目中穿插知识讲解，以用促学，使读者可以学以致用。

习题

1．多线程的生命周期包括＿＿＿＿、＿＿＿＿、＿＿＿＿、＿＿＿＿、＿＿＿＿5 种状态。

2．用来给对象加锁的关键字是：＿＿＿＿。

3．判断题。

（1）Java 程序本身就是多线程的，比如 main()就是一个线程。（　　）

（2）多线程是指多个线程同时执行。（　　）

（3）优先级高的线程比优先级低的线程先执行。（　　）

（4）join()方法是将线程强制插入当前线程序列，待其执行完后再执行后续未执行的部分；

sleep()方法是让当前线程暂时进入阻塞状态，允许各个级别的线程获得执行机会；yield()方法是让当前线程处于可运行状态，允许与它同级别和更高级别的线程先执行。　　（　　　）

4. 多线程有几种创建方式？分别是什么？运用其中一种方式实现一个具有 3 个线程的程序（ThreeThreadsTest.java），多次执行程序观察运行结果，体会多线程的竞争机制。

5. 请完成以下动画：自动出现由小到大变换的圆形，其位置与颜色随机，当其直径变为 150px 时擦除，重新出现圆形，圆形的个数自定义。

6. 模拟 3 个人排队买票，每人买 1 张票。售票员只有 1 张 5 元的纸币，电影票 5 元 1 张。张某拿 1 张 20 元的纸币排在孙某前面买票，孙某拿 1 张 10 元的纸币排在赵某的前面买票，赵某拿 1 张 5 元的纸币排在最后买票。那么，最终的买票次序应当是孙某、赵某、张某。

7. 运用所学的多线程还可以模拟哪些有趣的动画作品呢？请选择一个自己喜欢的实现。

第 9 章　身无彩凤双飞翼，心有灵犀一点通——图形用户界面

生活中，有很多的体验让人感觉神奇而美妙。比如，笑语盈盈地与对方煲了半个小时的"电话粥"，结果被告知对方是机器人；外卖送到后一脸感激地去开门，送外卖的却是一个机器人；站在大屏幕前挥动双手竟然可以与屏幕上的风景互动；一款看似普通的镜子却具备试穿试戴的功能，动动手指就可以随意试穿和搭配衣服……更令人赞叹的是，高科技中饱含传统韵味，"苏堤春晓秀，平湖秋月明""沧海一声笑，碧天万里行""西子盛装迎宾客，南国新月照上宾"等诗句，以及上联"春夏秋冬风光各异"、下联"东西南北气象不同"、横批"江山似锦"等优美的楹联均出自计算机之手。而在这些让人耳目一新的体验背后进行支撑的是一种相同的技术——人机交互技术。

人机交互技术（Human Computer Interaction Techniques）是指通过计算机输入、输出设备，以有效的方式实现人与计算机信息交换的技术。人机交互的智能化发展给用户带来了直接的感受变化，除了 PC（Personal Computer，个人计算机）、智能手机外，汽车、智能音箱、可穿戴设备、服务机器人、远程医疗触觉传感器等都可以成为人机交互的终端。

人机交互技术是计算机用户界面设计中的重要内容之一，本章将从**图形用户界面**（Graphical User Interface，GUI）入手，通过完成登录界面、计算器，以及美食的诱惑、打字母游戏等项目学习基础的图形用户界面的设计和人机交互技术。

9.1　登录界面

登录界面的效果如下。

图 9.1　登录界面的效果

项目目标：完成图 9.1 所示的登录界面，单击"登录"按钮时弹出"请您注册"的"消息"对话框，单击"取消"按钮时关闭该登录界面。

设计思路：（1）完成登录界面设计。依据以往所学的内容"画"出界面中的相应内容。
（2）单击按钮时可实现项目目标中的相应功能。

首先，登录界面中有汉字、文本框及按钮等多种元素，想要呈现图 9.1 所示的登录界面
效果，需要将这些元素一一"画"上去。其次，元素的位置和大小不同，因此要对不同元素
进行有序摆放，保证能呈现出比较整齐美观的效果。最后，单击按钮后登录界面要有相应的
反应，因此还要实现简单的人机交互功能。

9.1.1　"画"按钮

登录界面中的"用户名""密码"等文本可以通过 drawString()方法"画"上去，文本框
可以通过 drawRect()方法"画"上去，但是按钮凸起的效果该怎么"画"呢？事实上，按钮
的凸起效果仅仅是由视觉差异产生的，下面就尝试用绘制图形的方式"画"一个凸起的按钮，
如图 9.2 所示。

图 9.2　凸起的按钮

按钮确实有了凸起的效果，为什么说它是由视觉差异产生的呢？因为图 9.2 所示的凸起
的按钮是运用左边和上面白色的线，以及右边和下面黑色的线"画"出来的。具体程序如下。

```
/*
 * "画"按钮
 */
import java.awt.*;
import javax.swing.*;

class ButtonTest{
    public static void main(String args[]){
        JFrame f=new JFrame("按钮");
        f.setSize(500,400);

        MyPan mp=new MyPan();
        f.add(mp);

        f.setVisible(true);
    }
}
class MyPan extends JPanel{
    public void paint(Graphics g){
        super.paint(g);
        setBackground(new Color(210,210,210));//设置背景色
        //凸起的按钮
        g.setColor(Color.white);
        g.drawLine(100, 100, 180, 100);//画线，起点为(100,100)，终点为(180,100)
        g.drawLine(100, 100, 100, 130);
        g.setColor(Color.black);
        g.drawLine(180, 100, 180, 130);
```

```
        g.drawLine(100, 130, 180, 130);
    }
}
```

上述代码绘制了一个有凸起效果的按钮。程序并不难理解，与"中秋的月亮"项目的代码基本相同，两者的区别是"中秋的月亮"项目中先画圆，这里先画线。仔细观察代码中加粗的部分，有凸起效果的按钮只不过是用不同颜色的 4 条线围成的一个矩形而已。如果把白色和黑色的线互换会产生什么效果呢？不妨尝试一下。最终效果很有意思，如图 9.3 所示，按钮呈现出了凹陷的效果，而事实上仍是画了 4 条线而已。**俗话说，眼见为实，但这样看来亲眼所见的也并非完全可靠，所以，看事物还是要抓本质，要用"心"看。**

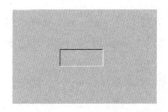

图 9.3　凹陷的按钮

依据项目目标，还需要用同样的方式画一个"取消"按钮。当然，此时设计的仅仅是外观，单击按钮是没有反应的，想要实现人机交互功能还需要进一步实现相应功能。

9.1.2　按钮功能的实现

用户与图形用户界面的交互需要事件来驱动，当用户在图形用户界面中单击一个按钮、选择一项菜单、按键盘中的一个键、单击屏幕等都会触发事件，要让图形用户界面接收到用户的操作，实现人机交互功能，就需要对相应组件进行事件处理，这就是所谓的**事件处理机制**。Java 中的事件处理机制采用了**授权事件模型**，将事件处理授权给相应的类对象，所以它也叫**委托事件模型**。涉及授权或委托的问题时，自然就会问谁是委托人？谁是被委托人？通过什么方式委托？事件发生后被委托人是如何处理的？这些问题都是事件处理机制的核心。我们通过举例来进一步说明和理解，如图 9.4 所示。

图 9.4　事件处理机制示例

图 9.4 展示了在一个普通家庭的早晨，起床时间到了，闹钟响了，妈妈过来喊孩子起床。在这一事件处理过程中，委托人应当是睡觉的孩子，被委托人则是妈妈和闹钟，委托方式是

提前告知妈妈起床时间并提前定好闹钟，被委托人所监管的事件是起床时间是否到了，一旦事件发生，那么闹钟会按时响起，妈妈也会过来喊孩子起床，这些都是被委托人的事件处理方式。在 Java 中，委托人被称为**事件源**，被委托人对应的名称为**监听器（或监听对象）**，委托方式称为**注册监听器**，事件处理方式则由监听器来决定。从上面的例子可以看出，事件的被委托人可以有多个，也就是说**一个事件源可以注册多个监听器**；同理，一个被委托人也可以监听多个事件，比如妈妈既监管起床事件，又监管洗衣、做饭、自己的工作等其他事件，即**多个事件源也可以注册同一个监听器**。

下面以图 9.2 所示的按钮为例，实现按住鼠标时按钮凹陷、释放鼠标时按钮恢复原状的交互效果。

（1）用于接收和处理事件的方法位于 java.awt.event 包下，因此需要加载该包：**import java.awt.event.*;**。由于之前加载的 java.awt 包不能到达 event 子包层，因此需要继续导入 event 包。

（2）假如"准时喊起床"这件事被委托给一个不靠谱的对象，那么他可能没办法监听到事件发生，或事件发生后没办法进行处理。因此，被委托人应当具备处理事件的能力，并在事件发生后能及时做出相应的处理。让监听器具备处理鼠标事件的能力的方法为：

```
class MyPan extends JPanel implements MouseListener{ …}
```

这里在 MyPan 类后增加了 implements MouseListener 等代码，其中 implements 表示实现，MouseListener 表示鼠标接口。Java 以这样简洁的方式让 MyPan 类具备了处理鼠标事件的能力。那如果鼠标事件真的发生了，MyPan 类的处理方式是什么呢？程序中并没有指定，所以计算机也不知道，因此只能报错，如图 9.5 所示。

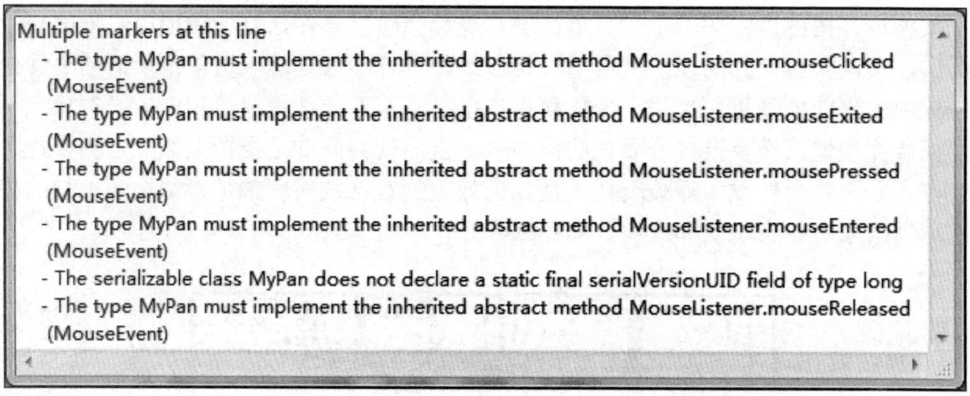

```
Multiple markers at this line
  - The type MyPan must implement the inherited abstract method MouseListener.mouseClicked
  (MouseEvent)
  - The type MyPan must implement the inherited abstract method MouseListener.mouseExited
  (MouseEvent)
  - The type MyPan must implement the inherited abstract method MouseListener.mousePressed
  (MouseEvent)
  - The type MyPan must implement the inherited abstract method MouseListener.mouseEntered
  (MouseEvent)
  - The serializable class MyPan does not declare a static final serialVersionUID field of type long
  - The type MyPan must implement the inherited abstract method MouseListener.mouseReleased
  (MouseEvent)
```

图 9.5　未实现接口中方法的错误提示

仔细查看图 9.5 中的错误提示，它是在提示"MyPan 类必须实现隐藏的 mouseClicked()、mouseExited()等抽象方法"。这是什么意思呢？实际上 MouseListener 是鼠标的**接口**，它里面提供了按住、释放、单击、进入、离开等有关鼠标的一系列空方法，一旦使用这个接口就需要重写里面定义的所有方法。特别要指出的是，即使只用到了其中的一个方法，其他方法也需要全部重写，否则仍会报错，这是接口的强制规定。关于接口是什么，为何要做这样的强制规定将在 9.2.1 节中详细阐述，这里先按照错误提示将程序修改正确，实现鼠标的交互操作。

在 MyPan 类中加入未实现的 mouseClicked()、mousePressed()等方法。

```
class MyPan extends JPanel implements MouseListener{
    public void paint(Graphics g){
        …
    }
    public void mouseClicked(MouseEvent e) {
        // 自动生成的空方法
    }

    public void mousePressed(MouseEvent e) {
        // 自动生成的空方法
    }

    public void mouseReleased(MouseEvent e) {
        // 自动生成的空方法
    }

    public void mouseEntered(MouseEvent e) {
        // 自动生成的空方法
    }

    public void mouseExited(MouseEvent e) {
        // 自动生成的空方法
    }
}
```

　　这时程序不再报错了，但这些方法都没有具体内容，也就是说无论是按住鼠标，还是释放鼠标，程序都不会做出反应。如何才能实现按住鼠标时按钮凹陷，释放鼠标时按钮凸起呢？这需要在 mousePressed()（按住鼠标）和 mouseReleased()（释放鼠标）方法中增加事件的处理办法。

```
public void mousePressed(MouseEvent e) {
    // 显示凹陷的按钮
}

public void mouseReleased(MouseEvent e) {
    // 显示凸起的按钮
}
```

　　（3）按钮所在的位置是事件源，单击它则会触发事件，事件由谁来监管和处理需要事件源提前授权，这个过程即注册监听器，代码为：**事件源.addMouseListener(监听对象);**。
　　完成了以上 3 个步骤，按钮及其交互功能也就实现了，下面展示按钮的完整代码。

9.1.3　按钮的完整代码

　　将按钮功能的实现代码融入"画"按钮的程序中，一个可以进行人机交互的按钮便实现了。用鼠标指向窗体可以看到，随着鼠标的按下和松开，按钮呈现出"被按下"和"被松开"的效果。

```
/*
 * "画"按钮并实现按钮的交互功能
 */
import java.awt.*;
import javax.swing.*;
import java.awt.event.*;//导入 event 包
```

```
class ButtonTest{
    public static void main(String args[]){
        JFrame f=new JFrame("按钮");
        f.setSize(500,400);

        MyPan mp=new MyPan();
        f.add(mp);

        f.addMouseListener(mp);//注册监听器，即将鼠标事件委托给MyPan类对象

        f.setVisible(true);
    }
}
class MyPan extends JPanel implements MouseListener{
    boolean open=false;
    public void paint(Graphics g){
        super.paint(g);
        if(open==false){//凸起的按钮
            g.setColor(Color.white);
            g.drawLine(100, 100, 200, 100);
            g.drawLine(100, 100, 100, 140);
            g.setColor(Color.blue);
            g.drawString("点击我", 130, 125);
            g.setColor(Color.black);
            g.drawLine(200, 100, 200, 140);
            g.drawLine(100, 140, 200, 140);
        }
        else{//凹陷的按钮
            g.setColor(Color.black);
            g.drawLine(100, 100, 200, 100);
            g.drawLine(100, 100, 100, 140);
            g.setColor(Color.red);
            g.drawString("点击我", 130, 125);
            g.setColor(Color.white);
            g.drawLine(200, 100, 200, 140);
            g.drawLine(100, 140, 200, 140);
        }
    }

    public void mouseClicked(MouseEvent e) {
        // 自动生成的空方法
    }

    public void mousePressed(MouseEvent e) {//对于按住鼠标的处理
        open=true;
        repaint();
    }

    public void mouseReleased(MouseEvent e) {//对于释放鼠标的处理
        open=false;
        repaint();
    }

    public void mouseEntered(MouseEvent e) {
```

```
        // 自动生成的空方法
    }

    public void mouseExited(MouseEvent e) {
        // 自动生成的空方法
    }
}
```

程序的运行结果如图 9.6 所示。

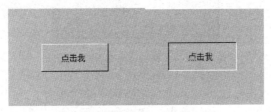

图 9.6　增加了鼠标事件的按钮

　　图 9.6 中展示了计算机里一个小小的按钮。需要指出的是，上述程序中的事件源是整个窗体，因此无论是否在按钮上单击都会出现交互效果。如果想将交互的范围限定在按钮区域，只需要通过 if 增加限制条件即可，这一部分可以尝试自己完成。从代码量上来看，完成一个按钮需要 60 行左右的代码，那要完成一个完整的登录界面呢？如果登录界面稍微复杂呢？工作量之大可想而知。可见用这种“画”的方式来完成登录界面设计并不是太合适。

　　事实上，作为成熟的程序设计语言，Java 早已解决了这个问题。像按钮、文本框等这样经常重复使用的元素已被写成类放到类库中，以方便用户使用。登录界面中的“用户名”“密码”等文字被称为**标签**，所对应的类为 **Label**（或 **JLabel**），文本框所对应的类为 **TextFiled**（或 **JTextField**），按钮所对应的类为 **Button**（或 **JButton**）。除此以外，还有登录界面中常用的单选按钮、复选框、文本域、组合框、滚动窗口、树形控件、表格控件等，这些统称为**界面组件**。其中 Label、Button、TextFiled 等称为 **AWT 组件**，JLabel、JButton、JTextField 等称为 **Swing 组件**。将这些组件按照不同的布局管理器安排到窗体中即可设计出各种各样的图形用户界面。需要使用它们时直接用 new 运算符创建一个按钮类对象即可。

9.1.4　登录界面的实现

运用 Swing 组件在登录界面中添加一个按钮。

```
/*
*在登录界面中添加按钮
 */
import java.awt.*;
import javax.swing.*;
class ButtonTest{
    public static void main(String args[]){
        JFrame f=new JFrame("按钮");
        f.setSize(500,400);
        JButton bt=new JButton();      //创建按钮对象
        f.add(bt);//在窗体中加入按钮
        f.setVisible(true);
    }
}
```

运行结果如图 9.7 所示。

图 9.7　在登录界面中添加一个按钮

毫无疑问，这个按钮太夸张了。一个按钮占满了整个窗体，既不美观也不实用。能否设置按钮的大小呢？可以试试看。在创建好按钮对象 bt 后，运用 "bt." 可以看到设置大小的方法 setSize()，添加设置按钮大小的语句 bt.setSize(50,25);，保存并运行程序。运行结果令人失望，仍如图 9.7 所示。既然 setSize() 不能改变按钮大小，那么它的作用是什么呢？事实上这里不是 setSize() 的问题，其解决办法很简单，只需在程序中添加 f.setLayout(null); 即可。

```
…
f.setSize(500,400);
f.setLayout(null);
JButton bt=new JButton();      //创建按钮对象
…
```

运行结果如图 9.8 所示。

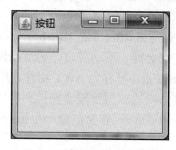

图 9.8　改进后的运行结果

图 9.8 中按钮的大小改变了。那么，setLayout(null) 的作用是什么呢？它用于设置图形用户界面中常用的**布局管理**，这里设置布局管理器为 null，即 "空布局"。大胆推测，既然空布局需要手动设置才能实现，那么默认的布局管理器一定不是空布局。事实上，窗体的默认布局方式为 BorderLayout，有关布局管理的详细介绍可在 9.2.3 节中查阅。下面我们尝试在登录界面中添加两个按钮，分别是 bt 和 bt1。

```
JButton bt=new JButton();      //创建按钮对象 bt
bt.setSize(50,20);
f.add(bt);//在窗体中加入按钮

JButton bt1=new JButton();      //创建按钮对象 bt1
bt1.setSize(50,20);
f.add(bt1);//在窗体中加入按钮
```

程序运行结果仍如图 9.7 所示，只显示了一个按钮，这是为什么呢？事实上还是布局管理器的问题。因为所设置的布局管理器为空布局，计算机不知道该把组件放到哪里。如果想将两个按钮都显示出来，可以采用手动设置的方式指定它们的位置，即运用 bt.setBounds(100,100,50,20);代替 bt.setSize(50,20);。setBounds()方法中的前两个参数分别是横、纵坐标，后两个参数分别是按钮的长和宽，这种指定位置的方式被称为绝对定位。当然，要想在窗体中显示两个按钮，坐标需要有所区别，"登录"和"取消"按钮的代码为：

```
class ButtonTest{
    public static void main(String args[]){
        JFrame f=new JFrame("按钮");
        f.setSize(500,400);
        f.setLayout(null);
        JButton login=new JButton("登录");    //创建"登录"按钮
        login.setBounds(100,100,60,25); //设置按钮对象login的位置和大小
        f.add(login);//在窗体中加入按钮

        JButton cancel=new JButton("取消");    //创建"取消"按钮
        cancel.setBounds(200,100,60,25); //设置按钮对象cancel的位置和大小
        f.add(cancel);//在窗体中加入按钮
        f.setVisible(true);
    }
}
```

运行结果如图 9.9 所示。

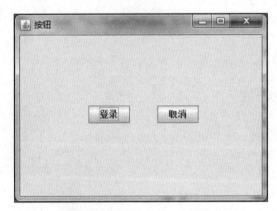

图 9.9 绝对定位的运行结果

从运行结果可以看出，在按钮上添加标识的方法非常简单，只需在创建按钮对象时调用带参数的构造方法即可：JButton login=**new JButton("登录");**。

进一步完成登录界面的设计，"用户名"和"密码"为标签 JLabel，它们后面分别为文本框 JTextField 和密码框 JPasswordField，具体添加方法如下。

```
JLabel name=new JLabel("用户名");//创建标签
name.setBounds(50,30,60,25);//设置标签大小和位置
f.add(name);//在窗体中加入标签

JLabel pws=new JLabel("密    码");
pws.setBounds(50,60,60,25);
f.add(pws);//在窗体中加入标签

JTextField text=new JTextField();//创建文本框
text.setBounds(110,30,130,25);//设置文本框大小和位置
```

```
f.add(text);//在窗体中加入文本框

JPasswordField password=new JPasswordField();//创建密码框
password.setBounds(110,60,130,25);//设置密码框大小和位置
f.add(password);//在窗体中加入密码框
```

登录界面元素加载完成后的运行结果如图 9.10 所示。

图 9.10　登录界面

下面为按钮添加事件处理功能，单击“登录”时弹出“请您注册”的“消息”对话框，单击“取消”时关闭登录界面。完整代码如下，其中有关事件处理部分的代码为以下所显示的粗体部分，运行结果如图 9.11 所示。

微课视频

```
//登录界面的实现
import java.awt.*;
import javax.swing.*;
import java.awt.event.*;//导入 event 包
class ButtonTest{
    public static void main(String args[]){
        JFrame f=new JFrame("登录界面");
        f.setBounds(500,250,280,180);//设置窗体大小和位置
        f.setLayout(null);

        JLabel name=new JLabel("用户名");//创建标签
        name.setBounds(50,30,60,25);//设置标签大小和位置
        f.add(name);//在窗体中加入标签

        JLabel pws=new JLabel("密    码");
        pws.setBounds(50,60,60,25);
        f.add(pws);//在窗体中加入标签

        JTextField text=new JTextField();//创建文本框
        text.setBounds(110,30,130,25);//设置文本框大小和位置
        f.add(text);//在窗体中加入文本框

        JPasswordField password=new JPasswordField();//创建密码框
        password.setBounds(110,60,130,25);//设置密码框大小和位置
        f.add(password);//在窗体中加入密码框

        JButton login=new JButton("登录");    //创建“登录”按钮
        login.setBounds(60,100,60,25);  //设置按钮对象 login 的位置和大小
        f.add(login);//在窗体中加入按钮
        login.addActionListener(new Action());//注册监听器

        JButton cancel=new JButton("取消");    //创建“取消”按钮
        cancel.setBounds(140,100,60,25); //设置按钮对象 cancel 的位置和大小
```

```
        f.add(cancel);//在窗体中加入按钮
        cancel.addActionListener(new Exit());//注册监听器

        f.setVisible(true);
    }
}
class Action implements ActionListener{//监听动作事件的类
    public void actionPerformed(ActionEvent e) {//事件发生后的处理方法
        JOptionPane.showMessageDialog(null, "请您注册");//弹出"消息"对话框
    }
}
class Exit implements ActionListener{//监听动作事件的类
    public void actionPerformed(ActionEvent e) {//事件发生后的处理方法
        System.exit(0);//退出程序
    }
}
```

图 9.11　添加事件处理功能后的运行结果

通过导入 event 包、注册监听器、在监听器类中给出事件处理方法 3 个步骤实现了登录界面的事件处理，以及项目要求的按钮交互功能。从代码中可以看出，"登录"按钮所委托的监听器为 Action 类对象（new Action()），事件处理方法为弹出"消息"对话框：JOptionPane.showMessageDialog(null, "请您注册");。其中，**JOptionPane** 是 Swing 组件，被称为**"消息"对话框**，showMessageDialog 为其中的静态方法，表示对话框的显示类型。除此之外，还有确认对话框、输入对话框、自定义格式对话框等。监听"取消"按钮的类为 Exit，事件发生后的处理方法为 System.exit(0);，它用于退出系统。由于按钮事件为动作事件，因而注册动作事件监听器 addActionListener（动作事件监听对象）。这里承担监听任务的不是按钮所在的类，而是另外定义的 Action 类与 Exit 类，因此它们称为**外部类**。另外还有**内部类**、**匿名类**等事件处理方式，后面再一一介绍。

9.2　图形用户界面

"登录界面"项目借助按钮、标签、文本框等图形的方式，使得用户可以方便、友好地与程序交互。在整个项目实现的过程中运用了 Java 语言图形用户界面基础、界面布局、接口、事件处理等内容，下面对项目所涉及的诸多理论知识进行详细介绍。

9.2.1　抽象类与接口

抽象类是比一般的类更为抽象的类，接口是一组规则的集合。下面给出了抽象类与接口

的具体定义以及二者的区别和联系。

1. 抽象类

假如你今天准备去买鱼，出门就碰到邻居过来打招呼，她问："干嘛去？"这时你会很自然地回答："我出去买条鱼。"如果你不仅买鱼，还买肉、鸡蛋、青菜、豆腐等，当邻居问起时你则会说："我出去买点菜。"如果你除了买上述这些之外，还需要买水果、零食等，那你可能会说："我出去买点吃的。"如果还要买洗衣液、毛巾、袜子等，你会回答："我去买点东西。"如果除了买东西，还要加油、洗车、到银行办业务等，你可能会回答："我出去办点事。"如果还要打打球、喝喝茶等，那你会直接说："我出去一趟。"你有没有发现我们的回答越来越笼统，越来越抽象？邻居是不是越来越不清楚你具体要干嘛？这就是抽象过程，从具体到一般，从具象到抽象。

从前面了解到，类是抽象的，对象是具体的，但类与类的抽象程度不同。比如"菜"类比"鱼"类要更抽象，因为鱼是菜的一种。而"吃的"类比"菜"类要更抽象，"东西"类比"吃的"类更抽象……虽然"东西"类抽象程度这么高，但它仍然可以用具体对象来体现，比如一块香皂、一块肉，都可以是"东西"类的对象。但是最后的"出去一趟"已经抽象到没有一个具体的对象来体现它了，这就成为没有具体对象的概念类，这样的类被称为**抽象类**。

在 Java 中，抽象类是这样表达的：

```
abstract class 类名{…}
```

在 class 前用 abstract 来修饰，这样的类就会成为抽象类。抽象类中除了和一般类一样可以包含变量、方法和内部类以外，还可以包含**抽象方法**。抽象方法用 **abstract 修饰**，是**没有方法体**的方法，如：

```
abstract void method();
```

注意，method()方法后面不是花括号，而是分号，表明方法没有方法体。另外，构造方法前不能加 abstract 修饰符，static 方法或 private 方法前也不能加 abstract 修饰符。那么请想一想，抽象方法的返回类型是不是一定是 void 呢？为什么？

这里需要说明的是，**抽象方法一定要放在抽象类中，而抽象类中不一定非要包含抽象方法**。前面说到抽象类是没有具体对象的概念类，因此**抽象类是不能直接创建对象的**，需要非抽象的子类来继承它，并通过子类的对象来体现。**当非抽象的子类来继承抽象类时，一定要重写抽象类中的抽象方法，并为它加上方法体**（如果暂时没有方法体，那也一定要将分号换成一对花括号），否则子类会把抽象方法继承下来，一旦包含抽象方法，那么它也必须声明为抽象类。

我们知道，Java 不允许多重继承，因此抽象类的使用受到很大限制。实际使用时，抽象类涉及整体系统类层次结构，因此在系统设计的初期就需要考虑哪些实体可以抽象成抽象类，这样会大大降低程序设计的灵活性，于是需要一个与抽象类功能类似却更为灵活实用的表达形式，那就是前面用到的**接口**。

2. 接口

现实生活中的接口基本都是指硬件接口，比如 USB（Universal Serial Bus，通用串行总线）接口、充电器接口、耳机接口等，而程序设计中的接口往往是软件接口，一般可以理解为一种约定或协议。

（1）接口的定义

在 Java 中，接口（Interface）的定义形式和类的定义形式相近，其语法规则如下：

```
[public] interface 接口名 [extends 父接口名列表]{
    //常量域声明
    [public] [static] [final] 域类型 常量名=常量值;
    //抽象方法声明
    [public] [abstract] 返回值类型 方法名([参数列表]);
}
```

其中方括号[]中的内容为可选项，如下面的例子：

```
interface Area{
    public static final double PI=3.14159265;
    double area();
}
```

这个例子中定义了一个用于计算面积的接口，该接口中定义了一个常量 PI 和一个抽象方法 area()。通常情况下接口具备以下特点。

① 接口如果被 public 修饰，那么与 public 类相同，接口名一定要与文件名一致。

② 即使没有明确使用 public 进行修饰，接口中定义的方法和域也都具有 public 访问权限，接口不允许使用 protected 或 private 进行修饰。

③ 接口中只能定义常量和抽象方法，默认使用 static、final 修饰域，用 abstract 修饰方法。常量一般用 static final 共同修饰，命名时通常使用大写字母。

④ 接口不能直接用来创建对象，因此接口中没有构造方法。

⑤ 接口之间也可以继承，而且接口允许多重继承。

（2）接口的实现

接口是一组抽象操作的集合，而这些操作的真正实现需要依赖具体的类，这个过程称为**接口的实现**。实现接口采用关键字 **implements**，其形式为：

```
class 类名 implements 接口名列表{
    //类体，一定要重写接口中定义的所有方法，并用 public 修饰
}
```

特别注意以下几点。

① 一个类可以同时实现多个接口，接口之间用英文半角逗号隔开。

② 一个非抽象类实现接口时，一定要重写接口中定义的所有方法，即使不需要某个方法，那也要将其定义成一个空方法体的方法。重写时方法名、返回类型、参数列表等均要完全一致。

③ 重写接口中的方法时一定要显式使用 public 控制符。因为类中方法默认的访问权限（default）要比 public 访问权限小，如果不显式使用 public，会将接口中方法的访问权限削弱，是不允许的。

例如：

```
class Circle implements Area{ //定义实现接口 Area 的类 Circle
    double r=3;
    public double area(){ //重写抽象方法 area()，并用 public 修饰
        return PI*r*r;
    }
}
```

9.2.2　图形用户界面基础

图形用户界面使用图形的方式，借助菜单、标签、按钮等标准界面元素和鼠标、键盘的操作，帮助用户方便地向计算机系统发出命令、启动操作，并将系统运行的结果同样以图形

的方式显示给用户。它的特点是直观、方便，提高了软件的交互性和灵活性。

Java 语言的设计理念一直是"一次编译，处处运行"，期望通过设计图形用户接口库构建一个通用的图形用户界面，使其在不同平台上都呈现令人满意的显示效果和交互特性。但是，这一目标在早期的版本中并未实现，而在后续的开发中不断扩展和完善，形成了较为成熟的图形用户界面包。

1．AWT 和 Swing

JDK 的早期版本中提供了抽象窗口工具包（Abstract Windows Toolkit，AWT），它是基于操作系统本身的工具包，调用的是系统本身的 UI（User Interface，用户界面）组件库，与 AWT 相关的类位于 java.awt 包及其子包中。它的优点是简单、稳定、速度快，缺点是缺乏平台的独立性，它被称为重量级组件。

Swing 组件是 AWT 的扩展，它提供了更强大和更灵活的组件集合，是完全基于 Java 的，不包括任何与平台相关的代码，具有更丰富、更灵活的功能。与 Swing 相关的类包含在 javax.swing 包及其子包中，它的优点是实现了跨平台性，缺点是版本间差异大，速度较慢和效率较低，它被称为轻量级组件。

2．窗口的基本原理

组件（Component）是图形用户界面的基本组成元素，凡是能够以图形化方式显示在屏幕上并能与用户进行交互的对象均为组件。java.awt.Component 类定义了尺寸、位置、颜色等组件的基本特性，可实现图形用户界面组件所应具备的基本功能。但是，组件不能独立显示，必须放置于某个图形用户界面容器中才能显示。

容器（Container）是 Component 类的子类，其本质上是一个组件，具有组件的所有性质，同时还具有放置其他组件和容器的功能。

AWT 中有两种主要的容器类型。

（1）java.awt.Window：顶级容器。它不能被放入另一容器中，会直接出现在桌面上。通常不会直接使用 Window 类，而使用 Window 类的子类，如 Frame 类。

Frame 是一种带标题栏并且可以改变大小的顶级窗口容器，可以添加组件、设置布局管理器、设置背景色等。Frame 实例默认是最小化的、不可见的，因此需要通过 setSize()方法设置窗体大小，通过 setVisible(true)方法设置窗体可见性。另外，Frame 实例也不可关闭，单击右上方的关闭按钮窗体不会做出反应，除非结束程序运行。

（2）java.awt.Panel：不能独立存在，必须放到另一容器中。Panel（面板）类是 Container 类的一个子类，Panel 对象是不包含标题栏、菜单栏及边框的窗口容器，无法独立扮演顶级容器的角色，必须被放置在 Window、Frame 或 Dialog 中才能被显示出来。因此，Panel 既是一个特殊的组件，又是一个容器，可以将其他组件或容器添加在 Panel 中。所以面板通常是嵌套的。例如，把若干按钮和文本框分别放在两个面板中，再把这两个面板和另一些按钮放入窗口中。使用这种嵌套的方法可以构造复杂的图形用户界面。

Swing 组件以"J"开头，包括 JFrame、JDialog、JPanel、JApplet、JWindow 等窗口容器，同时还包括如 JLabel、JButton、JTextField、JTextArea、JCheckBox、JRadioButton 等常用的组件。Swing 窗口容器中有 4 个（JFrame、JDialog、JWindow 和 JApplet）不是由 JComponent 继承而来的，而是从 AWT 的容器类 Frame、Dialog、Window 和 Applet 衍生的。所有的 Swing 组件都继承自 javax.swing.JComponent 类，而 JComponent 类则继承自 Container 类，因此所有的 Swing 组件都具有 AWT 容器的功能。AWT 和 Swing 组件类的层次关系如图 9.12 所示。

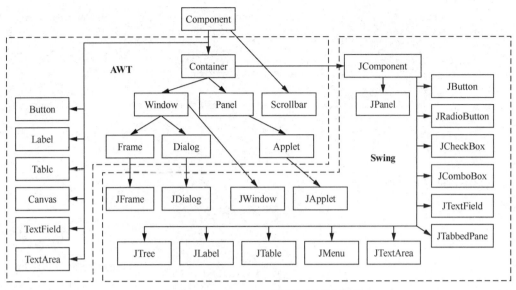

图 9.12　AWT 和 Swing 组件类的层次关系

根据组件之间的依附关系，Swing 分为 3 层结构：框架、面板、组件。第 1 层由 Swing 中的 4 个容器组件构成，分别为窗口框架（JFrame）、对话框（JDialog）、小应用程序窗口框架（JApplet）和不带标题的窗体框架（JWindow）。第 2 层由 JPanel、JScrollPane、JTabbedPane 等组件构成，它们称为中间容器面板组件，它们既可以作为面板容纳其他组件（包括面板组件），又可以作为组件添加到其他面板中，起着非常重要的作用。第 3 层由 Swing 的按钮（JButton）、列表（JTable）、标签（JLabel）、文本框（JTextField）、复选框（JCheckBox）、单选按钮（JRadioButton）、组合框（JComboBox）、树（JTree）、菜单（JMenu）、文本区（JTextArea）等顶层组件（也称为原子组件）构成，该层的组件不能包容其他组件。

JFrame 是一种带有边框、标题及用于最大、最小化窗口和关闭窗口的框架，可以直接用 JFrame 类建立窗口或通过继承 JFrame 类来定义子类，再建立窗口。与 Frame 相同的是，当一个 JFrame 窗口被创建后，需要通过 setSize()方法设置窗口大小，通过 setVisible(true)方法设置窗口的可见性。与 Frame 不同的是，当用户单击窗口右上角关闭按钮时，JFrame 会有响应，即隐藏窗口而不结束程序运行。如果需要改变这种默认的设置，可以通过调用 setDefaultCloseOperation(int operation)进行设置。如 frame.setDefaultCloseOperation(JFrame.EXIT_ON_CLOSE);可设置关闭窗口时结束程序运行。

为 JFrame 添加组件有以下几种方式。

（1）使用 getContentPane()方法获得 JFrame 的内容面板，再为其加入组件：frame.getContentPane().add(component);。

（2）构造一个中间容器面板（如 JPanel），把组件添加到该面板中，运用 setContentPane()方法将该面板设置为 JFrame 的内容面板，或通过 add()方法将面板添加到 JFrame 中。

（3）运用 add()方法直接将组件添加到 JFrame 中。这种方法是 Sun 公司增加的，是将组件添加到窗体中的一种快捷方式。而事实上组件并没有放在窗体中，而是放在窗体的 ContentPane 中。

【例 9-1】窗体中组件的添加

```
import java.awt.*;
import javax.swing.*;
class JFrameTest{
    public static void main(String[] arg) {
        JFrame jf=new JFrame();//创建 JFrame 对象
        jf.add(new Button("测试按钮"),"South");//在窗体中添加组件
        jf.setBackground(Color.red);//给窗体设置背景色
        jf.setSize(500,500);//设置窗体大小
        jf.setVisible(true);//设置窗体可见性
    }
}
```

运行结果如图 9.13 所示。

图 9.13　例 9-1 运行结果

如例 9-1 所示，将按钮添加到窗体中并将窗体的背景色设置为红色，但事实上我们所看到的背景色并没有改变，这不是设置语句的问题，而是背景被 ContentPane 遮住了，按钮是放在 ContentPane 中的。以下两种方式可以说明这个问题。

（1）获取窗体的容器面板（jf.getContentPane()），试着改变它的背景色，观察运行结果的变化。在例 9-1 中添加 jf.getContentPane().setBackground(Color.blue);，运行结果如图 9.14 所示。

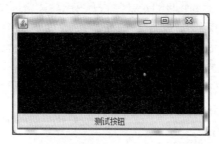

图 9.14　将 ContentPane 背景色设为蓝色的运行结果

由此可见，按钮确实添加在了 ContentPane 中而不是窗体中。

（2）将窗体的容器面板设为不可见，对应代码为 jf.getContentPane().setVisible(false);，再将另一个按钮添加到窗体中，对应代码为 jf.add(new Button("测试"),"North");，运行结果如图 9.15 所示。

图 9.15　将 ContentPane 设为不可见的运行结果

　　运行结果是否出乎意料呢？这时可以看到窗体的背景色，因为此时容器面板未遮挡背景。但同时加到窗体中的两个按钮看不到了，因为它们和容器面板一起被隐藏了。这也充分说明了组件不是直接添加在窗体中的。

　　有关其他 Swing 组件的详细介绍见 9.4 节。

9.2.3　布局管理

　　图形用户界面的设计离不开布局管理，Java 中的布局管理由布局管理器来实现。每个容器对象都有一个默认的布局管理器，如果用户不通过 setLayout()方法重新设定，那么容器将以默认的布局管理器来管理界面中的组件。容器及其默认的布局管理器如表 9.1 所示。

表 9.1　　　　　　　　　　　　　　容器及其默认的布局管理器

容器		默认布局管理器
顶层容器	JFrame	BorderLayout
	JDialog	BorderLayout
	JApplet	FlowLayout
中间容器	JPanel	FlowLayout

　　Java 中的组件管理方式分为绝对定位和相对定位两种，其中绝对定位是指禁用布局管理器，通过手动设置组件的位置、宽度和高度来定位组件。禁用方式就是将容器的布局管理器设置为 null，即 setLayout(null)，这时需要明确指定每一个组件的坐标和宽度、高度，否则无法显示组件。

　　相对定位即通过布局管理器来布置组件，可以通过 pack()将窗口设置为自适应大小。当容器大小被调整时，布局管理器会依据布局方式重新布置里面的组件。常用的布局管理器有 FlowLayout、BorderLayout、GridLayout 等，另外还有 CardLayout、GridBagLayout、BoxLayout 等，不同的布局管理器有不同的作用，它们"各司其职"，相互配合以达到设计复杂界面的目的。

1. FlowLayout

　　FlowLayout（流式布局）是 JPanel、JApplet 容器默认使用的布局管理器，它将组件按从左向右的顺序布置在容器中，一行放不下时自动放下一行，默认的对齐方式为居中对齐。使用这种布局管理器时组件的顺序和尺寸是固定的，不随容器的缩放而改变。一行所能容纳的组件数随容器的大小变化而变化。如果所设定的窗口大小不能完全容纳组件，则组件不会全部显示。

　　FlowLayout 构造方法如下。

```
FlowLayout() //居中对齐，水平间距和垂直间距为 5
FlowLayout(int align) //指定对齐方式
FlowLayout(int align,int hgap,int vgap) //指定对齐方式、水平间距和垂直间距
```

其中对齐方式有以下 5 种，表示方式均为静态常量。

FlowLayout.LEFT（左对齐）

FlowLayout.RIGHT（右对齐）

FlowLayout.CENTER（居中对齐）

FlowLayout.LEADING（与容器的开始边对齐）

FlowLayout.TRAILING（与容器的结束边对齐）

例如，pan.setLayout(new FlowLayout(FlowLayout.RIGHT,5,1));可将面板 pan 设置为右对齐，水平间距为 5，垂直间距为 1。其中对齐方式对应相应的数字，左对齐、居中对齐、右对齐、与容器的开始边对齐、与容器的结束边对齐分别对应值 0、1、2、3、4，也就是说上述代码还可以写为：pan.setLayout(new FlowLayout(2,5,1));。

【例 9-2】FlowLayout

```java
import java.awt.*;
import javax.swing.*;
class FlowLayoutTest{
    FlowLayoutTest(){//构造方法
        JFrame jf=new JFrame();//创建 JFrame 对象
        jf.setLayout(new FlowLayout());//设置窗体布局管理器为 FlowLayout
        for(int i=0;i<5;i++) {
            jf.add(new JButton("按钮"+(i+1)));//添加 5 个按钮
        }
        jf.setSize(200,200);//设置窗体大小
        jf.setVisible(true);//设置窗体可见性
    }
    public static void main(String[] arg) {//主方法
        new FlowLayoutTest();//创建本类对象
    }
}
```

运行结果如图 9.16 所示。

图 9.16　FlowLayout 布局管理器

由图 9.16 可以看出，改变窗体的大小，组件的排列方式会随之改变，但组件尺寸不变。

2．BorderLayout

BorderLayout（边界布局）是 JFrame、JDialog 等容器的默认布局管理器，它将容器按东、南、西、北、中 5 个位置划分，可以非常方便地将组件放置在这 5 个位置中的任何一个。5 个位置所对应的参数分别是 BorderLayout.EAST、BorderLayout.SOUTH、BorderLayout.WEST、

BorderLayout.NORTH 和 BorderLayout.CENTER。

　　与 FlowLayout 不同的是，BorderLayout 在改变窗体大小时，组件的排列方式不变，组件的尺寸随窗体大小的改变而改变。其中东西向宽度固定，南北向高度固定，中间则宽度和高度均不固定。

　　BorderLayout 构造方法如下。

```
BorderLayout()//组件无间距
BorderLayout(int hgap,int vgap)//指定水平间距和垂直间距
```

　　使用 BorderLayout 时，组件的添加方式如下。

①　add(new JButton("North"), BorderLayout.NORTH);　//add(组件,位置)

②　add(new JButton("North"), "North");　 //add(组件,位置)

③　add("North",new JButton("North"));　//add(位置,组件)

　　在 BorderLayout 布局方式下添加组件时需要指定组件添加的位置，位置参数可以用常量 BorderLayout.NORTH 的方式指定，也可以用字符串的方式指定，如"North"。如果不指定位置，组件将会默认添加到中间位置，并且只能显示最后添加的一个组件。add()方法中两个参数的顺序可以互换。

【例 9-3】BorderLayout

```
import java.awt.*;
import javax.swing.*;
class BorderLayoutTest{
    BorderLayoutTest(){//构造方法
        JFrame jf=new JFrame();//创建 JFrame 对象
        jf.setLayout(new BorderLayout(5,5));//设置布局方式为 BorderLayout
        String[] place= {"East","South","West","North","Center"};//创建位置数组
        for(int i=0;i<5;i++) {
            jf.add(new JButton("按钮"+(i+1)),place[i]);//在 5 个位置添加按钮
        }
        jf.add(new JLabel("我是标签"));//添加标签,不指定位置参数
        jf.setSize(300,200);//设置窗体大小
        jf.setVisible(true);//设置窗体可见性
    }
    public static void main(String[] arg) {//主方法
        new BorderLayoutTest();//创建本类对象
    }
}
```

运行结果如图 9.17 所示。

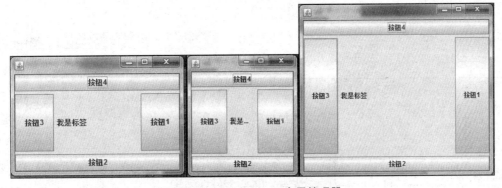

图 9.17　BorderLayout 布局管理器

例 9-3 运用 BorderLayout 管理 6 个组件，其中前 5 个为按钮，分别添加在东、南、西、北、中 5 个位置。为了简化代码，这里定义了数组 place 来统一管理位置参数，以便在循环中使用。第 6 个组件为标签（JLabel），在添加它时没有指定所添加的位置，因此它被默认添加在了中间位置，把"按钮5"遮住了。从图 9.17 中可以看出，改变窗体大小时，组件的相对位置没有发生变化，但组件大小确实变了，只是东西向保证宽度不变，南北向保证高度不变。

3. GridLayout

GridLayout（网格布局）以矩阵形式布局组件，即通过纵横网格线将容器分割成大小相同的网格，再将组件安放在每个网格中。安放的顺序为从左上角的网格开始，从左至右，从上到下。

GridLayout 构造方法如下。

```
GridLayout();  //单行的网格布局
GridLayout (int rows,int cols);  //指定行数和列数的网格布局
GridLayout (int rows,int cols,int hgap,int vgap); //指定行列数和间距的网格布局
```

其中需要注意的是，GridLayout 的行数和列数不能同时为 0，若其中有一个参数为 0，则按照另一参数来布局网格。如 GridLayout(3,0)可创建行数为 3、列数不限的布局网格。当网格数与组件数不等时要先保证行数。如 GridLayout(4,3)指定 4 行 3 列的网格布局，如果要摆放 15 个组件，那么会在保证行数为 4 的前提下适当调整列数，并放置组件。

改变窗体的大小，组件的排列方式和行列间距均不变，所有组件同宽高，尺寸会随窗体的缩放而改变。

【例 9-4】GridLayout

```java
import java.awt.*;
import javax.swing.*;
class GridLayoutTest{
    GridLayoutTest(){//构造方法
        JFrame jf=new JFrame();//创建 JFrame 对象
        jf.setLayout(new GridLayout(4,3,5,5));
        for(int i=0;i<15;i++) {
            jf.add(new JButton("按钮"+(i+1)));//添加 15 个按钮
        }
        jf.setSize(350,200);//设置窗体大小
        jf.setVisible(true);//设置窗体可见性
    }
    public static void main(String[] arg) {//主方法
        new GridLayoutTest();//创建本类对象
    }
}
```

运行结果如图 9.18 所示。

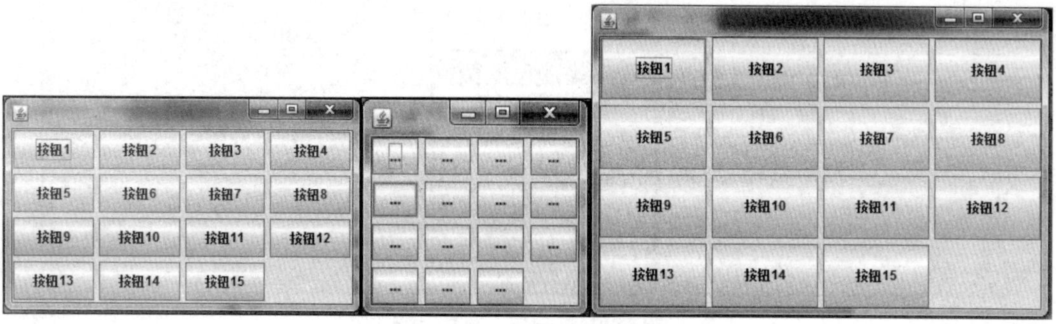

图 9.18 GridLayout 布局管理器

　　GridLayout 中每个组件尺寸相同，布局比较整齐。如果窗口过小，就不能完全显示组件上的文本，因此布局时要设定适当的窗口大小。在调整窗口大小时，可以运用 jf.pack()替代 jf.setSize()，pack()方法可以将窗口设置为自适应大小。

　　CardLayout、GridBagLayout、BoxLayout 等布局管理器由于使用率不是很高，这里不详细介绍，可以自行查阅网络资料进行了解。需要强调的是，布局管理器虽然各具特色，但想要设计一个美观、适用的界面，使用单一的布局管理器是远远不够的，往往需要多种布局综合使用。这时，既能作为容器使用又能充当组件的 JPanel 优势明显，通过它的嵌套可以使界面的布局管理更加高效和容易。另外，JPanel 还支持双缓冲功能，可以使动画在播放过程中非常流畅，一般不会有画面闪烁的情况发生。所以，如果在 Java 程序中有动画内容，最好使用 JPanel 容器类来构造图形用户界面。

9.2.4　事件处理机制

　　正如前面所述，事件处理机制采用了授权事件模型，而这个模型中有两部分，即事件源和监听器。事件源负责产生事件，监听器负责处理事件。如何建立二者间的联系呢？那就需要通过注册监听器来完成。编写事件处理程序分为以下 4 个步骤。

　　（1）导入 event 包：import java.awt.event.*;。

　　（2）创建实现接口的类：class 类名 implements 监听器接口;。

　　（3）在类中给出事件处理方法：重写接口中的方法，并编写方法体。

　　（4）建立事件源与监听器之间的联系：注册监听器。

1．Java 中的事件及相应监听器接口

AWT 常用事件有 10 类，相应的监听器接口有 11 个，如表 9.2 所示。

表 9.2　　　　　　　　　常用 AWT 事件及其相应的监听器接口

事件类别	触发方式	接口名	方法及参数
ActionEvent	激活组件	ActionListener	actionPerformed(ActionEvent)
ItemEvent	选择项目	ItemListener	itemStateChanged(ItemEvent)
MouseEvent	鼠标指针移动	MouseMotionListener	mouseDragged(MouseEvent) mouseMoved(MouseEvent)
	单击等	MouseListener	mouseClicked(MouseEvent) mousePressed(MouseEvent) mouseReleased(MouseEvent) mouseEntered(MouseEvent) mouseExited(MouseEvent)
KeyEvent	从键盘输入	KeyListener	keyPressed(KeyEvent) keyReleased(KeyEvent) keyTyped(KeyEvent)
FocusEvent	获取或失去焦点	FocusListener	focusGained(FocusEvent) focusLost(FocusEvent)
AdjustmentEvent	移动滚动条	AdjustmentListener	adjustmentValueChanged(AjustmentEvent)
ComponentEvent	对象移动等	ComponentListener	componentMoved(ComponentEvent) componentHidden(ComponentEvent) componentResized(ComponentEvent) componentShown(ComponentEvent)

续表

事件类别	触发方式	接口名	方法及参数
WindowEvent	窗口开、关等	WindowListener	windowClosing(WindowEvent) windowOpened(WindowEvent) windowIconified(WindowEvent) windowDeiconified(WindowEvent) windowClosed(WindowEvent) windowActivated(WindowEvent) windowDeactivated(WindowEvent)
ContainerEvent	容器中组件增加、删除	ContainerListener	componentAdded(ContainerEvent) componentRemoved(ContainerEvent)
TextEvent	文本值改变	TextListener	textValueChanged(TextEvent)

【例 9-5】事件处理的 4 个步骤

```
import java.awt.*;
import javax.swing.*;
import java.awt.event.*;//导入 event 包 （1）
class WindowEventTest implements WindowListener{//创建实现接口的类 （2）
    WindowEventTest(){//构造方法
        JFrame jf=new JFrame();//创建 JFrame 对象
        jf.addWindowListener(this);//注册监听器 （4）
        jf.setSize(200,200);//设置窗体大小
        jf.setVisible(true);//设置窗体可见性
    }
    //事件处理方法 （3）
    public void windowOpened(WindowEvent e) {
        JOptionPane.showConfirmDialog(null, "哈哈! 我们终于见面了! ");
    }
    public void windowClosing(WindowEvent e) {
        JOptionPane.showConfirmDialog(null, "真的要狠心离开吗? ");
    }
    public void windowClosed(WindowEvent e) {}
    public void windowIconified(WindowEvent e) {}
    public void windowDeiconified(WindowEvent e) {}
    public void windowActivated(WindowEvent e) {}
    public void windowDeactivated(WindowEvent e) {}
    //主方法
    public static void main(String[] arg) {
        new WindowEventTest();//创建本类对象
    }
}
```

上例实现了窗口事件，从表 9.2 中可以知道，WindowListener 接口中包含 7 个方法，因此在实现接口的类中需要重写这 7 个方法，并给每个方法添加方法体。当然，方法体可以为空，也可以根据需要添加内容。例 9-5 中对"窗口打开"和"窗口正在关闭"两个方法做了个性化处理，其他方法的方法体均为空。读者可以自行运行程序并观察运行结果。

2．监听器的实现方式

实现监听器有以下 4 种方式。

（1）使用外部类

```
class TestClass{
    方法定义{
```

微课视频

```
            事件源.addXXXListener(new OuterClass()); //注册事件给外部类对象
    }
}
class OuterClass implements 监听器接口{ //定义外部类
    事件处理方法{}
}
```

（2）使用本类

```
class TestClass implements 监听器接口{ //定义类
    方法定义{
        事件源.addXXXListener(this); //注册事件给本类对象
    }
    事件处理方法{}
}
```

（3）使用内部类

```
class InnerClass{ //定义类
    方法定义{
        事件源.addXXXListener(new InnerClass()); //注册事件给内部类对象
    }
    class InnerClass implements 监听器接口{ //定义内部类
        事件处理方法{}
    }
}
```

（4）使用匿名类

```
class TestClass{
    方法定义{
        事件源.addXXXListener(new XXXListener(){//注册事件给匿名类对象
            事件处理方法{}
        });
    }
}
```

这几种实现方式其实对我们来说并不陌生，比如前面的"登录界面"等项目均采用的是外部类的实现方式，而例 9-5 则采用本类的实现方式。4 种实现方式都比较常用，而匿名类以其简洁、灵活、方便的优势在事件处理中最为常用。通常情况下，多种实现方式会综合使用，以便于满足较大型项目的要求。

【例 9-6】监听器实现方式

```
import java.awt.*;
import javax.swing.*;
import java.awt.event.*;

class login extends JFrame{
    JTextField jtf;//声明文本框
    JButton b1;//声明按钮
    JButton b2; //声明按钮
    public static void main(String s[]) {//主方法
        new login();
    }
    login(){//构造方法
        setLayout(new BorderLayout());//设置布局管理器
        setBounds(300,200,250,130);//设置窗体大小及位置
        JPanel jp1=new JPanel();//创建面板jp1
        add(jp1,BorderLayout.CENTER);//将jp1添加到窗体中间位置
        jtf=new JTextField(20);//创建文本框实体
        jp1.add(jtf);//将文本框添加到面板jp1上
```

```
            JPanel jp2=new JPanel();//创建面板 jp2
            b1=new JButton("登录");//创建按钮实体
            jp2.add(b1);//将按钮添加到面板 jp2 上
            b1.addActionListener(new ActionTest());//注册监听器
            b2=new JButton("取消");//创建按钮对象 b2
            jp2.add(b2);//将按钮添加到面板 jp2 上
            b2.addActionListener(new ActionListener() {//使用匿名类实现事件处理
                public void actionPerformed(ActionEvent arg0) {//事件处理方法
                    jtf.setText(b2.getText());//设置文本框内容为按钮 b2 的文本
                }
            });
            add(jp2, "South");//将 jp2 添加到窗体下方
            //设置窗体关闭方式
            setDefaultCloseOperation(JFrame.EXIT_ON_CLOSE);
            setVisible(true);//设置窗体可见性
        }
        class ActionTest implements ActionListener{//使用内部类实现监听器接口
            public void actionPerformed(ActionEvent e) {//事件处理方法
                if(e.getActionCommand()=="登录") {//判断事件源
                    jtf.setText(b1.getText());//设置文本框内容为按钮 b1 的文本
                }
            }
        }
    }
```

运行结果如图 9.19 所示。

图 9.19　监听器实现方式

例 9-6 实现了在文本框中显示按钮文本的功能。在监听器的实现方式上，"登录"按钮使用了内部类，而"取消"按钮则使用了匿名类。

所谓**内部类**，就是定义在类的内部，可以对变量、方法等进行封装的类，一般分为成员类、静态类、局部类 3 种。其中成员类使用较多。

（1）成员类

```
class OutC{
    private String i="我是成员变量";
    void A(){
        System.out.println("我是成员方法");
    }
    class InC{//内部类的定义
        void print(){
            System.out.println("我是成员类");
        }
    }
}
```

如上所示，InC 属于外部类的成员，被外部类所封装，同时它又是一个类，可以封装其他方法。成员类可正常访问其他类的成员，也可如其他成员一样被修饰，但从外部则不能直

接访问成员类。在其他类中创建 InC 类对象需要借助 OutC，即：

```
OutC out=new OutC(); //先创建外部类实例
OutC.InC in=out.new InC(); //通过外部类实例来创建内部类实例
```

（2）静态类

用 static 修饰的成员类又称为静态类，其使用方式与成员类的类似。静态类只能访问外部类的 static 成员，除外部类外的其他类访问静态类时，对象的创建方式和成员类的有所区别。

```
OutC.InC in=new OutC.InC (); //通过"外部类.内部类"创建静态类对象 in
```

（3）局部类

方法中定义的类是方法的一个局部变量，称为局部类。局部类的作用域仅限于方法内，同时只能访问方法中的 final 变量。局部类在使用时只能通过调用方法来实现，不能通过创建类的实例来实现。

```
//局部类
class OutClass{
    private int g;
    void makeInner(){
        final int j=0;
        class InnerClass{//局部类定义
            void print(){
                System.out.println("generalInt="+g);
                System.out.println("j="+j);
            }
        }
        new InnerClass().print();//局部类使用
    }
}
class Test{
    public static void main(String args[]) {
        new OutClass().makeInner();//通过调用方法来间接使用局部类
    }
}
```

匿名类，顾名思义就是没有名字的类，它的定义和实例创建是同时完成的。匿名类没有 class 关键字，不能有修饰符，当然也不能定义构造方法。

```
//匿名类
class Test{
    public static void main(String[] args){
        TestInterface test=new TestInterface(){//匿名类的定义
            public void print(){
                System.out.println("Snonymous class definition");
            }
        };
        test.print();
    }
}
interface TestInterface{void print();}
```

匿名类的使用位置非常灵活，经常作为方法的参数出现，特别是在处理事件的时候，匿名类通常出现在注册监听器的方法参数中。如例 9-6 所示，b2 在注册监听器时，addActionListener() 方法的参数就使用了匿名类。

3．通过继承适配器类来实现事件处理

在 Java 语言中，一个非抽象类实现某个接口时，要求实现接口中定义的所有抽象方法，但在实际应用中并不是所有的方法都是用户感兴趣的。比如例 9-5 中，在实现窗体接口

WindowListener时尽管只使用到windowOpened(WindowEvent e)和windowClosing(WindowEvent e)两个方法，但后面5个未使用的方法也需要重写，否则就会报错。因此，为了简化，Java提供了一个适配器（Adapter）类。适配器类实现了监听器接口，重写了接口中的所有方法，只不过这些方法都是空方法。用户在进行事件处理时可以继承适配器类，根据需要选择相应方法进行事件处理。如将例9-5进行改进，运用继承适配器类的方式实现窗体事件处理，代码如下。

【例9-7】适配器类的使用

```
import java.awt.*;
import javax.swing.*;
import java.awt.event.*;//导入event包
class WindowEventTest extends WindowAdapter{//继承适配器类
    WindowEventTest(){//构造方法
        JFrame jf=new JFrame();//创建JFrame对象
        jf.addWindowListener(this);//注册监听器
        jf.setSize(200,200);//设置窗体大小
        jf.setVisible(true);//设置窗体可见性
    }
    //事件处理方法
    public void windowOpened(WindowEvent e) {
        JOptionPane.showConfirmDialog(null, "哈哈！我们终于见面了！");
    }
    public void windowClosing(WindowEvent e) {
        JOptionPane.showConfirmDialog(null, "真的要狠心离开吗？");
    }
    //主方法
    public static void main(String[] arg) {
        new WindowEventTest();//创建本类对象
    }
}
```

例9-7的运行结果与例9-5的运行结果相同，从代码量上可以看出，通过继承适配器类来实现事件处理可以有选择地重写事件处理方法，这种方法可以减少冗余代码，但是要注意类与类之间的继承关系，某个类的子类则不能继承适配器类。

表9.3列出了java.awt.event包中定义的适配器类，并且注明了它们所实现的监听器接口。

表9.3　　　　　　　　　　适配器类实现的监听器接口

适配器类	监听器接口
ComponentAdapter	ComponentListener
ContainerAdapter	ContainerListener
FocusAdapter	FocusListener
KeyAdapter	KeyListener
MouseAdapter	MouseListener
MouseMotionAdapter	MouseMotionListener
WindowAdapter	WindowListener

9.3　举一反三

制作图形用户界面主要的工作分为两个部分，一是界面的设计，二是功能的实现。其中

功能的实现尤为重要。实现界面的功能需要借助事件处理机制，下面分别以动作事件接口 ActionListener、鼠标事件接口 MouseListener 和 MouseMotionListener、键盘事件接口 KeyListener 为例来说明事件处理机制的运用。

9.3.1 计算器

计算器是手机、平板电脑和计算机上的常用工具，本节模拟一个类似计算机上的计算器，可对其界面进行个性化设计。

项目目标：依据 PC 或智能手机的计算器界面（见图 9.20），设计一款个性化的计算器，可以依照自己的喜好来设计颜色或界面布局，并实现简单的加、减、乘、除及清零等功能。

图 9.20 PC 或智能手机中的计算器界面

设计思路：（1）完成界面设计；（2）实现计算等功能。

分析：首先，界面中有很多按钮，需要将这些按钮一一添加至界面中；其次，按钮的位置和大小有所不同，因此还要将按钮有序摆放，保证能呈现出比较整齐美观的界面；最后，设计计算器的目的是计算，所以计算功能必不可少，因此还需进一步完成计算等功能。

从图 9.20 可见，PC 的计算器界面中按钮是长方形的，智能手机中的计算器的很多按钮则更像纽扣。本章以 PC 中的计算器界面为例来进行模拟。

1．计算器界面设计

观察计算器界面，它与登录界面的不同是组件比较多，而且其中大部分都是按钮，因此直接用 Java 类库中的按钮组件来设计界面更为简便。依然按照绝对定位的方式，将布局管理器设置为 null，通过设置组件的坐标和宽度、高度来布置组件，形成一个图 9.21 所示的美观、具有个性的计算器界面。

界面中"查看""编辑""帮助"等被称为**菜单**，所对应的类为 **Menu（或 JMenu）**。中间显示计算结果的为文本框，其下面的均为按钮。按钮上文本的颜色可以通过 setForeground（颜色）进行设置，字体大小可以通过 setFont（字体对象）设置，计算结果居右显示的设置方

图 9.21 计算器界面

式为 setHorizontalAlignment(JTextField.RIGHT)。

计算器界面设计程序中的关键代码如下。

```
//窗体设置
Container c=getContentPane();  //获取窗体容器
c.setLayout(null);  //将容器的布局管理器设置为空布局
setDefaultCloseOperation(JFrame.EXIT_ON_CLOSE);//设置窗体关闭方式

//菜单设置
JMenuBar bar = new JMenuBar(); //创建菜单栏
JMenu jm1 = new JMenu("查看(V)"); //创建菜单
JMenu jm2 = new JMenu("编辑(E)");
JMenu jm3 = new JMenu("帮助(H)");
bar.add(jm1); //将菜单放到菜单栏上
bar.add(jm2);
bar.add(jm3);
setJMenuBar(bar); //在窗体中加入菜单栏
```

菜单（Menu 或 JMenu）是窗体中非常常见的界面元素，其添加方式与标签、按钮等有所不同，通常不在窗体上直接添加菜单，而是先添加菜单栏（MenuBar 或 JMenuBar），菜单则添加在菜单栏上。常见的菜单有下拉式和弹出式两种，下拉式菜单一般位于界面顶端，比如计算器中的"查看""编辑""帮助"等；弹出式菜单一般在右击时出现。菜单中所添加的是菜单项（MenuItem 或 JMenuItem），如"查看"菜单中的"新建""打开""保存"等。关于菜单的详细内容请查阅 9.4.4 节。

```
//文本框设置
Font f=new Font("宋体",Font.BOLD,20); //设置字体大小
JTextField text = getTextField(); //创建文本框
text.setHorizontalAlignment(JTextField.RIGHT);//设置对齐方式为居右对齐
text.setEditable(false);//设置文本框禁止编辑
text.setFont(f);  //为文本框设置字体
text.setBounds(10,10,295,50); //设置文本框的大小和位置
c.add(text); //将文本框添加到窗体容器中

//按钮设置，以 "=" 和 "0" 为例
JButton j7 = new JButton("=");//创建按钮对象
j7.setBounds(250,245,55,85);//设置按钮的大小和位置
j7.setFont(f);//设置按钮文本字体
c.add(j7);//将按钮添加到窗体容器中
JButton j8 = new JButton("0");
j8.setBounds(10,290,115,40);
j8.setFont(f);
j8.setBackground(Color.lightGray);//设置按钮的颜色
c.add(j8);
```

对于大小一致的按钮，可以结合数组和循环语句来简化代码，其余按钮的创建和添加方式与"="和"0"按钮的类似，这里不赘述。

2. 计算器功能的实现——动作事件处理

计算器界面已经完成，但由于按钮的功能没有实现，因此单击按钮后计算器没有反应。想要将这个计算器变成具备计算功能的计算器，还需要为界面组件增加事件处理。这里以加法运算为例来介绍计算器功能的实现，其他运算可以参考它完成。

```
//对数字按钮的事件处理
jb1.addActionListener(new ActionListener() {//为jb1注册监听器,用匿名类实现
    public void actionPerformed(ActionEvent e) {//事件处理方法
```

```
        s+=e.getActionCommand();//获取按钮文本追加到字符串 s 上
        text.setText(s);//将文本显示在文本框中
    }
});
```

这里对按钮 jb1 执行监听任务的是**匿名类** new ActionListener(){}，匿名类没有类名，ActionListener 为系统定义的动作接口，它与 new 和圆括号合起来构成类头，类体为事件的处理方法 actionPerformed()。从代码中可以看出，整个匿名类的定义就是 addActionListener() 的参数，这看起来似乎很复杂，但这恰恰是匿名类的方便之处。jb1 按钮注册监听器与监听器的事件处理一体化完成，既简洁又直观，还不需要使用其他类，随时需要随时添加，对前后代码也不构成影响，何乐而不为呢？

数字按钮上数字文本的获取方式为使用 getActionCommand()，只是这里所获取的 1、2 等文本不是整数类型数据，而是字符串。也就是说，单击"1"所获得的结果是"1"而不是数字 1，它是不能直接进行四则运算的。text.setText(s) 用于将字符串显示在文本框。如果连续单击多个数字（如"5""9""6"）按钮，那么对应数字会依次追加到字符串 s 上，最后一并显示（即显示 596）到文本框内。

```
//对"+"按钮的事件处理
j6.addActionListener(new ActionListener() {
    public void actionPerformed(ActionEvent e) {
        String fore=text.getText();//获取文本框中的文本
        s+="+"; //在文本框中显示的文本后追加"+"号
        text.setText(s);//将字符串显示在文本框中
        index=s.indexOf('+');//获取"+"号的索引值
        number=Integer.parseInt(fore);//将"+"号前的字符串型数字转换成整数赋给 number 变量
    }
});
```

这里 text.getText() 用于获取文本框中的文本（如"596"），因为字符串不能参与计算，因此通过 Integer.parseInt(String s) 将其转换成整数类型数据。这里变量 number 存放了加数 596 的值。另外，文本框中要显示计算过程，故而在字符串 s 后追加"+"号，并将"596+"显示在文本框中。indexOf('+') 用于获取"+"号的索引值，目的是将其与后面的加数进行区分。

```
//对"="号的事件处理
j7.addActionListener(new ActionListener() {
    public void actionPerformed(ActionEvent e) {
        String back=text.getText().substring(index+1);//获取文本框中的文本并截取"+"
号以后的子串
        if(text.getText().substring(index,index+1).equals("+"))//如果符号为"+"
            number+=Integer.parseInt(back);//number 的值与"+"号后的值相加
        s+="="; //在文本框中显示的文本后追加"="号
        text.setText(s+number);//将表达式及结果显示在文本框中
    }
});
```

在"+"号后面继续输入数字，如单击"3""7""9"，字符串 s 的值即会继续被追加，并将最终结果显示在文本框内，即"596+379"。为了获取加数 379，需要在整个字符串中截取"+"号后面的子串，截取子串的方法为 substring()，它有两种参数形式：一种是只有一个整数类型参数，即 substring(int beginIndex)，子串从 beginIndex（包含该位置）开始一直到字符串结束；另外一种是 substring(int beginIndex, int endIndex)，两个参数分别表示子串的起始和结束位置，并且包含 beginIndex，不包含 endIndex。这里 back 的值为字符串"379"，

Integer.parseInt(back)用于将其转换为整数类型数据。if 条件用于判断运算符号，equals()是判断字符串是否相同的方法。如果是减、乘、除等其他运算，只需将"+"更换为相应运算符即可，实现方式与加法运算的类似，可自行完成。

运行结果如图 9.22 所示。

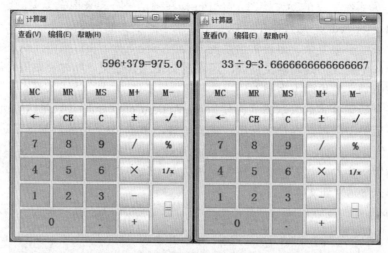

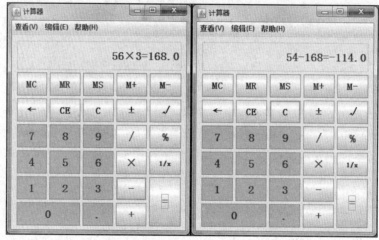

图 9.22　简单的四则运算

登录界面与计算器界面都要对按钮的动作事件进行处理。在人机交互的应用中，许多界面是没有按钮的，比如某些游戏的主界面，那么在交互过程中就经常使用鼠标和键盘与计算机对话，这就需要对鼠标和键盘的操作做出响应。下面通过"美食的诱惑"和"打字母游戏"两个项目来分别说明鼠标和键盘的事件处理方式。

9.3.2　美食的诱惑

本节模拟界面对鼠标动作的响应。

项目目标：将整个窗体分成左右两个面板，左边的面板用于模拟鼠标事件，右边的面板用于模拟鼠标运动事件。具体而言，可以在左、右面板中各画一个小球，当单击左面板的某个位置时，小球缓慢滚动到所单击的位置；当在右面板中按住鼠标左键并移动时，小球跟着鼠标指针移动。为了使界面更为生动，可以将小球换成图片，并加上故事情节，让整个模拟过程变得更有趣。

设计思路：

（1）完成界面设计；

（2）实现对鼠标事件（MouseListener）和鼠标运动事件（MouseMotionListener）的响应；其中 MouseListener 和 MouseMotionListener 是两个接口，MouseListener 接口包括鼠标的单击（mouseClicked()）、按住（mousePressed()）、释放（mouseReleased()）、进入（mouseEntered()）、离开（mouseExited()）等 5 个方法；MouseMotionListener 接口包括鼠标拖动（mouseDragged()）和移动（mouseMoved()）两个方法。

1．界面设计

本项目要求在整个窗体中添加左、右两个面板，界面设计比较简单。假设用于实现鼠标事件的面板类为 Mouse_P，用于实现鼠标运动事件的面板类为 MouseMove_P，因此可以用如下代码来完成界面的设计。

```java
//导入需要的工具包
import java.awt.*;
import javax.swing.*;
class Mouse extends JFrame{  //创建窗体类 Mouse
    public static void main(String args[]) { //主方法
        new Mouse(); //创建本窗体的类对象
    }
    Mouse(){ //构造方法
        super("美食的诱惑"); // 调用父类带参构造方法，为窗体添加标题
        setLayout(null); //设置窗体的布局管理器为空布局
        Mouse_P p1=new Mouse_P(); //左面板p1，用于实现鼠标事件
        p1.setBackground(Color.white); //设置面板背景色
        p1.setBounds(0,0,640, 800); //设置 p1 的位置和大小
        add(p1);//在窗体中放入 p1

        MouseMove_P p2=new MouseMove_P();//右面板p2，用于实现鼠标运动事件
        p2.setBackground(Color.white);
        p2.setBounds(650,0,640, 800);
        add(p2);//在窗体中放入 p2
        setSize(1300,800); //设置窗体大小为 1300px×800px
        setVisible(true);    //设置窗体可见性
    }
}
```

至此完成了项目的界面设计。只是在窗体中添加了左、右两个白色的面板，因此界面比较单调。可以尝试通过 paint()方法在两个面板中画自己喜欢的图形，然后用鼠标来控制图形及其运动。这里将用程序讲述一个主题为"美食的诱惑"的小故事，准备好编程环境，一起来试试吧！

故事是这样的。一只小狗在静静地等待着、观察着，地上空空如也，没有任何可以充饥的食物。忽然，地上出现了一块肉骨头，小狗"心明眼亮"，立即朝着肉骨头奔跑而来，一口吞下。而后它守候在原地，丝毫不敢懈怠，希望"天上掉肉骨头"的情景能够再次出现，如图 9.23 所示。主人不断移动肉骨头，肉骨头的香味吸引着另一只小狗不停地追逐，但始终追不上，如图 9.24 所示。

图 9.23　小狗追逐肉骨头并吃掉的过程截图

图 9.24　"美食的诱惑"运行结果

两只小狗追逐美食的过程可以在同一窗体的左、右两个不同的面板中来分别模拟。从图 9.24 中可以看到，左、右两个面板中都有图标，它们是这样显示到界面上的：首先，定义两个图标，一个是头朝右的小狗 icondog，另一个是头朝左的小狗 icondog1。

```
ImageIcon icondog=new ImageIcon("C:\\Users\\lenovo\\Desktop\\dog.jpg");
ImageIcon icondog1=new ImageIcon("C:\\Users\\lenovo\\Desktop\\dog1.jpg");
```

其次，定义两个带图标的标签，一个是小狗 dog，另一个是肉骨头 meat。

```
JLabel dog=new JLabel(icondog);
JLabel meat=new JLabel(new ImageIcon("C:\\Users\\lenovo\\Desktop\\meat.jpg"));
```

最后，将标签添加到面板中。

```
add(dog);
add(meat);
```

通过这种方式即可让小狗和肉骨头出现在界面上，使界面变得生动起来。接下来看看小狗和肉骨头对鼠标事件如何响应。

2. 功能实现——鼠标事件处理

按照项目目标，右面板需要实现的是，移动鼠标指针时肉骨头跟着移动，小狗则始终跟着肉骨头跑，事件处理过程与前面的相同。

（1）导入 event 包：import java.awt.event.*;。

（2）创建事件处理类并给出事件处理方法。对于鼠标运动事件而言，处理方式如下：

```
//面板类 MouseMove_P 实现了鼠标运动事件接口，成为事件处理类
class MouseMove_P extends JPanel implements MouseMotionListener{
```

```
    public void mouseDragged(MouseEvent arg0) {//对鼠标拖动事件的处理
    }
    public void mouseMoved(MouseEvent arg0) {//对鼠标移动事件的处理
    }
}
```

（3）注册监听器：p2.addMouseMotionListener(p2);。

由于项目只要求对鼠标拖动事件进行处理，因此 mouseMoved()方法体可以为空。要让肉骨头跟着鼠标指针移动，那么需要实时获取鼠标指针的位置。位置的表示无非就是横、纵坐标，在参数 arg0 后输入 "."，所出现的方法或变量如图 9.25 所示。

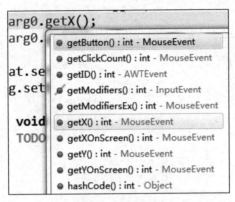

图 9.25　出现的方法或变量

这里出现了 getX()和 getY()两个方法，可以通过 System.out.print()语句测试它们，看是否能获取鼠标指针的实时位置。当然，别忘了按住鼠标左键移动。

相信这时你已经找到答案了，可以将小狗和肉骨头的图标放到鼠标指针所在的位置上。提醒一下，为了避免图标相互覆盖，可以将图标的位置进行适当调整。

```
public void mouseDragged(MouseEvent arg0) {//对鼠标拖动事件的处理
    x=arg0.getX(); //获取鼠标指针位置的横坐标
    y=arg0.getY();//获取鼠标指针位置的纵坐标
    meat.setBounds(x,y+20,80,50);//设置肉骨头图标的位置和大小
    dog.setBounds(x-110, y, 110, 80);//设置小狗图标的位置和大小
}
```

将以上事件处理代码插入界面设计代码中，调试正确后运行程序，就会看到在右面板中实现了项目目标中所要求的功能，小狗可以跟着肉骨头跑了。

左面板 p1 对鼠标事件的处理方法类似。不同的是，由于这里涉及小狗向肉骨头移动的动画过程，因此需要用到之前模拟动画的方法。这里借助多线程来完成，运用 run()方法控制小狗的移动，在 Mouse()构造方法中创建（Thread t=new Thread(p1);）和启动（t.start();）线程即可。

```
//用 Mouse_P 类实现多线程和鼠标事件接口
class Mouse_P extends JPanel implements Runnable,MouseListener{
    int x,y,x1,y1; //定义变量,(x,y)表示单击的位置,(x1,y1)表示小狗的位置
    public void run() {//通过多线程的 run()方法控制小狗的移动
        while (true) {
            meat.setLocation(x+20,y+20);//设置肉骨头的位置
            if (x >= x1 && y >= y1) {
                x1++;
                y1++;
```

```
            }
            if (x >= x1 && y < y1) {
                x1++;
                y1--;
            }
            if (x < x1 && y >= y1) {
                x1--;
                y1++;
            }
            if (x < x1 && y < y1) {
                x1--;
                y1--;
            }
            dog.setLocation(x1,y1); //设置小狗的位置
            try {
                Thread.sleep(20);   //控制小狗的移动速度
            } catch (Exception e) {}
        }
    }
    public void mouseClicked(MouseEvent arg0) {//对鼠标单击事件的处理
        x1=x; //记录小狗初始位置的横坐标
        y1=y; //记录小狗初始位置的纵坐标
        x=arg0.getX();//获取单击位置的横坐标
        y=arg0.getY();//获取单击位置的纵坐标
        if(x>x1) dog.setIcon(icondog); //向右走用 icondog 图片
        else dog.setIcon(icondog1); //向左走用 icondog1 图片
    }
    //以下是鼠标进入、离开、按住、释放等操作，无须添加方法体
    public void mouseEntered(MouseEvent arg0) {}
    public void mouseExited(MouseEvent arg0) {}
    public void mousePressed(MouseEvent arg0) {}
    public void mouseReleased(MouseEvent arg0) {}
}
```

通过前面所学的知识可以知道，**一个类可以同时实现多个接口**。比如类 Mouse_P 既实现了 Runnable 接口，也实现了 MouseListener 接口。而且接口的实现与类的继承互不影响，也就是说，可以在继承类的同时实现一个或多个接口。另外还需要再次强调的是，**实现接口时一定要重写接口中所定义的所有方法**，比如类 Mouse_P 中只要求对鼠标单击事件做出响应，但其他的关于鼠标进入、按住等方法不能不重写。当然，如果觉得这样做太过烦琐，Java 还提供了一个方法可以选择，那就是继承**适配器类**，但是因为 Java 只支持单继承，所以还要同时考虑类与类之间的层次关系。

将上述代码进行整合即可实现本项目的目标。请尝试独立完成，调试程序是非常重要的成长机会，能力是在不断解决问题的过程中提升的，千万不要让机会白白溜走哦！

9.3.3 打字母游戏

屏幕上随机产生的英文字母不断下落，通过按键盘上的键来消除屏幕上对应的字母。

项目目标：假设屏幕上一次性随机产生 10 个字母，它们按照一定的速度下落，玩家通过按键来消除字母，获得积分。当按键对应的字母与屏幕上某个字母匹配时，该字母就在屏幕上消失，如果有多个相同字母则消掉最下面的一个，同时计分器加 10 分；如果没有正确匹配或字母落到屏幕下方，计分器则减掉 100 分。初始分数为 1000 分，当分数达到 1200 分时弹出"恭喜第几关闯关成功！"的对话框，关闭对话框后字母下落速度加快。当分数变为 0 分时

自动退出游戏。

设计思路如下。

（1）同雪花下落的原理相同，只需将雪花改为随机字母，数组长度改为 10 即可。当字母下落到屏幕下方时，在屏幕上方随机位置产生一个新的字母，这样可以保证屏幕上的字母源源不断。

（2）用 drawString()方法在屏幕右上角实现一个计分器，用来显示分数值。设定当分数增加到 1200 时弹出对话框，当分数减少到 0 时退出游戏，并通过改变休眠时间来调整字母下落速度。

（3）实现对键盘事件（KeyListener）的响应。当按住键时比对字母，匹配正确时将对应字母的纵坐标值设为 0，同时分数加 10。如果没有正确匹配，那么分数减 100，字母继续下落，达到界面边界时分数减 100。

（4）针对游戏中存在的问题进行改进。

1．随机字母下落

先实现字母在界面上源源不断地下落。其实现方式同雪花下落的实现方式相同，并且不需要考虑字母的左右飘动，因此难度不大，可以自行完成。其中，字母的显示可借助国际编码标准——ASCII。ASCII 中大写字母 A 所对应的值为 65，依次 66 对应的值为 B，67 对应的值为 C……90 对应的值为 Z。而小写字母 a 对应的值为 97，依次 98 对应的值为 b，99 对应的值为 c……122 对应的值为 z。如何找到这些对应关系呢？可以通过 System.out.println((int)'A'); 输出相应的 ASCII 值，同样也可以通过(char)100 的形式找到 100 所对应的字母。因此，随机产生 26 个小写字母的方法为：c[i]=(char)((Math.random()*26)+97);。

现在可以自己动手试一试了。温馨提示，不要直接看下面给出的代码，否则会破坏独立思考的能力。**能力是在解决一个又一个问题的过程中提升的，学习的最终目的是通过磨炼意志获得真正的成长，而不仅仅是完成项目，做项目只是提升能力的一种手段而已。**

```java
//导入工具包
import java.awt.*;
import javax.swing.*;

class PlayChar{

    public static void main(String args[]){
        new PlayChar();//创建本类对象
    }

    PlayChar(){//构造方法
        JFrame jf=new JFrame("打字母游戏");//创建窗体对象jf

        MyPan mp=new MyPan();//创建面板对象mp
        jf.add(mp);//将面板加到窗体中

        Thread t=new Thread(mp); //创建线程对象t
        t.start();//启动线程

        jf.setSize(600,500); //设置窗体大小为 600px×500px
        jf.setVisible(true); //设置窗体可见性
    }

}
class MyPan extends JPanel implements Runnable{//面板类MyPan实现线程接口
    int[] x=new int[10]; //记录字母横坐标的数组
```

```
int[] y=new int[10]; //记录字母纵坐标的数组
char[] c=new char[10];//记录字母的数组
MyPan(){ //构造方法
    for(int i=0;i<10;i++){
    x[i]=(int)(Math.random()*570); //每个字母的横坐标
    y[i]=(int)(Math.random()*450); //每个字母的纵坐标
    c[i]=(char)((Math.random()*26)+97);//随机产生小写字母，字母为 char 型
    }
}

public void paint(Graphics g){
    super.paint(g);
    for(int i=0;i<10;i++){
    g.setFont(new Font("",0,24));
    g.drawString(c[i]+"", x[i], y[i]);//将char型数据转换为字符串，也可以用
String.valueOf(char arg0)方法
    }
}
public void run(){
    while(true){
    for(int i=0;i<10;i++){
        if(y[i]>480){ //当字母到达下边界时
            y[i]=0; //将字母的纵坐标设为 0
            x[i]=(int)(Math.random()*570); //将字母的横坐标设为随机值
            c[i]=(char)((Math.random()*26)+97); //产生新的随机字母
    }
        else{
            y[i]++; //字母下落
        }
    }
    try{
        Thread.sleep(50); //通过休眠控制字母下落速度
    }catch(Exception e){}
    repaint();    //重画界面
    }
    }
}
```

运行结果如图 9.26 所示。

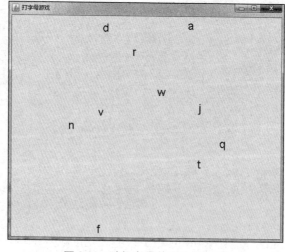

图 9.26　随机字母的产生与下落

2. 计分器的实现

先运用 drawString()方法在屏幕右上角制作一个计分器。因为分数需要不断变化，所以不能用常量来表示。同时在屏幕绘制方法（paint()）、控制字母下落的方法（run()）乃至对键盘事件的处理方法中都会用到分数，因此需要将它作为类变量，保证它在整个类中都可以使用。这里用 score 来记录分数，初始分数为 1000 分（见图 9.27）。

```
int score=1000; //初始分数
```

在 paint()方法中将该分数"画"到屏幕上即可，方法如下。

```
g.drawString("您的当前分数是："+score, 300, 20);//在(300,20)的位置画计分器
```

图 9.27　计分器的显示

另外，项目要求在分数达到 1200 分时弹出"恭喜第几关闯关成功！"的对话框（见图 9.28），关闭对话框后字母下落速度加快。当分数变为 0 分时自动退出游戏。

图 9.28　对计分器的控制

对话框的弹出及退出游戏的处理方法可参考"登录界面"项目，对字母速度的控制可通过修改休眠时间来实现。这里需要调整的是 Thread.sleep(50);，因为休眠时间值为常数 50，是不变的量，需要将休眠时间用变量表示。在类变量中增加 int sleepTime=50;，并相应调整休眠语句为：Thread.sleep(sleepTime);。同时，定义类变量 int k=1;用来记录闯关次数。其他需要增加的语句如下。

```
if(y[1]>480){ //当字母到达下边界时
    …
    score-=100; //分数减100
}
…
if(score>=1200) { //当分数达到1200时
    //弹出对话框，用k++记录闯关次数
```

```
    JOptionPane.showMessageDialog(null,"恭喜第"+(k++)+"关闯关成功！ ");
    score=1000; //分数还原
    sleepTime-=10; //休眠时间减少
}
if(score<=0) System.exit(0); //当分数小于等于 0 时退出游戏
try{
    Thread.sleep(sleepTime); //用休眠时间控制字母下落速度
}catch(Exception e){}
```

3．游戏实现——键盘事件的响应

键盘事件接口包括键按住（keyPressed）、键释放（keyReleased）和输入（keyTyped）3 个方法。前两个比较容易理解，针对一个键进行按住和释放操作，其中 keyPressed 不支持中文状态下的输入。而 keyTyped 方法可以识别组合键，对于英文输入、中文输入及 Shift+a 这样的组合输入均可正确识别。这里模拟在键按住时匹配字母的过程，因此用 keyPressed()方法对事件进行处理。具体操作如下。

（1）导入 event 包：import java.awt.event.*;

（2）对窗体注册监听器：jf.addKeyListener(mp);

（3）创建实现键盘接口 KeyLisener 的类，并用 keyPressed()方法对键按住事件进行处理。想法比较简单，当键按住时比对字母，匹配正确时将字母的纵坐标值设为 0，并在横坐标随机的位置再产生一个新的字母，同时分数加 10。如果没有匹配正确，那么分数减 100。

如何知道所按住的是哪个键呢？可以通过 keyPressed(KeyEvent e)的参数 e 来找找看，如图 9.29 所示，在输入"e."后弹出的方法中，getKeyChar()返回类型为 char 型，字面意思为获取键字符，可以通过 System.out.print()方法输出试试，也可以通过后面详细的介绍来更细致地了解它。

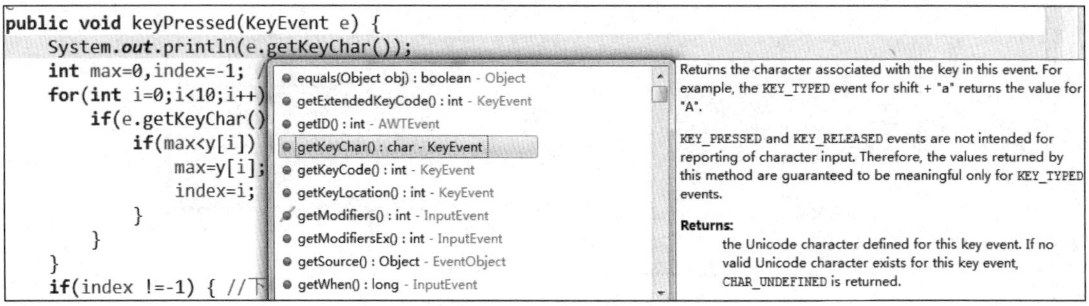

图 9.29　获取键字符

```
public void keyPressed (KeyEvent e) { //键按住的处理方法
    for(int i=0;i<10;i++){
        if(e.getKeyChar()==c[i]){ //如果按键与字母相同
            x[i]=(int)(Math.random()*570); //横坐标设为随机值
            y[i]=0; //纵坐标设为 0
            c[i]=(char)((Math.random()*26)+97); //重新赋值随机字母
            score+=10; //分数加 10
        }
        else {
            score-=100; //按错分数减 100
        }
    }
}
```

运行程序，但结果出人意料，往往按一个键游戏就自动退出了。这是什么原因呢？回过头来分析一下。

当按住键盘中某个键的时候，程序会依次执行 keyPressed()方法的语句，因此会逐个比对屏幕上的 10 个字母，假如在循环的第 1 次，也就是 $i=0$ 时就匹配正确，那么分数加 10，屏幕重画，玩家可以继续进行游戏。那么，假如循环到第 10 次（也就是 $i=9$ 时）才匹配正确呢？那么前面 9 次循环中每次都会减 100，所以游戏很快就退出了。注释掉 if(score<=0) System.exit(0); 语句，在保证游戏不退出的情况下观察分数的变化。会发现即使按对了键，分数也在不断减少，如图 9.30 所示。

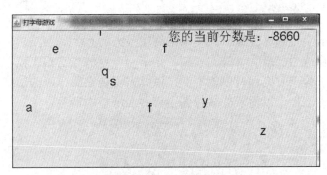

图 9.30　分数不断减少的界面

为了解决这个问题，我们需要一个标识来记录是否匹配成功，当 10 个字母全部比对完成后再决定加分还是减分。对 keyPressed()方法的修改如下。

```
public void keyPressed (KeyEvent e) {
    boolean flag=false; //定义标识
    for(int i=0;i<10;i++){
        if(e.getKeyChar()==c[i]){ //如果按键与字母相同
            …
            flag=true;    //按键正确标识为 true
        }
    }
    if(flag==true) score+=10; //分数加 10
    else score-=100; //按错分数减 100
}
```

计分的问题基本解决了，但很快还会发现新的问题，那就是当界面中有 2 个以上相同字母时，按一次键即会全部消掉。看来还需要对程序进一步优化。有一种很简单的方法可以保证一次性只消掉一个字母，那就是一旦匹配正确就退出循环。跳出循环的方法想起来了吗？对，就是 break，只需要在 flag=true;后面加上 break;即可。

现在可以去尽情地体验游戏了，直到玩累了再停下来，然后把所有代码删掉。回顾整个游戏的设计过程，从字母下落到计分器的设计，最后实现键盘响应，依照设计思路再来一遍，不要想之前输入的代码，就当这是第一次做。如果能独自顺利完成，说明项目目标明确，思路清晰。如果独立实现有困难，不要着急看代码，把项目目标多读几遍，理清思路后再尝试自己动手。这个过程可能会慢一点，但它可对编程思维进行训练，而不仅仅是技术训练。

4．程序优化

游戏的体验感怎么样？细心的读者应该早就发现问题了。每次按键确实只消掉了一个字母，但如果有多个相同字母，消掉的不一定是最下面的一个。这是因为在匹配字母时是按照数组里的顺序的，而不是按照纵坐标的顺序，因此还需要继续改进游戏，找到相同字母中位于最下面的那个。

首先要比较完 10 个字母，不能一找到匹配的字母就跳出循环；其次，记录每个匹配的字母的纵坐标并比较大小，找到纵坐标最大的字母；最后，将纵坐标最大的字母消掉。因此，改进的代码如下。

（1）遍历 10 个字母，找到所有匹配的字母。

```
for(int i=0;i<10;i++){//遍历10个字母
    if(e.getKeyChar()==c[i]){ //如果按键与字母相同
        …
    }
}
```

（2）比较匹配的字母的纵坐标，找到纵坐标中最大的一个。

这里需要一个存放当前最大 y 值的变量，让下一个 y 值与它相比较，如果比它大则将新的 y 值赋给它，小于等于时则保持原值不变，以此来保证它所存放的始终是最大值。同时，还要记录对应字母的下标，以便于能够找到字母并在屏幕中消除。

```
int max=0,index=-1; //定义最大y值变量max、下标变量index
for(int i=0;i<10;i++){//遍历10个字母
    if(e.getKeyChar()==c[i]){ //如果按键与字母相同
        if(max<y[i]) { //找到匹配的字母中纵坐标最大的一个
            max=y[i]; //更换最大值
            index=i; //记录对应下标
        }
    }
}
```

我们知道，数组下标从 0 开始，而这里 index 的初值设为-1 正是因为下标不可能小于 0，可以通过它的值来判断字母是否匹配成功。当然这里设为-2 或 10、100 等都可以，只要保证前面数组下标达不到就可以。一旦 index 的值变化，说明 if(max<y[i])语句被执行，也就是说字母不仅匹配成功，而且已经找到最大 y 值，这时可以进行消除字母和计分器的更新操作了。

（3）消除 y 值最大的字母并加 10 分，否则减 100 分。

```
if(index !=-1) { //下标变化说明前面已经匹配成功
    x[index]=(int)(Math.random()*570); //横坐标设为随机值
    y[index]=0; //纵坐标设为0
    c[index]=(char)((Math.random()*26)+97); //重新赋随机字母
    score+=10; //分数加10
}
else score-=100; //按错分数减100
```

keyPressed()方法的完整代码如下。

```
public void keyPressed(KeyEvent e) {
    int max=0,index=-1; //定义最大y值变量max、下标变量index
    for(int i=0;i<10;i++){//遍历10个字母
        if(e.getKeyChar()==c[i]){ //如果按键与字母相同
            if(max<y[i]) { //找到匹配的字母中纵坐标最大的一个
                max=y[i]; //更换最大值
                index=i; //记录对应下标
            }
        }
    }
    if(index !=-1) { //下标变化说明前面已经匹配成功
        x[index]=(int)(Math.random()*570); //横坐标设为随机值
        y[index]=0; //纵坐标设为0
        c[index]=(char)((Math.random()*26)+97); //重新赋值随机字母
```

```
            score+=10; //分数加 10
        }
        else score-=100; //按错分数减 100
    }
```

改进后的游戏已经比较完善了，当然如果还想进一步提升体验感，可以按照自己的想法继续优化，比如将字母换成彩色的，在界面中添加一些互动元素等。当然，很多游戏是通过键盘的上、下、左、右键来控制的，如果还想用这些键来控制字母的移动，那么需要先找到这些键。

前面 e.getKeyChar()可用于获取键字符，但遗憾的是按方向键的结果全是"？"，看来还需要找其他方法。还有一个 getKeyCode()，返回类型为 int，输出试试看。

按左、上、右、下四个方向键输出的结果分别为 37、38、39、40，看来这就是所获得的键值，可以试着用它控制一下字母的移动。

```
if(e.getKeyCode()==37)  x--; //向左移
if(e.getKeyCode()==38)  y--; //向上移
if(e.getKeyCode()==39)  x++; //向右移
if(e.getKeyCode()==40)  y++; //向下移
```

现在你完全有能力做很多游戏了，比如飞机大战、俄罗斯方块、赛车等。**选定一个目标，想方设法实现它，把它作为一次无前车之鉴的探险，勇敢地面对。要知道最终目标不仅是完成项目，还是战胜自己、超越自己。用这样一种心态面对新知识、面对困难，那将得到一场精神的洗礼。将来无论从事什么行业，这种精神将会让人在任何岗位受益终身。**

9.4　界面组件

通常用到的界面组件为 Swing 组件，如 JButton、JLabel、JCheckBox、JComboBox、JRadioButton、JScrollPane、JTextField、JTextArea、JTabbedPane、JSlider、JProgressBar、JTable、JTree、JMenu、JOptionPane 等，其中 JButton、JLabel、JTextField 等前面已经使用过，下面对其他常用组件进行说明。

9.4.1　单选钮、复选框与组合框

JRadioButton、JCheckBox 与 JComboBox 分别指单选钮、复选框与组合框。

单选钮是指每次只能选中一个，比如性别"男""女"的选择，用户选中其中一个，那么另一个则自动变成非选中状态。需要注意的是，单选钮必须配置成组（ButtonGroup），否则达不到单选的目的。单击单选钮产生动作事件，由 actionPerformed()方法处理。

复选框一般用于多选项目，比如一个人的爱好，"看书""排球""旅游"等可以同时处于选中状态，与单选钮不同的是，这里不需要配置成组，同时选中或取消一个复选框时会生成一个项目事件而不是动作事件，这一项目事件由 itemStateChanged()方法处理。

组合框实际是一个文本框和下拉列表的组合，通常只显示一个可选条目，但可以允许用户在一个下拉列表中选择多个不同条目，也可以在文本域内输入选择项。同复选框一样，选择组合框中一个条目时会生成项目事件，同样由 itemStateChanged()方法处理。

【例 9-8】单选钮、复选框与组合框

```
import java.awt.*;
import javax.swing.*;
```

```
class ComponentDemo{

    ComponentDemo(){
        JFrame jf=new JFrame("单选钮、复选框、组合框");//窗体
        jf.setBounds(450, 280, 300, 150);//窗体大小

        JPanel panel=new JPanel();//面板
        panel.setLayout(new FlowLayout());//面板布局管理

        JRadioButton jrb1=new JRadioButton("18 岁以下");//单选钮
        JRadioButton jrb2=new JRadioButton("18-30",true); //单选钮，默认选中
        JRadioButton jrb3=new JRadioButton("30 岁以上");

        ButtonGroup bg=new ButtonGroup();//按钮组
        bg.add(jrb1); //将单选钮加入按钮组中
        bg.add(jrb2);
        bg.add(jrb3);

        JCheckBox jcb1=new JCheckBox("18 岁以下",true);//复选框，默认选中
        JCheckBox jcb2=new JCheckBox("18-30");
        JCheckBox jcb3=new JCheckBox("30 岁以上");

        JComboBox jcb=new JComboBox();//组合框
        jcb.addItem("18 以下");
        jcb.addItem("18-30");
        jcb.addItem("30 岁以上");

        jf.add(panel);//窗体中添加面板
        panel.add(jrb1);//面板中添加单选钮
        panel.add(jrb2);
        panel.add(jrb3);

        panel.add(jcb1);//面板中添加复选框
        panel.add(jcb2);
        panel.add(jcb3);

        panel.add(jcb);//面板中添加组合框
        jf.setVisible(true);
    }

    public static void main(String args[]){
        new ComponentDemo();
    }
}
```

运行结果如图 9.31 所示。

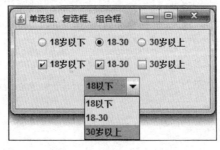

图 9.31　例 9-8 运行结果

例 9-8 展示了单选钮、复选框和组合框的对象创建与使用，其中单选钮 jrb2 的对象实体 new JRadioButton("18-30",true)包含两个参数，第一个参数为按钮文本，第二个参数为 boolean 型，true 用于设置自动选中状态。复选框的参数设置类似，默认为非选中状态。对于单选钮来说，不仅需要将其添加到面板上，还需要将所有单选钮放置到一个按钮组中，以保证它们相互之间的"互斥"状态。

组合框与前两者不同，创建时，先创建一个组合框对象，而后通过添加条目（addItem()）的方式将选项内容添加到组合框里，添加方式非常方便。但是将代码输入 Eclipse 中可以看到，组合框部分的代码有警告，如图 9.32 所示。

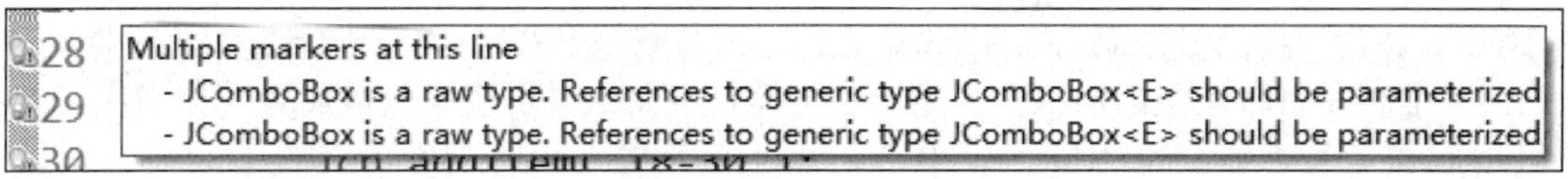

```
28   Multiple markers at this line
29     - JComboBox is a raw type. References to generic type JComboBox<E> should be parameterized
30     - JComboBox is a raw type. References to generic type JComboBox<E> should be parameterized
         jcb.addItem("18-30");
```

图 9.32　组合框的警告

尽管警告都不会影响程序的运行，但往往都想知道为什么会出现警告。这里提示：JComboBox 是一种原始类型，对泛型类型 JComboBox 的引用应该参数化。这是什么意思呢？简单来说就是随着 JDK 版本的升级，JComboBox 也更新为泛型类。泛型是 JDK 1.5 之后开始支持的类型，是 Java 语言类型系统的一种扩展，其本质是参数化类型。有关泛型的内容本书中不详细解释，可以自行查阅资料学习。这里重点关注如何改进程序以消除警告。将警告部分的代码更改为：

```
String[] s= {"18 以下","18-30","30 岁以上"};
JComboBox<String> jcb=new JComboBox<>(s);
```

第一行定义了一个 String 型数组，数组元素为组合框中的条目。第二行进行 JComboBox 泛型类的对象创建，泛型引用使用角括号指定参数类型，参数 s 放在后面的构造方法中。这样更改后，警告消除，运行结果仍与图 9.31 中的相同。

9.4.2　文本框、文本区和滚动面板

JTextField、JTextArea 和 JScrollPane 分别指文本框、文本区和滚动面板。其中文本框 JTextField 用于编辑单行文本，文本区 JTextArea 用于编辑多行文本。滚动面板是一个可以容纳其他组件的矩形区域，在必要时提供水平和（或）垂直的滚动条。

文本框有多个构造方法：

```
JTextField();
JTextField(String text);
JTextField(int columns);
JTextField(String text, int columns);
```

其中 text 是指初始文本，columns 是可容纳的字符数。

文本框有一个子类 JPasswordField，也就是密码框，它可以通过调用 setEchoChar(char c) 显示指定的字符而不是原始字符，指定字符 c 被称为回显字符。如下面所显示的是初始文本为"手机号/QQ 号"的文本框和回显字符为"#"的密码框。

```
JTextField jt=new JTextField("手机号/QQ 号");
JPasswordField jp=new JPasswordField();
jp.setEchoChar('#');
```

显示结果如图 9.33 所示。

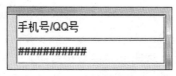

图 9.33　文本框与密码框

文本区是对多行文本进行编辑的组件，用控制符来控制文本的格式。如"\n"表示换行符，"\t"表示水平制表符。它的构造方法同 JTextField 的类似，可以无参数，也可以带一个 String 型参数用来指定初始文本，还可以带 2 个 int 型参数来指定行数和列数。同样，String 型参数和 int 型参数也可以同时使用。如：

```
JTextArea jta=new JTextArea("请输入城市、乡镇、街道、门牌号等",7,35);
```

滚动面板是带滚动条的面板，也是一种容器，但是滚动面板中只能放置一个组件，并不可以使用布局管理器。文本区、表格等中需要显示较多内容而空间又有限时，通常使用 JScrollPane 进行包裹以实现滚动显示。如：

```
JScrollPane jsp=new JScrollPane(jta); //jta 为上面的 JTextArea 类对象
```

滚动面板的构造方法有：

```
JScrollPane(Component c);
JScrollPane(int v, int h);
JScrollPane(Component c, int v, int h);
```

其中，c 是加入滚动面板内的组件，v 和 h 是 int 型常数，由 ScrollPaneConstants 接口定义，用来设置水平和垂直滚动条，可以通过 ScrollPaneConstants 加点运算符直接调用。这些常数如下。

```
HORIZONTAL_SCROLLBAR_ALWAYS //总是提供水平滚动条
HORIZONTAL_SCROLLBAR_AS_NEEDED //需要时提供水平滚动条
HORIZONTAL_SCROLLBAR_NEVER //从不提供水平滚动条
VERTICAL_SCROLLBAR_ALWAYS //总是提供垂直滚动条
VERTICAL _SCROLLBAR_AS_NEEDED//需要时提供垂直滚动条
VERTICAL _SCROLLBAR_NEVER//从不提供垂直滚动条
```

【例 9-9】文本框、文本区与滚动面板

```
import java.awt.*;
import javax.swing.*;

class TextDemo {
    TextDemo() {
        JFrame jf = new JFrame("登录");
        jf.setBounds(450, 280, 420, 230);

        JPanel panel = new JPanel();
        panel.setLayout(new BorderLayout());
        jf.add(panel);
        panel.add(textPane(), BorderLayout.CENTER);
        panel.add(buttonPane(), BorderLayout.SOUTH);

        jf.setVisible(true);
    }

    JPanel textPane() {//文本面板
        JPanel panel = new JPanel();
        panel.setLayout(new FlowLayout());
```

```
        JLabel jl_1 = new JLabel("      用户名");
        JLabel jl_2 = new JLabel("      密    码");
        final JTextField jt = new JTextField("手机号/QQ号", 28);// 文本框
        final JPasswordField jp = new JPasswordField(28);// 密码框
        jp.setEchoChar('#');// 设置回显字符
        // 文本区
        JTextArea jta = new JTextArea("请输入城市、乡镇、街道、门牌号等", 7, 35);
        JScrollPane jsp = new JScrollPane(jta); // 用滚动面板包裹文本区
        panel.add(jl_1);
        panel.add(jt);
        panel.add(jl_2);
        panel.add(jp);
        panel.add(jsp);
        return panel;
    }

    JPanel buttonPane() {//按钮面板
        JPanel panel = new JPanel();
        panel.setLayout(new FlowLayout());
        JButton jb1 = new JButton("登录");
        JButton jb2 = new JButton("注册");
        JButton jb3 = new JButton("取消");
        panel.add(jb1);
        panel.add(jb2);
        panel.add(jb3);
        return panel;
    }
    public static void main(String args[]) {
        new TextDemo();
    }
}
```

运行结果如图 9.34 所示。

图 9.34　带滚动条的文本区

9.4.3　选项窗格、滑杆、进度条、表格、树

JTabbedPane、JSlider、JProgressBar、JTable、JTree 分别指选项窗格、滑杆、进度条、表格和树。

选项窗格常用来作为设置配置的选项。如打开计算机的系统属性界面，里面的"计算机名""硬件""高级""系统保护""远程"等就是选项窗格，每个选项界面是一个独立的面板，可以添加所需要的功能组件，其定义方法为：addTab(String title, Component comp)。

零基础 **Java** 入门教程（微课版）

选项窗格可以扩大安排功能组件的范围，用户操作起来更加方便。下面结合滑杆、进度条、表格和树的使用来说明选项窗格的创建和使用。

【例 9-10】选项窗格、滑杆、进度条、表格、树

```java
import java.awt.*;
import javax.swing.*;
import javax.swing.border.TitledBorder;//导入border包

class TabpaneDemo extends JFrame {

    public TabpaneDemo() {
        setSize(400, 180);
        setTitle("Tabbedpane");

        JTabbedPane tab = new JTabbedPane();// 定义选项窗格
        // 为选项窗格添加选项
        tab.addTab("滑杆和进度条", tabOne());// 添加滑杆和进度条面板
        tab.addTab("表格", tabTwo());// 添加表格选项
        tab.addTab("树", tabThree());// 添加树选项

        // 将选项窗格添加到窗体中
        add(tab);
        setVisible(true);// 设置窗体可见性
    }

    JPanel tabOne() {// 定义放置滑杆和进度条的面板
        JPanel panel_1 = new JPanel();
        panel_1.setLayout(new GridLayout(2, 1));// 设置面板布局管理格式
        JProgressBar pb = new JProgressBar();// 定义进度条
        // 定义水平滑杆，取值范围为0~100，滑块处于刻度标记为45的位置
        JSlider s = new JSlider(JSlider.HORIZONTAL, 0, 100, 45);
        s.setPaintTicks(true);// 绘制滑杆间隔标记
        s.setMajorTickSpacing(20);// 主刻度尺
        s.setMinorTickSpacing(5);// 小刻度尺
        s.setBorder(new TitledBorder("移动滑杆"));// 设置滑杆标题
        pb.setModel(s.getModel());// 进度条与任务源连接
        pb.setStringPainted(true);// 在进度条中显示完成进度的百分比
        panel_1.add(pb);// 面板中添加进度条
        panel_1.add(s);// 面板中添加滑杆
        return panel_1; //返回Jpanel对象
    }

    JScrollPane tabTwo() {// 定义表格
        String[] head = { "学号", "姓名", "性别", "课程", "成绩"};
        Object[][] data = { // 二维数组
                {"2022010001", "张小平", "男", "Java 程序设计", "90"}, {"2022010002",
"李琳", "女", "高等数学", "98"},
                {"2022010003", "王泽坤", "男", "大学物理", "87"}, {"2022010004", "刘
雨绮", "女", "大学语文", "86"},
                {"2022010005", "谢菲菲", "女", "计算机原理", "78"}, {"2022010006", "
林鹏飞", "男", "数据库原理及应用", "92"} };
        JTable table = new JTable(data, head);// 定义表格
        return new JScrollPane(table);// 给表格包裹滚动条，返回滚动面板对象
    }

    JScrollPane tabThree() {// 定义树
```

218

```
        JTree tree = new JTree();// 构造一个系统默认的树对象
        return new JScrollPane(tree);// 将树放在滚动面板中，返回滚动面板对象
    }

    public static void main(String args[]) {
        new TabpaneDemo();
    }
}
```

运行结果如图 9.35 所示。

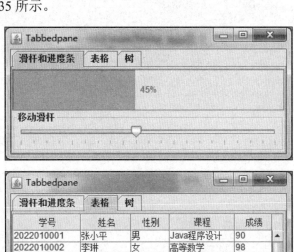

图 9.35　例 9-10 的运行结果

例 9-10 构建的是系统默认的树，想要构建需要的树可以通过 DefaultMutableTreeNode 类及 add()方法来完成，DefaultMutableTreeNode 类位于 javax.swing.tree 包下。如构建类似计算机中"计算机管理"的树，如图 9.36 所示。

```
//定义树顶点
DefaultMutableTreeNode top=new DefaultMutableTreeNode("系统工具");
//定义树节点
DefaultMutableTreeNode node1=new DefaultMutableTreeNode("任务计划程序");
DefaultMutableTreeNode node2=new DefaultMutableTreeNode("事件查看器");
DefaultMutableTreeNode node3=new DefaultMutableTreeNode("共享文件夹");
DefaultMutableTreeNode node4=new DefaultMutableTreeNode("性能");
//将节点加入树
top.add(node1);
top.add(node2);
```

```
top.add(node3);
top.add(node4);
//将子节点加入树
node1.add(new DefaultMutableTreeNode("Microsoft"));
node1.add(new DefaultMutableTreeNode("OfficeSoftware"));
node1.add(new DefaultMutableTreeNode("WPD"));

DefaultMutableTreeNode subnode=new DefaultMutableTreeNode("Windows 日志");
node2.add(new DefaultMutableTreeNode("自定义视图"));
node2.add(subnode);
subnode.add(new DefaultMutableTreeNode("应用程序"));
subnode.add(new DefaultMutableTreeNode("安全"));
subnode.add(new DefaultMutableTreeNode("Setup"));

JTree tree=new JTree(top);//构造一个系统默认的树对象
JScrollPane jspane=new JScrollPane(tree);//将树放在滚动面板中
```

图 9.36　自定义"计算机管理"树

9.4.4　菜单

菜单是图形用户界面程序设计中经常使用的组件，分为下拉式菜单（JMenu）和弹出式菜单（JPopupMenu）。

下拉式菜单通常由菜单栏（JMenuBar）、菜单（JMenu）和菜单项（JMenuItem）构成，它们之间的层次关系为：菜单栏包含若干个菜单，一个菜单包含若干个菜单项或子菜单。下拉式菜单如图 9.37 所示。

（1）创建菜单栏对象，并将菜单栏加到窗体中：

```
JMenuBar bar=new JMenuBar();
setJMenuBar(bar);
```

（2）创建菜单对象，并将其添加到菜单栏中：

```
JMenu file=new JMenu("file");
bar.add(file);
```

（3）创建菜单项对象，并将其添加到菜单中：

```
JMenuItem open=new JMenuItem("open");
file.add(open);
```

菜单栏中可以添加子菜单，还可以添加分隔线、设置菜单项的可选性。如：

```
file.addSeparator();//添加分隔线
file.add(new JMenu("recent file"));//添加子菜单 recent file
open.setEnabled(false);//设置菜单项为不可选
```

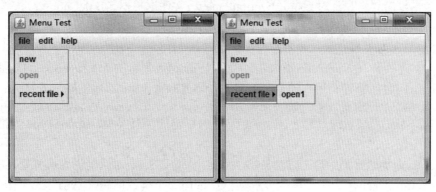

图 9.37　下拉式菜单

图 9.37 中"open"子菜单处于不可选状态，"open"下面的线为分隔线，带三角形图标的"recent file"为子菜单，"open1"为子菜单的菜单项。

弹出式菜单通常为右击后出现的菜单，又称为快捷菜单，如图 9.38 所示。弹出式菜单没有菜单栏，菜单和菜单项的创建方式同下拉式菜单中的类似。但是，由于弹出式菜单默认是不可见的，因此通常需要由事件触发。

```
JPopupMenu popup=new JPopupMenu();//创建弹出式菜单对象
JMenu submenu=new JMenu("open"); //创建菜单对象
popup.add(submenu); //添加菜单
submenu.add(new JMenuItem("open file"));//添加菜单项
submenu.add(new JMenuItem("new file"));//添加菜单项
popup.add(new JMenuItem("Copy"));//添加菜单
popup.add(new JMenuItem("Cut"));//添加菜单
popup.add(new JMenuItem("Paste"));//添加菜单
popup.addSeparator();//添加分隔线
popup.add(new JMenuItem("Help"));//添加菜单
addMouseListener(new MouseAdapter() {//为界面添加事件处理
    public void mouseClicked(MouseEvent e) {
        if(e.getButton()==MouseEvent.BUTTON3) {//当右击(BUTTON3)时
            popup.show(e.getComponent(),e.getX(),e.getY());//单击处显示
        }
    }
});
```

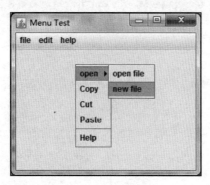

图 9.38　弹出式菜单

221

9.4.5　对话框

常用对话框有"消息"对话框（JOptionPane）、文件选择器（JFileChooser）、颜色选择器（JColorChooser）等。

（1）"消息"对话框

Swing 中提供了 JOptionPane 类来实现类似 Windows 平台的 MessageBox 的功能，实现显示信息、提出问题、警告、用户输入参数等功能。JOptionPane 常用的构造方法为：

```
JOptionPane(Object message, int messageType, int optionType, Icon icon);
```

其中 message 为显示的消息，messageType 为指定的消息类型，optionType 为指定选项，icon 为指定图标。

JOptionPane 类通常调用静态方法 showXxxxDialog()来确定对话框的显示类型，如下所示。

showConfirmDialog()——"确认"对话框：询问一个确认问题（"Yes"或"No"）。

showInputDialog()——"输入"对话框：提示输入或选择一个文本。

showMessageDialog()——"消息"对话框：显示信息。

showOptionDialog()——自定义对话框：组合其他 3 个类型对话框。

【例 9-11】对话框

```java
import javax.swing.*;

class MessageBox{
    public static void main(String args[]){
        //"输入"对话框
        JOptionPane.showInputDialog(null, "请输入您的性别: ","个人基本信息",
                JOptionPane.QUESTION_MESSAGE,null,
                new String[]{"男","女"},"男");
        String str=JOptionPane.showInputDialog(null, "3*8=?");
        if(str.equals("24")) {
            //"消息"对话框
            JOptionPane.showMessageDialog(null, "恭喜您, 答对了! ");
        }
        else {
            //"确认"对话框
            JOptionPane.showConfirmDialog(null, "确定要提交吗? ","慎重",
                    JOptionPane.YES_NO_CANCEL_OPTION,
                    JOptionPane.INFORMATION_MESSAGE);
            //"消息"对话框
            JOptionPane.showMessageDialog(null, "很遗憾, 答错了……");
        }
        //自定义对话框
        JOptionPane.showOptionDialog(null, "胜不骄, 败不馁! ", "自定义",
                JOptionPane.DEFAULT_OPTION,
                JOptionPane.INFORMATION_MESSAGE,null,null,null);
        System.exit(0); //退出程序
    }
}
```

运行结果如图 9.39 所示。

（a）"输入"对话框

（b）"确认"对话框　　　　　　　　（c）"消息"对话框

（d）自定义对话框

图 9.39　例 9-11 运行结果

静态方法中的参数较多，如自定义对话框方法 JOptionPane.showOptionDialog(Component parentComponent, Object message, String title, int optionType, int messageType, Icon icon, Object[] options, Object initialValue)共有 8 个参数，这些参数的意义如下。

参数 1parentComponent：显示对话框的父组件，null 为默认窗体。

参数 2message：显示对话框中的描述性信息，通常是字符串，也可以是别的对象。

参数 3title：标题，默认为"消息"。

参数 4optionType：用于定义在对话框底部的按钮类型，其可选取为 DEFAULT_OPTION、YES_NO_OPTION、YES_NO_CANCEL_OPTION 或 OK_CANCEL_OPTION。

参数 5messageType：对话框的显示类型，其可选取为 ERROR_MESSAGE、INFORMATION_MESSAGE、WARNING_MESSAGE、QUESTION_MESSAGE 或 PLAIN_MESSAGE。

参数 6icon：显示的图标，默认时除 PLAIN_MESSAGE 外均有默认图标。

参数 7options：用户可以选择的对象数组，如果此参数为 null，则选项由外观决定。

参数 8initialValue：表示对话框默认选择的对象，只有在使用 options 时才有意义；可以为 null。

（2）文件选择器

实例化 JFileChooser 类后，调用 showOpenDialog()方法能够打开一个"打开"对话框，用于打开或保存文件，如图 9.40 所示。

```
JFileChooser file=new JFileChooser();
file.showOpenDialog(null);
```

JFileChooser 的构造方法有 3 种，参数设置不同代表的功能也不同。

① 默认构造方法：JFileChooser();。

② JFileChooser(currentDirectory)：参数表示打开"打开"对话框时默认显示的文件夹（默认为用户文件夹）。

③ JFileChooser(currentDirectoryPath)：参数表示打开"打开"对话框时默认显示的文件路径。

图 9.40 "打开"对话框

【例 9-12】文件选择器

```java
import javax.swing.*;
class FileChooserDemo{
    public static void main(String args[]){
        JFileChooser file=new JFileChooser();//实例化文件选择器
        file.showOpenDialog(null);//显示"打开"对话框
        String s=file.getSelectedFile().toString();//获取所选文件的路径及名称
        JOptionPane.showMessageDialog(null, s);//打开"消息"对话框显示信息
    }
}
```

运行结果如图 9.41 所示。

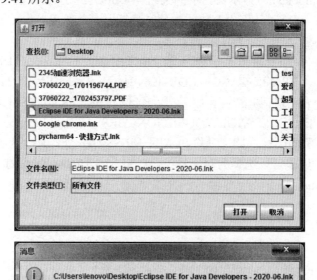

图 9.41 例 9-12 运行结果

在文件选择器界面中，组合框、工具栏、滚动条、弹出式菜单等均添加了相应的事件处理，可以显示不同路径下的文件和文件夹，也可以实现新建文件夹、文件重命名等功能。但要通过"打开"按钮查看某个文件的内容，则需要借助第 10 章中的输入输出流来完成，这里只能看到文件所在的路径以及文件名等信息。

（3）颜色选择器

调用 JColorChooser 类的静态方法 showDialog()可以打开一个颜色选择对话框，如图 9.42 所示。

```
JColorChooser.showDialog(null,"", null);//打开颜色选择对话框
```

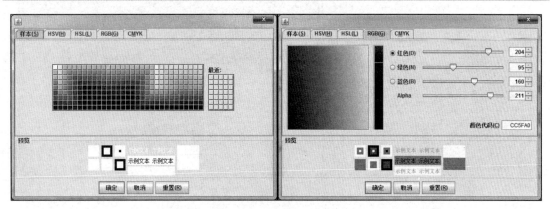

图 9.42　颜色选择对话框

颜色选择器主要运用了选项窗格、滑杆和按钮等组件，可以通过可视化界面很好地完成与用户间的交互。其中 showDialog()方法在调用时可以带有 3 个或 4 个参数，它们分别如下。

component：对话框的父组件。

title：对话框的标题字符串。

initialColor：显示颜色选择器时设置的初始颜色。

colorTransparencySelectionEnabled：关于颜色透明度的选择，返回值为 true/false。

【例 9-13】颜色选择器

```java
import java.awt.*;
import java.awt.event.*;
import javax.swing.*;


class ColorChooserDemo {
    public ColorChooserDemo() {
        JFrame frame = new JFrame("ColorChooser");//实例化窗体
        frame.setSize(400, 400);
        frame.setLayout(new FlowLayout());//设置布局管理器
        JButton chooseButton = new JButton("选择背景色");//创建按钮
        frame.add(chooseButton);//在窗体中添加按钮
        chooseButton.addActionListener(new ActionListener() {//事件处理
            public void actionPerformed(ActionEvent e) {
                Color backgroundColor = JColorChooser.showDialog(frame,
"颜色选择器", Color.white); //颜色选择对话框
                //设置窗体背景色
                frame.getContentPane().setBackground(backgroundColor);
            }
        });
```

```
        frame.setVisible(true);
    }
    public static void main(String[] args) {
        new ColorChooserDemo();
    }
}
```

运行结果如图 9.43 所示。

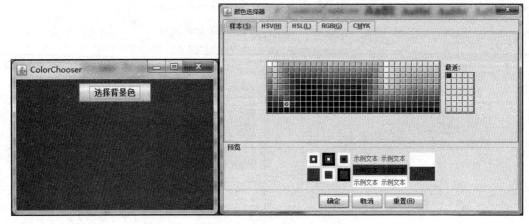

图 9.43　例 9-13 运行结果

小结

本章完成了登录界面、计算器、美食的诱惑、打字母游戏等项目，从不同角度展现了图形用户界面的设计和用户与计算机之间的交互方式。本章包含的内容较多，重点是对界面的布局管理、事件处理以及各种各样的界面组件的运用，通过对本章的学习，读者可以全面掌握图形用户界面的构建方法。良好的图形用户界面可以极大地提高软件的交互性和灵活性，让人机交互变得直观、简单、方便。

习题

1. 如何在一个容器的底部放 3 个组件？（　　　）

A. 设置容器的布局管理器为 BorderLayout，并添加每个组件到容器的南部

B. 设置容器的布局管理器为 FlowLayout，并添加每个组件到容器

C. 设置容器的布局管理器为 GridLayout，并添加每个组件到容器

D. 设置容器的布局管理器为 BorderLayout，并添加每个组件到使用 FlowLayout 的另一容器，然后将该容器添加到第一个容器的南部

E. 不使用布局管理器，将每个组件添加到容器

2. 完成图 9.44 所示的界面，其功能为：单击 "Click me" 时在文本框中记录按钮被点击次数，单击 "reset" 时文本框回到初始状态，单击 "exit" 时退出程序。

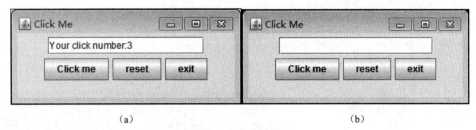

（a） （b）

图 9.44 完成的界面效果

3．在 Frame 上创建一个 TextArea，使之能够记录鼠标指针在 Frame 上的进入、单击等情况（可使用 MouseAdapter 和 MouseMotionAdapter）。

4．将之前的创意作品与界面组件联系起来，如用按钮或鼠标控制龟兔赛跑（或小球、雪花、流星等运动），或用方向键控制游戏人物（或毛毛虫、车辆等）的前后左右运动等。

5．运用所学的内容完成一款喜欢的小游戏，如五子棋、俄罗斯方块、贪吃蛇、扫雷、2048、接小球等，充分发挥想象力，期待你分享与众不同的创意作品。

第**10**章 海阔凭鱼跃，天高任鸟飞——多媒体与输入输出流

"己欲立而立人，己欲达而达人"，Java语言之所以如此强大，是因为它不是属于某个开发者，而是属于整个产业界。它本着"开放、共享"的服务理念不断注入新鲜血液，同时又提供服务给更多的人。它的开放使它拥有了世界上非常多的开发者和支持者，他们为Java的发展注入源源不断的智慧和活力，使之能够持续更新并与时俱进。随着越来越多的人投入Java的研究和应用领域，针对同样的问题会找到侧重点不同的解决方案，有些技术会通过市场的层层筛选脱颖而出，成为引领行业发展的佼佼者，如Spring、Struts、Hibernate、MyBatis、Blade等。

新技术的运用会在一定程度上降低开发人员的工作强度，但追逐新技术是一个巨大挑战。因为技术变化太快了，简直是日新月异，将来会出现什么犹未可知，如果没有强大的学习能力，往往会应接不暇。当然，万变不离其宗。可以确定的是，所有的新技术都是在Java语言基础上扩展的，所以，打好基础未来才会有无限可能。如果一个人拥有一个"Java梦"，同时又享受开发软件的过程，那么将来就可以成为引领技术发展的人。

本章在图形用户界面的基础上进一步拓展，运用窗体可视化插件简化界面设计过程，并通过制作"音乐播放器""个性化聊天工具"等软件将界面与音乐、图像、文本等数据进行结合，使软件实用性更强，用户体验更丰富。

10.1 窗体可视化插件

通过逐行输入代码的方式设计一个较复杂的界面会有什么感受呢？可能会很有成就感，佩服自己的耐心与恒心，通过坚持不懈的努力终于完成了一项大工程；也可能会觉得很烦琐，界面设计这样简单重复的事情要是有更简单的方式来完成就好了，可以将时间花在更值得的地方。

事实上，随着技术的发展，Java并不是制作界面最好的选择。需要提醒的是，对于初学者，建议不要偷懒，对语言本身的练习和理解比会使用工具要重要得多，会熟练地使用工具不一定能够解决代码中出现的问题，所以学习还是要分清主次，不要本末倒置。如果已对代码相当熟悉了，那么使用工具可以提高工作效率。毕竟除了界面设计外，还有很多重要的工作等待完成。因此，两种感受并没有对错之分、高下之别，所有的经历都是为了成就更好的自己，每个想法都有不可替代的价值，用心体验就好。下面介绍一款可视化界面设计插件，

它可以帮助有需要的人提高工作效率。

　　集成开发环境 Eclipse 中可以导入 WindowBuilder 可视化插件，在这个可视化的窗体设计器中，添加组件、布局组件位置以及为组件添加事件处理都非常方便。另外，这个插件还有一个非常好的功能，那就是可视化的设计器和代码窗口同时存在，既便于快速开发，又利于对照学习，一举两得。

10.1.1　可视化插件的下载和安装

　　打开 Eclipse 进入 WindowBuilder 的下载页面，选择与 Eclipse 版本相对应的链接，右击并选择相应命令复制链接地址，如图 10.1 所示。

图 10.1　WindowBuilder 下载页面

　　打开 Eclipse 主窗口，选择 "Help" → "Install New Software"，如图 10.2 所示。

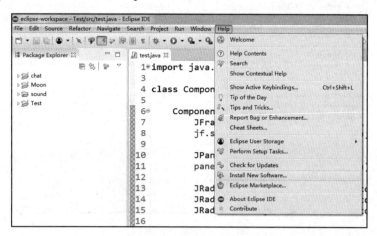

图 10.2　Eclipse 中的 "Help" 菜单

　　打开相应的窗口，将所复制的链接地址粘贴到 "Work with" 后的文本框中，如图 10.3 所示。

　　在图 10.3 所示的窗口中勾选 "WindowBuilder"，然后单击 "Next" 按钮。等待片刻后出现安装详情窗口，如图 10.4 所示。

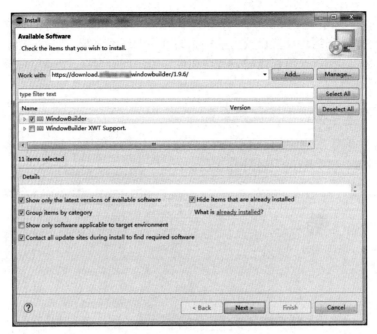

图 10.3　WindowBuilder 插件安装窗口

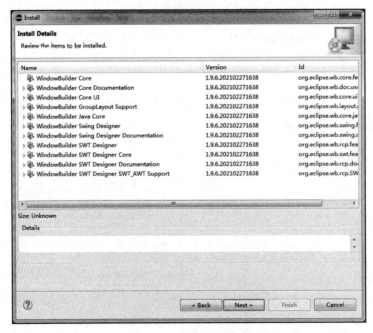

图 10.4　安装详情窗口

　　继续单击 "Next" 按钮，进入协议窗口，如图 10.5 所示。选中右下方的 "I accept the terms of the license agreements"，然后单击 "Finish" 按钮。

　　此时需要等待一会儿，注意观察 Eclipse 界面右下角的完成进度。完成之后会弹出图 10.6 所示的对话框。

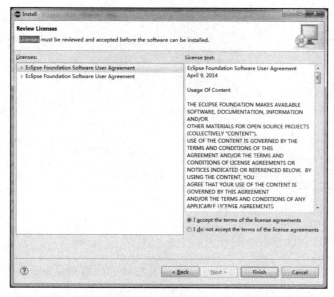

图 10.5　协议窗口

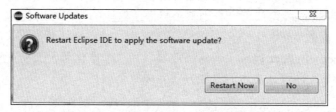

图 10.6　询问是否重启 Eclipse 的对话框

单击"Restart Now"按钮，Eclipse 开始重新启动。重启之后，依次选择"File"→"New"→"Other"，找到"WindowBuilder"选项，如图 10.7 所示。展开"WindowBuilder"，选择"Swing Designer"即可打开 JFrame 设计器，如图 10.8 所示。此时就可以使用它来设计界面了。

图 10.7　"WindowBuilder"选项

231

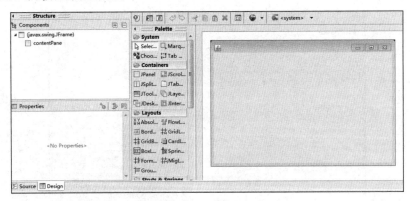

图 10.8　JFrame 设计器

10.1.2　WindowBuilder 的使用

通过拖动的方式可以很方便地将容器、组件及布局管理器等从 Palette 面板拖放到窗体中，快速高效地设计出所需要的图形用户界面。同时选中所添加的组件还可以在 JFrame 设计器左下角的 Properties 部分修改组件的属性参数，界面效果也会实时反馈，在右边窗体中即可查看。另外，切换到 Source 窗口可以看到整个界面所对应的代码，对代码进行修改后可以在 Design 窗口看到界面的变化。

下面运用 WindowBuilder 完成"音乐播放器"和"个性化聊天工具"两个项目的界面设计部分，并结合音乐、图像、文本的添加方式完成整个项目。

10.2　音乐播放器

音乐可以放松心情，舒缓压力，给人以美的享受，本节讲解如何给项目添加音乐，将音频与界面设计进行完美结合。

项目目标：完成一个界面友好的小型音乐播放器。

设计思路：（1）完成界面设计。运用 WindowBuilder 设计完成图 10.9 所示的音乐播放器界面（注：界面可根据个人喜好自行设计，不一定要与图 10.9 一致）；（2）完成界面组件必要的事件处理；（3）完成音乐播放功能；（4）完成图像切换功能。

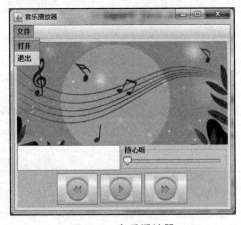

图 10.9　音乐播放器

10.2.1　界面设计

通过拖动的方式完成图 10.9 所示的界面。界面中包含"文件"菜单（以及子菜单"打开""退出"）、带图标的标签（添加到 BorderLayout 的 North 位置）、列表（List，添加到 BorderLayout 的 West 位置）、滑杆（添加到 BorderLayout 的 Center 位置）和带图标的按钮（添加到 BorderLayout 的 South 位置）。图标、背景色、字体、边框颜色、滑杆值等均可通过 Properties 面板设置或修改属性参数。这个过程应该相对简单，这里不赘述。

10.2.2　事件处理

界面设计完成后须对界面组件进行必要的事件处理，以便实现音乐播放器的人机交互功能。本界面需要实现的事件处理如下。

（1）选择"打开"菜单项弹出"打开"对话框，选择本地计算机上的.wav 音频文件后，文件列表出现在窗体列表上，如图 10.10 所示。

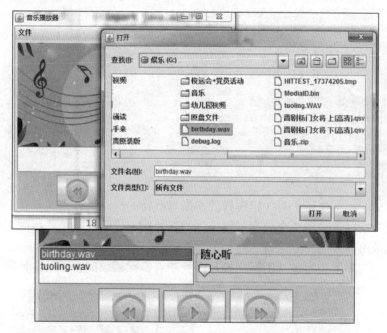

图 10.10　"打开"对话框与文件列表

以下为关键代码。

```java
//为"打开"菜单项（mntmNewMenuItem）添加事件处理，弹出文件选择器
mntmNewMenuItem.addActionListener(new ActionListener() {
    public void actionPerformed(ActionEvent e) {
        file=new JFileChooser("G:\\");//实例化文件选择器，默认路径为 G:\
        file.showOpenDialog(null);//显示文件选择器
        open();//调用 open()方法
    }
});
//将文件选择器中格式为.wav 的音频文件添加到窗体列表中
public void open() {
    File filedir = new File(file.getCurrentDirectory().getPath());//文件目录
    File[] filelist = filedir.listFiles();//文件列表
```

```
    for (File f : filelist) {//遍历文件列表中的文件
        filename = f.getName().toLowerCase(); //将文件名转换成小写
        if (filename.endsWith(".wav")) {//找到扩展名为.wav 的文件
            list.add(filename);//将文件添加到窗体列表上
        }
    }
}
```

（2）单击列表中相应的文件，即可将其选中，双击列表中相应的文件即可开始播放。

```
list.addMouseListener(new MouseAdapter() {//list 为界面中的列表
    public void mouseClicked(MouseEvent e) {
        // 单击时处理
        if (e.getClickCount() == 1) {
            // 显示选中的文件
        filename=list.getSelectedItem();
        }
        // 双击时处理
        if (e.getClickCount() == 2) {
        // 播放选中的文件
        filename=list.getSelectedItem();
        btnNewButton_1.setIcon(stop);//更换播放按钮图标
        threadControl();//窗体组件与音频播放线程的控制
        }
    }
});
//窗体线程与音频播放线程的控制
public void threadControl() {
    t=new Thread(frame);//窗体线程
    t.start();    //线程启动
    mt=new MusicThread();//音频播放线程
    mt.start(); //线程启动
}
```

说明：窗体线程主要用于对按钮图标的切换与滑杆的滑动进行控制，音频播放线程用于对音频播放进行控制。采用 2 个线程分别控制的好处在于界面上按钮图标的切换、滑杆的滑动与音频的播放可以"同时"进行。

（3）单击中间播放按钮进行图标切换，滑杆随着音频播放向前移动，如图 10.11 所示。

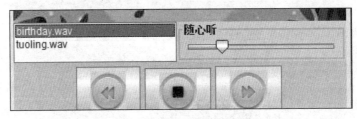

图 10.11　按钮图标切换与滑杆移动

关键代码如下。

```
slider = new JSlider(JSlider.HORIZONTAL, 0, 100, progress);//滑杆初始值
while(progress<=100) { //progress 为滑杆值, 取值范围为 0~100
    slider.setValue(progress++);//滑杆值的设置
    try {
        Thread.sleep(sleeptime); //休眠时间长短与音频长度有关
    }catch(Exception e) {}
}
```

10.2.3　音频播放

Java 中播放音频文件需要加载 javax.sound.sampled 包和 java.io.File 类，其中 JavaSound 是一个小巧的底层应用程序接口，基于 JavaSound 的音频处理程序能够在任何支持 Java 1.3 以上版本的系统上运行，无须加装任何支持软件。但是，JavaSound 只支持.wav、.au、.aiff 等格式的音频，缺少对.mp3 格式音频文件的支持，想要使用 Java 代码播放.mp3 文件需要加载 JMF 或 jl1.0.jar 等第三方库，具体操作方式可自行在网上查阅，本书只探讨.wav 格式的音频的播放。

在 java.io 包中包含绝大多数与**输入输出**（Input/Output，**I/O**）相关的类，java.io.File 类实现了对文件或目录的基本操作，比如检查目录或文件的存在性，是否可读（写），文件类型、大小、名称、时间等。关于输入输出的相关内容将在 10.3 节中详细阐述，本节还是先完成音频播放这一主要任务。

音频播放主要有 4 个步骤。

（1）获取格式化的音频数据

首先定位所要播放的文件，如 new File("G:\\"+MusicPlayer.frame.filename)，File 构造方法的参数为文件所在路径及其完整文件名，其类型为 String 型。

其次获取音频**输入流**：AudioSystem.getAudioInputStream(new File(String s));。该方法的返回类型为 AudioInputStream。

最后获取 AudioInputStream 流对象的音频格式：in.getFormat()。其返回类型为 AudioFormat。

（2）将音频数据写入源数据行

SourceDataLine 接口提供了一种将音频数据写入数据缓冲区的方法。写入源数据行的方法有 2 种。

① 先获取数据行信息（包括相应数据行的类、音频格式、缓冲区大小等），然后获得源数据行：

```
DataLine.Info dataLine = new DataLine.Info(SourceDataLine.class, format);
SourceDataLine source = (SourceDataLine) AudioSystem.getLine(dataLine);
```
② 直接利用 getSourceDataLine()方法将格式化的音频写入源数据行。
```
SourceDataLine source =AudioSystem.getSourceDataLine(format);
```
（3）从输入流中读取数据发送到混音器

应用程序将音频字节写入源数据行，源数据行处理字节的缓冲并将它们传送到混音器。

```
while ((count = in.read(b, 0, b.length)) != -1) {// 读取数据，-1 代表没有
    if (count > 0) {
        source.write(b, 0, count); //数据写入
    }
}
```
（4）关闭
```
source.drain(); // 清空数据缓冲
source.close(); // 关闭输入
```
经过以上操作即可完成音频的播放。对数据流的理解有一定难度，但也是非常重要的一部分，请系统学习 10.3 节的内容。这里有关音频播放的内容使用了独立的线程，其完整代码如下。
```
// 音频播放线程
class MusicThread extends Thread{
    public void run() {
```

```
        try {
            // 获取音频输入流
            AudioInputStream in = AudioSystem.getAudioInputStream(
                            new File("G:\\"+MusicPlayer.frame.filename));
            // 获取音频格式
            AudioFormat format = in.getFormat();
            // 写入源数据行
            SourceDataLine source =AudioSystem.getSourceDataLine(format);
            source.open(format); //打开数据行使之可操作
            source.start(); //执行数据输入输出
            // 从输入流中读取数据发送到混音器
            int count; //读取的总字节数
            byte b[] = new byte[1024]; //创建字节数组
            while ((count = in.read(b, 0, b.length)) != -1) { //从输入流读取
                if (count > 0) {
                        source.write(b, 0, count); //音频输出，source 作为源数据行
                }
            }
            // 清空数据缓冲，并关闭输入
            source.drain();
            source.close();
        }catch(Exception e) {}
    }
}
```

将音频播放代码加载到程序里并运行，能听到美妙的音乐声吗？如果没声音，那就需要检查文件路径和文件格式是否正确。

10.2.4　图像切换

图像切换的目的是使音乐播放器的界面更加灵动,比如播放不同的音乐显示不同的图像,可以提升用户的感观体验，达到锦上添花的效果，如图 10.12 所示。

图 10.12　依据所播放的音乐来切换图像

另外，由于标签的图标格式可以为.jpeg、.jpg、.png、.gif 等，因此还可以下载.gif 动图资源作为标签的图标。关于图标的设置及切换很简单，先创建标签对象并设置标签上的图标。

```
JLabel lblNewLabel = new JLabel(); //创建标签对象
lblNewLabel.setIcon(new ImageIcon("G:\\bg.jpeg")); //设置标签上的图标
```

其次，在控制滑杆线程的 run()方法中重新设置标签图标即可。

```
if (filename.equals("birthday.wav")) {//如果播放的是 birthday.wav 音乐
    sleeptime = 350; //休眠时间
    lblNewLabel.setIcon(new ImageIcon("G:\\birthday.gif"));//切换标签图标
}
if (filename.equals("tuoling.wav")) {
    sleeptime = 2000;
    lblNewLabel.setIcon(new ImageIcon("G:\\tuoling.gif"));//切换标签图标
}
```

这样就可以实现播放器的音乐与所显示的图像的匹配。当然，由于这里的音乐数量不多，所以可使用 if 语句分别控制，如果列表中的音乐很多则可选择数组及循环控制语句来简化代码。另外，Java 中的 Image 类用来指向内存中的图像以及必须从外部资源加载的图像，图像处理经常用 Image 类来完成，本项目中的图像切换方法当然也可以使用。

此外，本项目还有一些提升空间，比如"前进"和"后退"按钮未添加事件处理，不能通过单击按钮实现曲目的切换；音乐在播放过程中没有暂停控制，必须要等到一曲终了才能更换新的曲目；只涉及.wav 音频的播放，对于.mp3 文件需要增加格式转换功能；相较于功能完善的音乐播放器还有很大差距。不完美之中有机会，不完美之中蕴含着无限可能。探索的路永无止境，试一试就会有意想不到的收获。

10.3　输入输出流

先来回顾一下，程序是如何接收键盘上的数字或字符的？运行结果又是如何显示在屏幕上的？通过前面的学习可以知道，接收键盘输入会用到 System.in，而 System.out 可以将结果显示到屏幕上。那么，程序运行在内存和 CPU 的资源里，除了键盘输入和显示器输出外，内存之外的设备还有打印机、硬盘、网络等，程序通过什么跟它们打交道呢？另外，在打交道的过程中有数字、音频、图像、文字等各种各样信息的交互，又如何保证能正确传输呢？这些都需要设计专门的输入输出系统。

10.3.1　流

Java 输入输出系统（简称 I/O 系统）的主导思想是**流**，顺序的数据输入和输出都可以用**流**来表示，采用数据流的目的就是使得输入输出独立于设备。表示数据来源的流称为**输入流**（**InputStream**），表示数据输出目标的流称为**输出流**（**OutputStream**）。输入流不关心数据源来自何种设备（键盘、文件、网络等），输出流不关心数据流向何种设备（显示器、打印机、文件、网络等）。

生活中流的形式有河流、气流、车流、泥石流等，它们的特点是一去不复返，一旦流走就没有了，而且它们是有方向的。在 Java 中，输入输出流也有同样的特点，某个数据**一旦被读（写）过，就相当于流走了，不会被重复读（写）**。流的本质是数据传输，Java 中的流被抽象为各种类，如 InputStream 类为字节输入流，Writer 类为字符输出流等（见图 10.13）。

总之，输入输出流就是用来处理设备间数据传输问题的。按照数据的流向来分，可以分为输入流（读数据）和输出流（写数据）；按照数据类型来分，可以分为字节流和字符流。输入输出流常见的应用有文件读写、复制、上传、下载等。

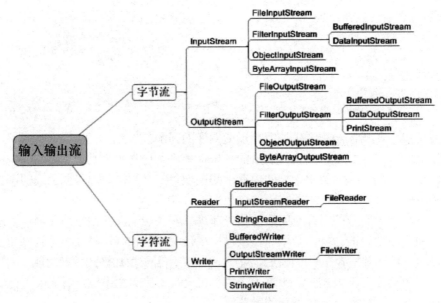

图 10.13　Java 输入输出系统

10.3.2　输入和输出

　　思考一个问题，将窗体中的聊天记录保存到文件里属于输入流还是输出流？这里需要考虑"入"和"出"的参照对象。程序在内存里，相对于内存而言，进入内存区的为输入流，从内存区流向内存之外的为输出流，如图 10.14 所示。因此，**数据流的输入输出是相对于内存而言的**，将窗体中的聊天记录保存到文件里属于输出流。

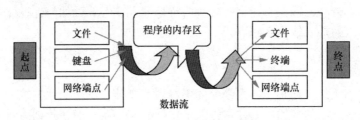

图 10.14　输入流与输出流

　　需要注意的是，离开内存的操作都是有风险的，比如文件找不到、网络未连接、数据库服务器未启动等，因此需要用 try-catch 进行异常保护。输入输出操作主要有以下 4 个步骤。

第一步：定位数据源。

第二步：建立通道，确定是输入还是输出。

第三步：数据传输。

第四步：关闭通道。

10.3.3　标准输入输出流

　　通常，在控制台下默认的标准输入是指键盘输入，标准输出则是指显示器输出。Java 系统自带的标准数据流位于 java.lang.System 包下，分别是 System.in（标准输入流）、

System.out（标准输出流）和 System.err（标准错误输出流）。

（1）System.in

System.in 读取标准输入设备数据，其数据类型为 InputStream。读取方法如下。

```
int read()  //返回 ASCII 值。若返回值为-1 说明没有读取到任何字节，读取工作结束
int read(byte[] b)//读入多字节到缓冲区中，返回值是读入的字节数
```

（2）System.out

System.out 向标准输出设备输出数据，其数据类型为 PrintStream。PrintStream 为 FilterOutputStream 的子类，其作用是将某个输出流再次封装，并且提供了一些新的输出操作特性。如除 write()和 flush()方法外还提供了多个 print()和 println()方法，可以对多种数据类型进行输出操作。其中 flush()的作用为将缓冲区中的流刷新（flush）到目标数据源中。

另外，PrintStream 还有 2 个非常重要的特性：一个是该类内部会对异常进行捕获，因此它的所有输出操作都不会抛出 IOException；另一个是可以封装实现一个拥有自动刷新能力的输出流，如 PrintWriter pw = new PrintWriter(osw, true);中 true 可以开启自动刷新模式。

（3）System.err

System.out 输出的是程序正确运行时的信息，而 System.err 输出的是程序出错时的信息，即异常信息。

10.3.4　字节流

二进制是基本的数据表示方式，计算机中的文本、音频、视频、图像等文件都是以二进制的形式存在的。信息传输过程中按照每 8 位一个字节来处理二进制数据的方式称为字节流，字节流通常分为字节输入流（InputStream）和字节输出流（OutputStream）2 种。

需要指出的是，InputStream 和 OutputStream 是 2 个字节流的顶级父类，它们是抽象类，不能被实例化，因此在具体应用中需要通过子类来实现输入输出功能。文件流是字节流的子类中最常用的一个，所以经常使用 FileInputStream（文件输入流）和 FileOutputStream（文件输出流）2 个类来实现按字节方式顺序读写的操作。

1．FileInputStream

使用 FileInputStream 可建立一条数据的输入通道（文件→内存），要通过这个通道读取数据需要使用 read()方法，read()方法有如下 3 种格式。

```
int read(); //一次读入一个字节，并返回 0～255 的 int 型值，未读取到或读取结束返回-1
int read(byte[] b); //一次读取多个字节，读入的字节数据直接放入字节数组 b 中，并返回实际读取的字节个数。如果读取操作到达输入流末尾则返回-1
int read(byte[] b, int off, int len); //一次读取多个字节，可以从数组 b 中的第 off 位开始读取 len 个数据
```

【例 10-1】文件的读取（一）

```
//读取一个字符
public class ReadTest {
    public static void main(String args[]) {
        try { // 离开内存的操作有风险，需要进行异常保护
            // 第一步：定位数据源
            File f = new File("D:/test.txt");
            // 第二步：建立通道，确定是输入还是输出
            FileInputStream fis = new FileInputStream(f);
            // 第三步：数据传输
            System.out.print((char)fis.read());
```

```
            // 第四步：关闭通道
            fis.close();
        } catch (Exception e) {
            System.out.println("文件找不到或是打不开。");
        }
    }
}
```

在读取某文件时先要明确该文件是否存在，如果找不到该文件则程序会执行 catch 块中的异常捕获代码。如果文件能正常读取，那么将读取文件中的第一个字符并将它输出在控制台上。这里由于 read()方法的返回值为整数，那么对于字母就是对应的 ASCII 值，因此通过(char)将 ASCII 值强制转换成相应的字符。在例 10-1 中，如果 test.txt 中的内容为"abc123 我爱祖国！"，那么程序的运行结果为 a。

那么你很自然地会想到一个问题，如何读取整个文件内容呢？可以试着借助循环来完成。想一想循环条件该怎么写？这里要注意的是流的特点，一旦读取过就流走了，后面就没有了。

【例 10-2】文件的读取（二）

```
//读取整个文件
public class ReadTest {
    public static void main(String args[]) {
        try { // 离开内存的操作有风险，需要进行异常保护
            // 第一步：定位数据源
            File f = new File("D:/test.txt");
            // 第二步：建立通道，确定是输入还是输出
            FileInputStream fis = new FileInputStream(f);
            // 第三步：数据传输
            int content = 0; //定义一个变量
            while (content != -1) { //-1是文件读取完毕的标志
                content = fis.read(); //将读到的字符赋给 content 变量
                System.out.print((char) content); //将 int 型数据转换成 char 型数据输出
            }
            // 第四步：关闭通道
            fis.close();
        } catch (Exception e) {
            System.out.println("文件找不到或是打不开。");
        }
    }
}
```

运行结果：abc123??°?×??ú???。

仔细观察运行结果，字母和数字可以正常输出，而汉字却成了乱码，中文标点也不能正常输出。这主要是因为 read()方法每次只能读一个字节，高位部分直接忽略掉导致的。一个中文字符可能占用多个字节存储，因此读取时会出现乱码现象。无论如何，读取整个文件的目的达到了，至于汉字不能正常显示的问题后面用字符流来解决。想一想，如何把 while 循环改为 for 循环呢？

对于 for 循环而言，最好是能够知道文件的长度。在程序中用 FileInputStream 对象找看有没有类似于 length 之类的方法吧。在 fis.后弹出的对话框中并未找到 length（见图 10.15），但有几个返回类型为 int 型的方法，比如第一个 available()。查阅后发现该方法的作用是"返回从此输入流可读取（或跳过）的剩余字节数"，输出一下试试看吧。

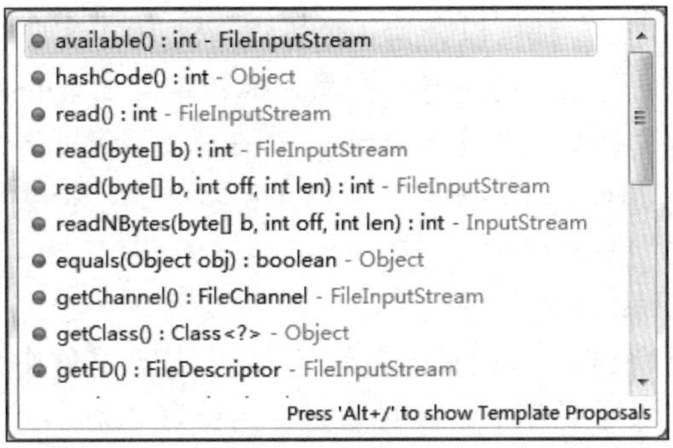

图 10.15 FileInputStream 中的方法

System.out.print(fis.available());的结果为 16。"abc123 我爱祖国！"中字符和数字长度为 1，每个汉字或中文标点长度为 2，结果确实是 16，看来 available()可以获取长度。特别指出，available()返回的是剩余字节数，也就是说在读取的过程中它的值是在不断减少的。for 循环的代码为：

```
// 第三步：数据传输
int length = fis.available();
for (int i=0;i<length;i++) {
    System.out.print((char)fis.read());
}
```

试一试，如果不定义变量 length，直接写成 for (int i=0;i< fis.available();i++)，效果是否相同？为什么？

2．FileOutputStream

使用 FileOutputStream 可建立一条通往数据目的地的通道（内存→文件），要通过这个通道写入数据需要使用 write()方法。write()方法同样有 3 种格式。

```
write(int b); //将 b 写入输出流中
```

注意这里的参数 b 为 int 型，int 型占 4 个字节，也就是 32 位，但实际写入输出流的只是 b 的低 8 位（从右到左）数据，高 24 位数据被忽略。

```
write(byte[] b); //将字节数组写入输出流中
write(byte[] b, int off, int len); //将字节数组 b 中从 off 位开始的 len 个数据写入输出流中
```

【例 10-3】文件的写入

```
import java.io.*; //导入 io 包
public class WriteTest {
    public static void main(String args[]) {
        try { // 离开内存的操作有风险，需要进行异常保护
            // 第一步：定位数据源
            File f = new File("D:/test.txt");
            // 第二步：建立通道，确定是输入还是输出
            FileOutputStream fos = new FileOutputStream(f);
            // 第三步：数据传输
            String s = "海阔凭鱼跃，天高任鸟飞。"; //定义一个字符串
            fos.write(s.getBytes());//将字符串写入 test.txt 文件中
            // 第四步：关闭通道
            fos.close();
        } catch (Exception e) {
            System.out.println("遇到问题了");
        }
    }
}
```

写入操作同读取操作类似，都可以分为 4 个步骤。例 10-3 实现了将字符串"海阔凭鱼跃，天高任鸟飞。"写入 test.txt 文件中的功能。在写入操作中，如果 test.txt 已经存在，那么写入的内容会将原有文件内容替换掉；如果 test.txt 不存在，则会生成一个名为 test 的文本文件，并将内容写入。另外，s.getBytes()的作用是使用平台默认的字符集将此字符串编码为字节序列，并将结果存储到新的字节数组中。

【例 10-4】文件的复制、加密与解密

将一个文件的内容复制到另一文件中需要先将内容从源文件中读取出来，再将内容存入目标文件中。因此，数据源需要 2 个，同时通道也需要有 2 条，一个用于输入，一个用于输出。具体程序如下。

```java
import java.io.*; //导入io包
public class CopyFile {
    public static void main(String args[]){
    try{
      //建立两个文件
      File read=new File("D:/test.txt");
      File write=new File("D:/test1.txt");
      //建立两条通道，分别指向源文件和被复制文件
      FileInputStream fin=new FileInputStream(read);
      FileOutputStream fon=new FileOutputStream(write);
      //复制文件
      int len=fin.available();
      for(int i=0;i<len;i++)
        fon.write(fin.read());
      //关闭通道
      fin.close();
      fon.close();
    }catch(Exception e){}
  }
}
```

运行结果如图 10.16 所示。

图 10.16　复制文本文件

文件 test1.txt 原本不存在，运行程序之后可以发现在 D 盘根目录下出现了名为 test1 的文本文件，并且其内容与 test.txt 相同，实现了文件复制的目的。如果在执行写入操作时进行一点小小的改动，看看结果会如何？比如在读取的数据上加 1 后再写入，即 fon.write(fin.read()+1);，可以发现 test1.txt 文件的内容变为图 10.17 所示的乱码。

图 10.17　改动后的目标文件

这不就是加密文件吗？如果将 test1.txt 作为源文件，能通过复制操作再还原回 test.txt 的内容吗？答案是肯定的。直接进行相反的操作就可以达到解密的目的，这就是文件加密和解密的原理。如果觉得这个密码太过简单，容易被对方破解，那可以将其设置得更复杂。比如每一次循环都加不同的数字，或运用随机数制作一个专门的密码文件，在执行写入操作时将 2 个文件的内容融合起来，这样对方破解的难度就会加大，文件安全性也会增强。想到什么加密方式就试一试，因为"**想，都是问题；做，才有答案。**"

另外，如果想复制一幅图像、一首歌或一个压缩包同样可以用例 10-4 的方法，但这些文件较大，数据传输时就需要考虑执行效率的问题，带有 byte[]参数的读写方法可以帮助解决这个问题，因为 byte[]可以成块地读写内容。byte[]数组的长度尽量用 2 的 *n* 次方，这样计算机处理效率会高一些。

【例 10-5】复制大文件，按块读写，解决读写过慢的问题

```
import java.io.*;
class CopyBlock{
    public static void main(String args[]){
        try{
            File in=new File("C:/jdk-18.0.2.1/src.zip");
            File out=new File("D:/CopyJDK.zip");

            FileInputStream input=new FileInputStream(in);
            FileOutputStream output=new FileOutputStream(out);

            byte[] block=new byte[8092];//设置 read(byte[] b)的参数
            int length=input.available()/8092;
            for(int i=0;i<=length;i++){//注意：这里运用<=而不是<，是为了保证上面除法的余
数部分也能被读写而不被遗漏
                input.read(block);//返回整数类型值
                output.write(block);//参数为 byte[],不能用 output.write(input.read())
            }
            input.close();
            output.close();
        }catch(Exception e){}
    }
}
```

10.4　个性化聊天工具

模拟一款类似于 QQ 的聊天工具。

项目目标：（1）从登录界面跳转到好友列表界面，双击某个好友打开相应的聊天窗口界面；（2）能够保存历史聊天记录，并在打开聊天窗口界面时将历史记录显示在界面上；（3）能够追加新的聊天记录，不同好友的聊天记录应有区别。

设计思路：（1）运用 WindowBuilder 设计完成登录界面、好友列表界面和聊天窗口界面的设计；（2）完成界面组件必要的事件处理；（3）项目的进一步拓展和延伸。

下面结合一个以小狗皮卡儿为主题的个性化聊天工具——"皮卡儿欢乐世界"来说明聊天工具的完成过程。

10.4.1　界面设计

WindowBuilder 中的窗体 JFrame 默认的布局管理器是 BorderLayout，在界面中可以使用

嵌套的方式进行较为复杂的布局管理。如果需要使用绝对布局则可选择 Layouts 组中的 Aboslute Layout，这样可以随意改变组件的位置和大小。界面设计工作在 WindowBuilder 里非常简单，通过设计器和代码相结合的方式，读者完全可以自行完成。

  按照项目目标，这里至少需要 3 个界面，即登录界面（见图 10.18）、聊天窗口界面（见图 10.19）和好友列表界面（见图 10.20）。如果要使软件更加完整，那么还可以模拟注册界面（见图 10.21）、好友信息界面、群聊界面等。

图 10.18　登录界面

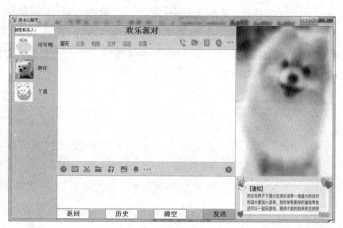

图 10.19　聊天窗口界面

图 10.20　好友列表界面

图 10.21　注册界面

  本项目的所有界面均采用绝对布局的方式，界面组件在 WindowBuilder 设计窗口中可以按照需要随意拖放。界面中运用了标签、按钮、文本框、密码框、文本区、组合框、菜单等 Swing 组件，还加载了丰富的图片元素（通过设置标签图标的方式完成图像加载）。特别地，在注册界面和登录界面中还采用了动图形式，使界面不仅丰富美观、彰显个性，而且更加活泼生动，观感体验有所提升。

10.4.2　事件处理

不同界面中需要实现的事件内容不同，下面以注册界面、登录界面、好友列表界面和聊天窗口界面为例分别讲解相应的事件处理过程。

1. 注册界面

在注册界面中主要是对"注册"按钮添加事件监听。虽然界面中含有"手机号"和"短信验证码"，但在无网络连接的情况下并不能真正实现注册功能，留待后续完善。"注册"按钮的功能主要有两个，一是验证昵称是否为空，二是验证昵称是否重复。

（1）验证昵称是否为空

```
if (f1.getText().equals("")) {
    JOptionPane.showMessageDialog(null, "昵称不能为空,请输入昵称。");
}
```

其中 f1 为第一个文本框，getText()用于获取文本框中的字符串，equals("")用于比较所获取的字符串与 equals 方法的参数内容是否相同。这里要注意的是，比较内容是否相同不能使用 "=="，因为**双等号比较的是字符串所存放的地址，而 equals()方法比较的才是内容**。如果 if 条件成立，说明昵称为空，程序则会弹出对话框提醒用户输入昵称（见图 10.22）。

图 10.22　昵称为空时的"消息"对话框

（2）验证昵称是否重复

这一步相对较复杂，因为要比较新注册的昵称是否重复，那就需要将注册过的昵称提前保存起来，比较时再取出来。这种存取工作同前面"音乐播放器"的需求一致，都要用到输入输出流。同时，在昵称没有重复的条件下还要将新注册的昵称也存起来，所以同样需要用到输入输出流。另外，为了在下一步登录过程中验证昵称和密码是否正确，所以注册时的密码也需要存储起来。以下是实现代码，可以先跟着写，熟悉几遍，详细知识点可参看 10.3.4 节和 10.5.2 节的讲解。

```
boolean flag = false; //判断昵称是否重复的变量
String aa = f1.getText();//获取昵称字符串
String bb = String.valueOf(f2.getPassword());//获取密码字符串
try { //对可能出现异常的代码进行处理,保证程序正常执行
    Reader reader = new FileReader("yonghu.txt"); //字符输入流
    BufferedReader br = new BufferedReader(reader); // 缓冲流对象
    while (br.ready()) { //判断缓冲流是否为空
        String str = br.readLine();    // 文件中的一行, 遇到换行符停止
        if (str.equals(aa)) {//判断昵称是否重复
            flag = true; // 变量值改变
        }
    }
    br.close(); //关闭流
    if (flag == true) {//昵称重复提示
        JOptionPane.showMessageDialog(null, "昵称已经被占用,请重新输入!");
```

```
    } else {
        Writer w = new FileWriter("yonghu.txt", true);//存储昵称输出流
        Writer w1 = new FileWriter("yonghu1.txt", true); //存储密码输出流
        BufferedWriter bw = new BufferedWriter(w); //缓冲流
        BufferedWriter bw1 = new BufferedWriter(w1);
        bw.write(aa); // 写入昵称
        bw.newLine(); //换行
        bw1.write(bb +"\n"); //写入密码并换行
        bw.close(); //关闭流
        bw1.close();
        JOptionPane.showMessageDialog(null, "注册成功,保存成功");
        f1.setText(null); //清空文本框
        f2.setText(null);//清空密码框
        new login(); //打开登录界面
        setVisible(false); //隐藏注册界面
    }
} catch (IOException e1) { }
```

运行结果如图 10.23 所示。

图 10.23 昵称注册成功和昵称重复时的"消息"对话框

执行程序后会在项目路径下产生 2 个文本文件：yonghu.txt 和 yonghu1.txt，如图 10.24 所示。

通过这种方式可以将需要长期保存的内容存放到需要的地方，实现内存和外存之间的交互。当然，用 2 个文件分别存放昵称和密码并不是一个很好的选择，实际上有 1 个文件就足够，通过字符串的 split()方法把昵称和密码分开即可。有关字符串相关知识的介绍可参看 10.5 节。

注册成功后自动跳转到登录界面，并且自动隐藏注册界面。

图 10.24 存放昵称和密码的文件

2. 登录界面

登录界面的主要功能是验证昵称和密码是否正确，如果正确则登录，否则允许用户重新输入。对于没有昵称的用户可以单击"注册"进行注册。针对"找回密码"功能，可以再设计一个新的密码找回界面来完成事件处理，这里未实现此功能。

（1）"登录"按钮的事件处理

```
jb1.addActionListener(new ActionListener() {
    public void actionPerformed(ActionEvent e) {
        String msg = jf1.getText();// 获取文本框内容
        String msg1 = String.valueOf(jf2.getPassword());// 获取密码框内容
        boolean flag = false; // 判断登录条件是否成立的变量
        String str; //记录昵称的字符串
        String str1; //记录密码的字符串
        try {
            Reader r = new FileReader("yonghu.txt");// 昵称输入流
```

```
        Reader r1 = new FileReader("yonghu1.txt");// 密码输入流
        BufferedReader br = new BufferedReader(r); // 建立缓冲流
        BufferedReader br1 = new BufferedReader(r1);
        while (br.ready()) { //判断缓冲流是否为空
            str = br.readLine(); //读取昵称的一行
            str1 = br1.readLine();//读取密码的一行
            if (str.equals(msg) && str1.equals(msg1)) {//判断是否匹配
                flag = true; //变量值改变
            }
        }
        br.close();//关闭
        br1.close();
    }catch (IOException e1) { }
    if (flag == true) { //昵称和密码正确
        JOptionPane.showMessageDialog(null, "登录成功!");// 弹出对话框
        new message();// 打开好友列表界面
        setVisible(false); // 隐藏登录界面
    } else {  //昵称或密码不正确
        JOptionPane.showMessageDialog(null, "昵称或密码错误!");
    }
    }
});
```

　　图 10.25 所示分别为验证成功和验证失败时的"消息"对话框。这里同样用到了输入输出流的相关内容，还是建议读者先跟着写，熟悉代码。

图 10.25　验证昵称和密码的结果界面

（2）"注册"按钮的事件处理

　　这里的"注册"按钮的功能同注册界面中的"注册"按钮功能不同，这里只需要返回注册界面即可。因此，事件处理过程很简单，代码如下。

```
login.addActionListener(new ActionListener() {
    public void actionPerformed(ActionEvent e) {
        new enroll(); // 打开注册界面
        setVisible(false); // 隐藏登录界面
    }
});
```

3. 好友列表界面

登录成功后即可跳转到好友列表界面（见图 10.20）。这一界面的功能较多，可以为每位好友增加好友信息，比如可以展示"衣橱"（见图 10.26），播放和暂停音乐，查阅皮卡儿资料（见图 10.27），单击"群聊天"进入一个多人聊天窗口界面，双击某个好友进入私人聊天窗口界面，等等。关于音乐播放部分的功能后续再添加，这里先实现基本功能。

选择"装扮"可打开"衣橱"菜单项，菜单项的事件处理方法同按钮的事件处理方法相同，如"衣橱"菜单项的事件处理程序如下。

```
item10.addActionListener(new ActionListener(){//调整装扮界面
    public void actionPerformed(ActionEvent e) {
        new clothes();   //打开衣橱界面
        setVisible(false);  //隐藏信息界面
    }
});
```

图 10.26　衣橱界面

图 10.27　皮卡儿资料界面

衣橱界面展示了各种类型的皮卡儿衣服，设置了"购买"按钮，但暂未实现购买功能，可以通过返回按钮跳转到好友列表界面中。同样，"资料卡""群聊天"等按钮的事件处理方法也类似，这里不再重复介绍。

双击某个好友可以打开私人聊天窗口界面（见图 10.28），这里以"可可鸭"为例阐述事件处理过程，其他好友的处理方法相同。双击是鼠标事件，因此需要注册鼠标监听器，同时实现鼠标事件。

```
jlb7.addMouseListener(new MouseAdapter() {// 继承鼠标事件适配器类
    public void mouseClicked(MouseEvent e) {
        if(e.getClickCount()==2) { //判断单击次数
            new duckchat();   //打开可可鸭聊天窗口界面
            setVisible(false);  //隐藏信息界面
        }
    }
});
```

为了避免过多冗余代码的产生，这里使用了继承事件适配器类的方式来完成事件处理，仅重写所需要的 mouseClicked 方法即可。

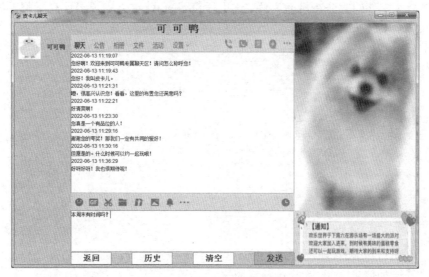

图 10.28 私人聊天窗口界面

4. 聊天窗口界面
聊天窗口界面需要实现如下功能。

① 通过"发送"按钮将下面输入区中的内容显示到上面显示区中，同时清空输入区。

② 实现显示区中聊天记录的追加功能、输入区和显示区的滚动条功能。

③ 将显示区中的内容作为聊天记录保存到文本文件中。

④ 单击"历史"在显示区中显示以往的聊天记录。

在这些功能中，前两项的实现相对容易，用以往事件处理的知识基本可以完成。后两项需要将记录保存到文件，再从文件中调取出来，涉及与外部存储空间的交互，仍然需要用到输入输出流，这也是在本章中频繁出现的内容，属于本章的重点知识。

（1）"返回"按钮事件处理

单击"返回"会自动隐藏聊天窗口界面，打开好友列表界面，事件处理过程同前面类似。

```
close.addActionListener(new ActionListener(){
    public void actionPerformed(ActionEvent e) {
    new message();    //打开好友列表界面
        setVisible(false);   //隐藏聊天窗口界面
    }
});
```

（2）"清空"按钮事件处理

清空输入区和显示区的内容也就是将文本设置为空字符串，事件处理非常简单，代码如下。

```
del.addActionListener(new ActionListener() {
    public void actionPerformed(ActionEvent arg0) {
        jtf1.setText("");  //设置显示区文本为空字符串
        jtf2.setText("");  //设置输入区文本为空字符串
    }
});
```

（3）"历史"按钮事件处理

要想实现单击"历史"按钮将以往的聊天记录显示到显示区中，那么首先要将以往的聊天记录保存下来，也就是说先要把输入区的内容写到文件里，然后才能将其从文件中读取出

249

来。将内容写入文件的部分在后面讲解，这里假设 chat.txt 文件中已经保存了聊天记录，那么读取的方法为：

```
//将文本文件 chat.txt 中的内容导入聊天窗口界面中
his.addActionListener(new ActionListener() {
    public void actionPerformed(ActionEvent arg0) {
        File f1=new File("chat.txt");      //找到 chat.txt 文件
        try {
            // 建立文件输入缓冲流
            BufferedReader br =new BufferedReader(new FileReader(f1));
            while(br.ready()) {//判断缓冲字符流是否可读，也就是是否空
                jtf1.append(br.readLine()+"\n");//按行读取字符并追加到最后
            }
            br.close();//关闭流
        }catch(IOException e3) {}
    }
});
```

其中，ready()方法的返回值为 boolean 型，判断缓冲字符流是否为空。append()用于在原有基础上进行追加信息，"\n"为换行符，用来设置聊天信息的显示格式。

（4）"发送"按钮事件处理

"发送"按钮要完成两个功能，一是将输入区的信息加载到显示区内，二是将信息写入文本文件中，完成聊天记录的保存。因此，关于"发送"按钮的事件处理分两部分完成。

① 将输入区中的文字显示在显示区内并清空输入区。

```
jtf1.append(jtf2.getText()+"\n");//获取输入区信息追加到显示区，行末换行
jtf2.setText("");//清空输入区
```

② 将输入区中的信息存储在文本文件中。

```
FileWriter fw= new FileWriter("chat1.txt",true); //定位文件并建立文件输出流
PrintWriter pw =new PrintWriter(fw); //封装输出缓冲流
pw.println(jtf2.getText());//将最新信息写入文件
pw.close();//关闭流
```

以上 4 条语句即可完成信息的存储。其中，FileWriter("chat1.txt",true)中的 true 表示开启追加模式，提高写入效率。封装缓冲流时可以用 BufferedWriter，但一般情况下会采用 PrintWriter，因为 PrintWriter 是带缓冲区的字符流，可以控制输出格式以适应不同平台，所以也称为标准输出流。标准输出流中包含 print()方法和 println()方法，println()方法是在输出操作的同时自动在最后加换行符 "\n"。当然此处调用 write()方法也是可以的。

图 10.29 展示了显示区和文本文件中的聊天记录。

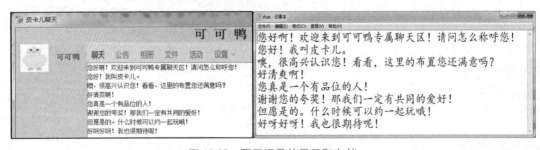

图 10.29　聊天记录的显示和存储

虽然基本功能已经完成，但为了进一步满足用户需求还可以添加信息发送的时间，让信息展示呈现如下效果（见图 10.30）。

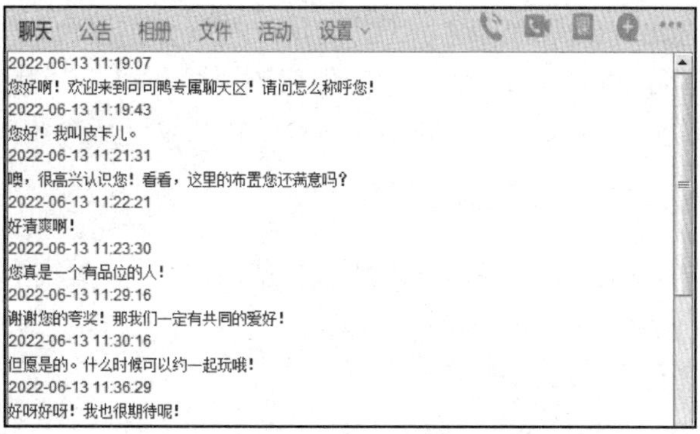

图 10.30　同时记录时间和信息的聊天记录

关于时间的加载需要导入以下 2 个类：

```
import java.time.LocalDateTime;
import java.time.format.DateTimeFormatter;
```

其中 LocalDateTime 类组合了日期和时间，但不包含时差和时区信息。而 DateTimeFormatter 类是 Java 8 提供的用于日期时间格式化的类，它与 Java 8 之前的 SimpleDateFormat 类的最大区别之一在于，DateTimeFormatter 是线程安全的，而 SimpleDateFormat 并不是线程安全的，同时运用 DateTimeFormatter 不需要创建对象，可以避免创建对象占用大量内存的情况。

调用当前日期时间并将其格式化的使用方法如下。

LocalDateTime.now().format(DateTimeFormatter.ofPattern("yyyy-MM-dd HH:mm:ss"));，其返回值类型为 String。

本部分完整的代码如下。

```
send.addActionListener(new ActionListener() {
    public void actionPerformed(ActionEvent arg0) {
        //将输入区中的文字显示在聊天区内
        //调用当前日期和时间并将其格式化
        String str1 = LocalDateTime.now().format(
                    DateTimeFormatter.ofPattern("yyyy-MM-dd HH:mm:ss"));
        jtf1.append(str1+"\n");//在信息前面加上时间
        jtf1.append(jtf2.getText()+"\n");//获取输入区信息追加到显示区

        //将输入区中的文字带时间储存在文本文件中
        try {
            FileWriter fw= new FileWriter("chat1.txt",true);//建立文件输出流
            PrintWriter pw =new PrintWriter(fw);//封装输出缓冲流
            pw.println(str1+"\r\n"+jtf2.getText()+"\n");//将最新记录写入文件
            pw.close();//关闭流
        }catch(IOException e1) {//捕获 IO 异常
            e1.printStackTrace();//输出异常信息
        }
        jtf2.setText("");//清空输入区
    }
});
```

10.5　字符串与字符流

在个性化聊天工具项目中所处理的聊天记录大多数都是中文的。由于编码的不同，运用

字节流处理中文可能会出现乱码的情况，因此运用字符流会更适合。另外，从前面的运用中可以知道，比较字符串是否相等不能用"=="，而应该用"equals()"，因为前者用于比较地址，后者用于比较内容。因此，有关字符串的相关内容还需要进一步介绍。

10.5.1 字符串

字符串是程序设计中最常用的一种引用数据类型，在 Java 中字符串被作为对象来处理。

1. 字符串的定义

声明和创建一个字符串的方法如下。

（1）String str1=new String("Hello Java!");。

（2）String str2="Hello Java!";。

（3）char c[]={'H','e','l','l','o',' ','J','a','v','a','!'};//字符数组形式。

```
String str3=new String(c);。
```

（4）byte b[]= {'H',101,'l','l','o',' ','J',97,'v',97,'!'};//字节数组形式。

```
String str4=new String(b);。
```

其中"Hello Java!"被称为字符串常量，是一个对象实体，new String("Hello Java!")也是一个对象实体，str1、str2、str3、str4 为对象的引用，指向等号右边的对象实体。字符串本质是一个字符数组，因此可以将字符数组作为参数来创建相应的字符串。字节数组也可以用来构造字符串，这种方法在处理输入输出流时经常使用。以上 4 种方法构建的字符串均为"Hello Java!"。

2. 字符串的比较

【例 10-6】字符串的比较

```
public class Test{
    public static void main(String args[]) {
        String s1=new String("Hello Java!");
        String s2=new String("Hello Java!");
        System.out.print(s1==s2);
    }
}
```

运行结果：false。

分别输出 s1 或 s2 的值得到的输出结果均为 Hello Java!，那为什么 s1==s2 的比较结果为 false 呢？这里涉及内存分配问题。String s1=new String("Hello Java!");实际上涉及 3 块内存空间，" Hello Java!"为常量对象，存放在常量堆中；s1 为对象引用，放在栈中；new String 为 new 的对象实体，存放在堆中。常量堆中的常量对象不重复分配内存空间，而每次创建的对象实体都会重新分配内存空间，因此 s1 和 s2 分别指向两个 new 的内存空间，它们的地址值不同，因此比较结果为 false。那如何才能比较内容，而不是位置呢？这就需要用到字符串比较方法。

String 类中有 3 个方法可以比较两个字符串是否相同。

```
public int compareTo(String str);
public boolean equals(Object obj);
public boolean equalsIgnoreCase(String str);
```

其中，compareTo 返回 int 型值。2 个字符串完全相同则返回 0，大于参数 str 则返回大于 0 的数，小于参数 str 则返回小于 0 的数。如："abc".compareTo("bc")结果为-1，"abcd".compareTo("abc")结果为 1。比较的方法为从首字符开始逐个向后比较对应位置字符的

Unicode 编码，一旦发现不同，则结束比较过程。

方法 equals()经常用来比较字符串，比较结果为 boolean 型的值。如果字符串相同则返回 true，否则返回 false。比较过程区分大小写。如例 10-6 中 s1.equals(s2)结果为 true。

方法 equalsIgnoreCase()的用法与 equals()的用法类似，唯一区别是它不区分大小写。如 "abc".equalsIgnoreCase("Abc")的值为 true。

3．字符串的转换

很多时候需要字符串与不同数据类型的数据相互转换。

（1）由基本数据类型数据转换成 String 型数据

String 类中提供了将基本数据类型数据转换成 String 型数据的静态方法 String.valueOf()，具体用法有下列几种。

String.valueOf(boolean b)：将 boolean 型变量 b 转换成字符串。

String.valueOf(char c)：将 char 型变量 c 转换成字符串。

String.valueOf(char[] data)：将 char 型数组 data 转换成字符串。

String.valueOf(char[] data, int offset, int count)：将 char 型数组 data 中从 offset 开始的 count 个元素转换成字符串。

String.valueOf(double d)：将 double 型变量 d 转换成字符串。

String.valueOf(float f)：将 float 型变量 f 转换成字符串。

String.valueOf(int i)：将 int 型变量 i 转换成字符串。

String.valueOf(long l)：将 long 型变量 l 转换成字符串。

String.valueOf(Object obj)：将 Object 型对象转换成字符串，等效于 obj.toString()。

（2）由 String 型数据转换成数值类型数据

Byte.parseByte(String s)：将 String 型数据转换成 byte 型数据。

Double.parseDouble(String s)：将 String 型数据转换成 double 型数据。

Float.parseFloat(String s)：将 String 型数据转换成 float 型数据。

Integer.parseInt(String s)：将 String 型数据转换成 int 型数据。

Long.parseLong(String s)：将 String 型数据转换成 long 型数据。

如个性化聊天工具项目中，在比较密码时需要先通过 getPassword()获取密码，而 getPassword()的返回值类型为 char[]，要将它的值赋给 String 型的变量则需要进行类型转换，因此使用了 String.valueOf(jf2.getPassword())进行转换。

4．字符串的常用方法

（1）求字符串的长度

方法 length()用来获得字符串中字符的个数，返回 int 型数据，使用方式：str.length();。如："你好!Java!".length()的值为 8。在计算长度时每个字符都是占用 16 位的 Unicode 字符，所以汉字、英文或其他符号的计算方式是相同的。

（2）大小写的转换

toLowerCase()：转换字符串中的英文字符为小写。

toUpperCase()：转换字符串中的英文字符为大写。

如："你好！Java！".toUpperCase()的结果为："你好！JAVA！"。

（3）字符串的拆分

String[] split(String regex)方法返回一个字符串数组，参数 regex 为分隔符。方法 split()就

是用 regex 作为分隔符将一个字符串拆分成一个字符串数组。

【例 10-7】字符串的拆分

```
public class Test{
    public static void main(String args[]) {
        String str=new String("张三#Java#100");
        String s1=str.split("#")[0];
        String s2=str.split("#")[1];
        String s3=str.split("#")[2];
        System.out.print(s1+"-"+s2+"-"+s3);
    }
}
```

运行结果：张三-Java-100。

例 10-7 中 str 字符串中包含字符"#"，split()方法将"#"作为分隔符将整个字符串分成 3 个部分，构成了一个长度为 3 的字符串数组。同样，可以使用字符串中的任何一个子串作为分隔符，如"#Java#"，则运行结果为：张三-100。

在"个性化聊天工具"项目中我们提到过，昵称和密码可以同时存储在一个文件中，用一个特殊符号隔开即可，如"abc%123"。而在用户登录时需要分别验证昵称和密码，这就需要使用 split()方法将二者分开，只需要将特殊符号作为分隔符即可。

（4）关于子串的操作

String substring(int beginIndex)：自 beginIndex 位置开始取子串。

String substring(int beginIndex, int endIndex)：取 beginIndex 到 endIndex 的子串。

int indexOf(String str)：返回 str 在当前字符串中的开始位置。

boolean startsWith(String prefix)：判断字符串是否以 prefix 为前缀。

boolean endsWith(String suffix)：判断字符串是否以 suffix 为后缀。

10.5.2 字符流

微课视频

字符流与字节流的处理方式非常相似，它们的主要区别如下。

（1）字节流操作的基本单元为字节，字符流操作的基本单元为 Unicode 代码单元（大小为 2 个字节）。

（2）字节流默认不使用缓冲区，字符流使用缓冲区。

（3）字节流通常用于处理二进制数据，实际上它可以处理任意类型的数据，但它不支持直接写入或读取 Unicode 代码单元；字符流通常用于处理文本数据，它支持读写 Unicode 代码单元。

负责字符流读/写的类为 Reader 和 Writer，它们也是抽象类，同样不能创建实例对象。基于这 2 个类的常用子类如下。

（1）BufferedReader 和 BufferedWriter：用于字符流读写缓冲存储。

（2）InputStreamReader 和 OutputStreamWriter：用于字节与字符的相互转换。

（3）FileReader 和 FileWriter：用于字符文件的输入输出。

同字节流类似，用于读取的方法也称为 read()，但它的参数不再是 byte[]，而是 char[]。写入的方法 write()也类似，参数变为 char[]型或 String 型。read()一次从流中读一个字符，为了提高读写效率，常常使用 BufferedWriter 进行缓存，即数据并不直接到达目的地，而是先存在缓冲区，之后一次性读入或写入目的地。

字符流基于字符读写，无论是汉字、英文还是符号都代表一个字符。所以，前面读取汉字时出现乱码的情况可以通过字符流来解决。如前面例 10-2 中出现的汉字显示乱码的问题可以将 FileInputStream fis = new FileInputStream(f);改为 **FileReader fis = new FileReader(f);** 来解决。

1．字符流的读写

【例 10-8】运用字符流完成文件复制

```java
import java.io.*;//导入io包
public class CopyTest {
    public static void main(String args[]) {
        try {
            //定位数据源，源文件为test.txt，目标文件为copy.txt
            File sourse = new File("D:\\test.txt");
            File target= new File("D:/copy.txt");//路径的表示方式可用"\\"或"/"

            //建立通道，运用缓冲流完成一次性读取一行的操作
            FileReader fin = new FileReader(sourse);// 字符文件输入流
            BufferedReader br = new BufferedReader(fin);//缓冲输入流

            FileWriter fout = new FileWriter(target, true);// true表示开启追加模式
            BufferedWriter bw = new BufferedWriter(fout);//缓冲输出流

            //数据传输
            while (br.ready())// 判断缓冲输入流是否为空
                bw.write(br.readLine() + "\r\n");// 一次读一行，遇到换行符停止

            //关闭通道
            br.close(); //关闭缓冲输入流
            bw.close();// 将缓冲区的字符流刷新到文件后关闭
        } catch (Exception e) {
        }
    }
}
```

例 10-8 的运行结果为：在 D 盘根目录下建立了一个名为 copy 的文本文件，文件内容与 test.txt 的一致。其中 FileReader 与 FileWriter 是字符文件的输入输出流，BufferedReader 与 BufferedWriter 为缓冲流。FileWriter(target, true)中第二个参数为 true，表示开启追加模式，也就是在文件原有内容后进行追加。如果为 false 则会替换文件原有内容，默认为 false。BufferedWriter 通常用 PrintWriter 代替，因为前者更注重对缓冲区的管理，而后者在此基础上对输出格式进行了处理，使其更适应不同的平台。

```java
BufferedWriter bw = new BufferedWriter(fout);
while (br.ready())
    bw.write(br.readLine() + "\r\n");
```

可替换为：

```java
PrintWriter pw=new PrintWriter(fout);
while(br.ready())
    pw.println(br.readLine());
```

ready()的作用是判断缓冲输入流是否为空，由此可以检验文件是否读取完毕，readLine()用于按行读取，遇到换行符则停止。语句 bw.write(br.readLine() + "\r\n");中"\r\n"为回车换行符，以保证目标文件的输出格式同源文件的一致，运用 println()则不需要另加回车换行符。

2．字节流与字符流的转化

数据信息有各种各样的编码方式，使用不同的编码方式会有不同的二进制表示。如果在输入和输出操作中使用不同的编码方式，则会导致二者呈现的结果不相同，也就是所谓的乱码。

因此，在实际应用中常常需要指定编码方式，同时需要字节流与字符流之间的相互转换。在 Java 中，InputStreamReader 类与 OutputStreamWriter 类架起了字节流与字符流之间的"桥梁"。

在输入输出操作中，输入字符流把要读取的字节序列按指定编码方式解码为相应字符序列存在内存中，而输出字符流则把要写入文件的字符序列转换为指定编码方式的字节序列，然后写入文件中。FileReader 在读取文件的时候采取的是系统默认的编码方式 GBK，而 Windows 文本文件默认的编码方式为 UTF-8，二者并不相同。然而，在使用 FileReader 读取文件的时候并不能指定特定的编码方式。想要指定编码方式读取文件，需在 FileInputStream 外面嵌套 InputStreamReader 来代替 FileReader，并指定其编码方式。

【例 10-9】文件的读取（三）

```java
import java.io.*;
public class ReadTest {
    public static void main(String args[]) {
        try { // 离开内存的操作有风险，需要进行异常保护
            // 第一步：定位数据源
            File f = new File("D:/test.txt");
            // 第二步：建立通道，确定是输入还是输出
            FileInputStream fis = new FileInputStream(f);
            //通过 InputStreamReader 指定编码方式为 GBK
            InputStreamReader isr=new InputStreamReader(fis,"GBK");
            // 第三步：数据传输
            int content = 0; //定义一个变量
            while (content != -1) { //-1是文件读取完毕的标志
                content = isr.read(); //将读取到的字符赋给 content 变量
                System.out.print((char) content); //将 int 型数据转换成 char 型数据输出
            }
            // 第四步：关闭通道
            fis.close();
        } catch (Exception e) {
            System.out.println("文件找不到或是打不开。");
        }
    }
}
```

对例 10-2 进行改进，用 InputStreamReader 封装 FileInputStream，并指定编码方式后可以正常读写汉字。运行结果如图 10.31 所示。

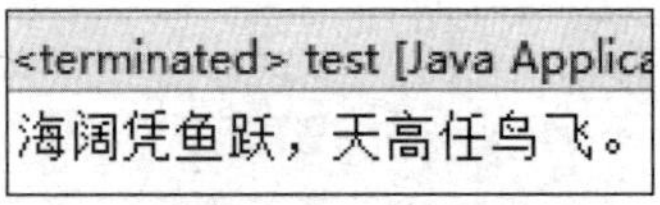

图 10.31　运行结果

综上所述，InputStream 和 OutputStream 适合处理字节流，如字节（数组）、图片、声音等；Reader 和 Writer 适合处理字符流，如文本文件。在处理字符流时可能涉及字符编码的转换问题，可以用 InputStreamReader 来完成。字符的编码方式有很多种，比如 GBK、UTF-8、GB18030 等，可以打开浏览器，选择"查看"→"编码"了解更多。

10.6　个性化聊天工具项目的延伸与拓展

到目前为止，聊天工具已经实现了项目目标所要求的基本功能，但与一个完整的即时通

信工具还有很大差距。本节将对项目需要完善的地方进行简要介绍，便于明确进一步扩展方向。

10.6.1　添加音效

我们已经学习了在界面中加载音频的方法，为使个性化聊天工具更加生动有趣，同样可以为不同的界面设置背景音乐或特殊音效。比如可以单独创建一个类来管理音频输入、播放、暂停、输出等相关操作，在需要时直接调用即可。

创建 SetMusic 类，在该类中使用 javax.sound 获取音频输入流和编码对象、封装音频信息等，结合多线程同步控制等方法实现播放音频、暂停播放音频、继续播放音频、循环播放等操作。具体代码如下。

```
//导入音频与io包
import javax.sound.sampled.*;
import java.io.*;

public class SetMusic {//定义SetMusic类
    private String musicPath; // 音频文件
    private volatile boolean run = true; // 记录音频是否播放
    private Thread mainThread; // 播放音频的任务线程

    private AudioInputStream audioStream; //音频输入流
    private AudioFormat audioFormat; //音频格式
    private SourceDataLine sourceDataLine; //源数据行

    public SetMusic(String musicPath) { //构造方法
        this.musicPath = musicPath;
        prefetch(); //调用prefetch()方法
    }

    // 数据准备
    private void prefetch() {
        try {
            // 获取音频输入流
            audioStream = AudioSystem.getAudioInputStream(
                    new File(musicPath));
            // 获取音频的编码对象
            audioFormat = audioStream.getFormat();
            // 封装音频信息
            DataLine.Info dataLineInfo = new DataLine.Info(
            SourceDataLine.class, audioFormat,AudioSystem.NOT_SPECIFIED);
            // 使用封装音频信息后的Info类创建源数据行，充当混音器的源
            sourceDataLine = (SourceDataLine) AudioSystem.
                            getLine(dataLineInfo);
            sourceDataLine.open(audioFormat); //打开数据行，使之可操作
            sourceDataLine.start();// 执行数据输入输出
        } catch (UnsupportedAudioFileException ex) {
            ex.printStackTrace();
        } catch (LineUnavailableException ex) {
            ex.printStackTrace();
        } catch (IOException ex) {
            ex.printStackTrace();
        }
    }
}
```

257

```
        // 播放音频：通过 loop 参数设置是否循环播放
        private void playMusic(boolean loop) {
            try {
                if (loop) {
                    while (true) {
                        playMusic(); //调用 playMusic()方法
                    }
                } else {
                    playMusic();
                    // 清空数据行并关闭
                    sourceDataLine.drain();
                    sourceDataLine.close();
                    audioStream.close();
                }
            } catch (IOException ex) {
                ex.printStackTrace();
            }
        }

        private void playMusic() {
            try {
                synchronized (this) {//同步块
                    run = true;
                }
                // 通过数据行读取音频数据流，发送到混音器
                // 数据流传输过程: AudioInputStream -> SourceDataLine;
                audioStream = AudioSystem.getAudioInputStream(
                            new File(musicPath));
                int count;
                byte tempBuff[] = new byte[1024];
                    while ((count = audioStream.read(tempBuff, 0, tempBuff.length)) != -1){
                        synchronized (this) {
                            while (!run)
                                wait(); //等待
                        }
                        sourceDataLine.write(tempBuff, 0, count); //数据写入
                    }
            } catch (UnsupportedAudioFileException ex) {
                ex.printStackTrace();
            } catch (IOException ex) {
                ex.printStackTrace();
            } catch (InterruptedException ex) {
                ex.printStackTrace();
            }
        }

    // 暂停播放音频
    private void stopMusic() {
        synchronized (this) {
            run = false;
            notifyAll(); //唤醒
        }
    }

    // 继续播放音乐
    private void continueMusic() {
```

```
        synchronized (this) {
            run = true;
            notifyAll();//唤醒
        }
    }

    // 外部调用控制方法：生成音频主线程
    public void start(boolean loop) {
        mainThread = new Thread(new Runnable() {
            public void run() {
                playMusic(loop);
            }
        });
        mainThread.start();
    }

    // 外部调用控制方法：暂停音频线程
    public void stop() {
        new Thread(new Runnable() {
            public void run() {
                stopMusic();
            }
        }).start();
    }

    // 外部调用控制方法：继续音频线程
    public void continues() {
        new Thread(new Runnable() {
            public void run() {
                continueMusic();
            }
        }).start();
    }
}
```

　　程序通过 playMusic()、stopMusic()和 continueMusic() 3 个方法分别控制音乐的播放、暂停和继续，其中主要运用了音频的输入输出和多线程中的等待唤醒机制 2 部分知识。这部分内容具有一定的难度和综合性，如果暂时理解有困难可以先模仿，逐步熟悉理解之后慢慢形成自己的认知，也可以通过想办法把它嵌入已有程序的方式来达到对代码理解、熟悉和运用的目的。

10.6.2　网络通信

　　项目中貌似是两个人在"聊天"，实际上都是在自说自话，并没有真正实现信息的交互。想要实现真正意义上的聊天，还需要实现网络通信功能。网络应用是 Java 语言的重要应用之一，Java 拥有一套专门用于网络的 API，它位于 java.net 包和 javax.net 包中，在网络通信之前需要首先加载这两个.net 包。

　　关于网络的相关知识体系还是很庞大的，这里不展开讨论，仅仅阐述如何利用 Java 语言来实现网络通信。

　　网络中连接了很多计算机，假设 A 要向 B 发送消息，那么当消息从 A 发出之后如何能保证会传到 B 而不是其他计算机呢？这就需要每台计算机都有一个独立标识，就如同人的身份号码一样。计算机的独立标识称作 IP（Internet Protocol，互联网协议）地址，它由 4 个部分组成，中间由"."号分隔，每个部分的范围为 0～255。

只找到计算机是不够的，因为一台计算机上可同时运行多个网络程序，IP 地址只能保证把数据信息送到该计算机，但无法知道要把数据交给该计算机上的哪个网络程序，因此还需要通过"端口号"来标识。为每个程序都分配一个端口，发来的信息会携带着端口信息，符合这个端口的程序会进行响应，避免引起信息接收的混乱。端口号是一个 0～65535 的整数，同一台计算机上不能同时运行 2 个有相同端口号的进程。同时，0～1023 的端口号为保留端口，用于一些网络系统服务和应用，普通用户尽量使用 1024 以上的端口号，同时尽可能避开 8080（网络服务器实验端口）、1433（SQL Server 数据库端口）、1521（Oracle 数据库端口）和 3306（MySQL 默认端口）。

通过 IP 地址可以在网络上找到主机，通过端口号可以找到主机上正在运行的网络程序。而在 TCP/IP（Transmission Control Protocol/Internet Protocol，传输控制协议/互联网协议）中，套接字（Socket）就是 IP 地址和端口号的组合。Java 中的套接字提供了将网络中两台计算机上执行的应用程序进行连接的功能。

当 2 个网络程序需要通信时，可以通过使用 Socket 类建立套接字连接。可以把套接字连接想象为电话呼叫，在最初建立呼叫时，必须有一方主动呼叫，而另一方则监听铃声。呼叫的一方称为"客户端"，负责监听的一方称为"服务器端"。当呼叫完成后，通话的任何一方都可以随时讲话。因此，服务器端并不一定代表很强大的计算机，只不过它先等待接收而已。

因为网络通信需要客户机和服务器双方共同完成，因此在建立套接字对象时它们一般是成对出现的，分别代表客户端和服务器端。利用 Socket 方式进行数据通信与传输大致有如下步骤。

（1）创建服务器端 ServerSocket，设置建立连接的端口号。

（2）创建客户端 Socket，设置绑定的主机名或 IP 地址，指定连接端口号。

（3）运行服务器端程序，让其处于等待接收状态。

（4）运行客户端发起连接请求。

（5）进行数据传输。

【例 10-10】网络通信示例

```java
//服务器端
import java.net.*;
import java.io.*;
import javax.swing.JOptionPane;
public class QQServer {
    public static void main(String args[]){
        try{
            //定义端口，启动监听
            ServerSocket ss=new ServerSocket(5001);    //创建服务器 Socket
            System.out.println("等待接收数据……");
            Socket s=ss.accept();//接收一位用户的访问
            int i=s.getInputStream().read(); //接收客户端的信息
            System.out.println("收到客户端发来: "+i);
            i++;
            System.out.println("发送反馈: "+i);
            s.getOutputStream().write(i);    //将信息反馈给客户端
        }catch(Exception e){
            e.printStackTrace();
        }
    }
}
```

```
}
//客户端
import java.net.ServerSocket;
import java.net.Socket;
public class QQClient {
    public static void main(String args[]){
        try{
            //定义端口，启动监听
            Socket s=new Socket("127.0.0.1",5001);
            s.getOutputStream().write(5);
            System.out.println("收到服务器反馈: "+s.getInputStream().read());
        }catch(Exception e){}
    }
}
```

一定要先运行服务器端程序，保证在 5001 端口有人在监听。运行结果如图 10.32 所示。

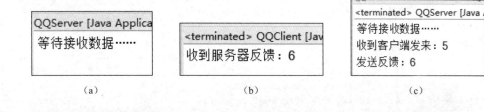

（a）　　　　　　　　（b）　　　　　　　　（c）

（d）

图 10.32　服务器端和客户端的运行结果

图 10.32（a）所示为运行服务器端的结果，这时服务器处于等待接收的状态；图 10.32（b）所示为运行客户端后的结果，此时连接已建立，数据传输已完毕；图 10.32（c）所示为程序运行结束后服务器端的结果，可以看出信息的交换过程；图 10.32（d）所示为客户端和服务器端控制台的切换方法，可单击图中圆圈内的按钮完成。

将数据传输与用户界面结合起来即可实现网络聊天。如果用两台计算机做实验，那么将服务器网络地址用另一台计算机的 IP 地址替换"127.0.0.1"或"localhost"即可。

```
//服务器端
try {
    ServerSocket server = new ServerSocket(5001);
    System.out.println("监听中……");
    String[] str = { "过来玩吧！", "很高兴我们又见面了！", "今天开心啊！", "一起读书吧！", "你什么时候有时间呢？", "今天天气很好呢！" };
    while (true) {//不断地接收客户端发来的消息
        Socket s = server.accept();

        // 接收客户端消息
        InputStream is = s.getInputStream();//字节输入流
        //将字节流转换成字符流
        InputStreamReader isr = new InputStreamReader(is);
        BufferedReader br = new BufferedReader(isr);//封装成缓冲流
```

```
        // 将信息反馈给客户端
        OutputStream os = s.getOutputStream();//字节输出流
        //将字节流转换成字符流
        OutputStreamWriter osw = new OutputStreamWriter(os);
        //带缓冲区的输出流,true为自动刷新模式
        PrintWriter pw = new PrintWriter(osw, true);

        pw.println("皮卡儿说: 可可鸭, " + str[(int) (Math.random() * 5)]);
    }
} catch (Exception e) {}
//客户端
try {
    Socket s=new Socket("127.0.0.1",5001);
    //将信息发送给服务器端
    OutputStream os=s.getOutputStream();
    OutputStreamWriter osw=new OutputStreamWriter(os);
    PrintWriter pw=new PrintWriter(osw,true);
    pw.println(jtf2.getText());

    //接收服务器端反馈
    InputStream is=s.getInputStream();
    InputStreamReader isr=new InputStreamReader(is);
    BufferedReader br=new BufferedReader(isr);

    String str=br.readLine();
    jtf1.append(str + "\n");    //显示区中追加信息
}catch(Exception e) {}
```

将上面的程序嵌入项目中即可完成信息的交互。需要注意的是，程序运行时一定要先运行服务器端程序，保证服务器端处于等待接收状态，而后运行客户端所在程序。上述程序中同样涉及很多输入输出流的内容，可以先跟着试试，看能不能实现信息交互的效果（见图 10.33）。

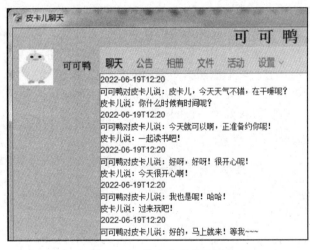

图 10.33　信息交互的效果

图 10.33 中体现了客户端与服务器端的信息交互，其中"可可鸭"为客户端，"皮卡儿"为服务器端。客户端所发送的信息是从输入区中获取的文本，服务器端反馈的信息是从字符串数组中获得的，这里采用(int) (Math.random() * 5)来获取随机索引值，从而得到相应的字符

串。当然，这仅仅是为了说明信息交互的过程而做的简单处理，并不是真实的聊天。因此，软件还有很大的提升和完善空间。

10.6.3　连接数据库

前面对于昵称和密码的存储用到了 2 个文本文件，在验证昵称和密码是否正确时需要同时从 2 个文件中读取，一旦某个文件中多了或少了一个"\n"，那么昵称和密码将会匹配错误，导致无法正常登录。当然，昵称和密码可以同时存储在一个文件中，用一个特殊符号隔开即可。如"chen%123456"，这样就可以避免错行的问题，同时可以节省存储资源。但问题是一旦用户增多，使用这种文本读取的方式来进行登录验证的效率会很低，因为每个用户都需要一行一行地比对，文本内容通常没有什么规律，快速查找的方法也派不上用场。因此，通常情况下，很多数据信息的存储会借助于数据库来完成。

有关数据库的内容本书不介绍，读者可以自行查找相关图书或视频课程进行学习。Java 连接数据库的常用技术称为 JDBC（Java Database Connectivity，Java 数据库互连），不同的数据库对应的驱动程序不同，连接方式也有差异，可在网上查找相应的连接和使用方法，本书不赘述。

小结

本章围绕音乐播放器和个性化聊天工具两个项目，不仅完成了软件的基本功能，而且给出了软件进一步完善和改进的方向。项目综合性强、难度较大，不仅涵盖了几乎所有的 Java 基础知识，还通过音频文件播放、聊天记录存储等需求引出了字符串、输入输出流、网络通信、数据库等新内容。同时，项目还有很大的拓展空间，比如实现多客户之间的通信、连接数据库以及新技术的使用等。"海阔凭鱼跃，天高任鸟飞"，学无止境，读者可以在探索的路上尽情绽放！

习题

1．在 Java 语言中，输入输出处理需要导入的包是＿＿＿＿，面向字节的输入输出类的父类是＿＿＿＿和＿＿＿＿，面向字符的输入输出类的父类是＿＿＿＿和＿＿＿＿。

2．以下程序的输出结果是＿＿＿＿。

```
public static void main(String args[]){
    String str1="Hello";
String str2="Hello";
System.out.println(str1==str2);
}
```

3．以两人为一个小组，一人负责编写一个加密文件，将控制台输入的内容以加密的形式输出到文件中；另一人负责编写一个解密文件，将加密后的文件解密后输出到控制台。

4．编写一个复制文件的程序，将一段音频或一幅图像复制到另一个路径下。

5．请在一个文本文件中存放一首诗，同时在本地计算机上选择一首乐曲，尝试将诗和乐曲加载到星空作品中，为星空作品增添一种幽远静谧的意境。

6．进一步完善个性化聊天工具，使之能够尽量实现类似 QQ 软件的相关功能。

参考文献

[1] 刘宝林. Java 程序设计案例教程[M]. 2 版. 北京：高等教育出版社，2012.

[2] 张思民. Java 语言程序设计[M]. 3 版. 北京：清华大学出版社，2015.

[3] 韩雪，王维虎. Java 面向对象程序设计[M]. 2 版. 北京：人民邮电出版社，2012.

[4] 张亦辉，冯华，胡洁. Java 面向对象程序设计[M]. 北京：人民邮电出版社，2008.

[5] 王洋. Java 就该这样学[M]. 北京：电子工业出版社，2013.